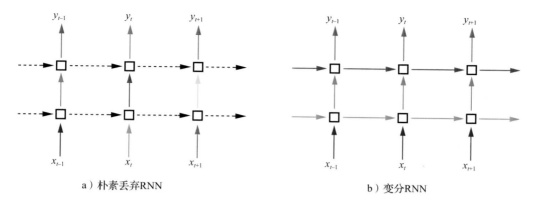

a）朴素丢弃RNN   b）变分RNN

图 15.2　Gal 提出的用于 RNN 的丢弃机制（b）与之前由 Pham 等［2013］和 Zaremba 等［2014］提出的方法（a）的对比。图来自 Gal［2015］，已经得到了授权。每一个方格代表一个 RNN 单元，横向箭头代表时间依赖关系（循环连接）。垂直的箭头代表每个 RNN 单元的输入和输出。彩色的连接代表丢弃的输出，不同的颜色代表了不同的丢弃掩码。虚线代表没有丢弃的标准连接。之前的技术（朴素丢弃，左）在不同的时间片使用了不同的掩码，循环层上没有使用丢弃。Gal 提出的技术（变分 RNN，右）在包括循环层在内的每一个时间片使用了相同的丢弃掩码

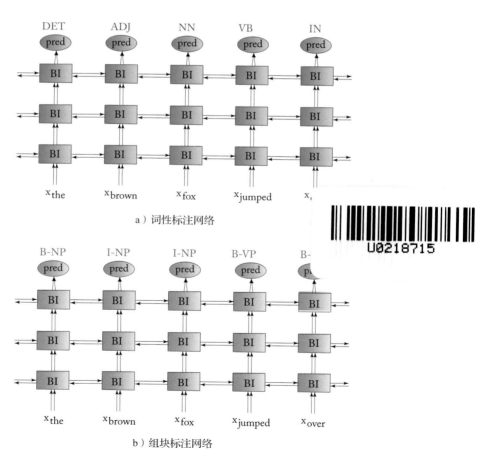

a）词性标注网络

b）组块标注网络

图 20.3　词性标注网络与组块标注网络

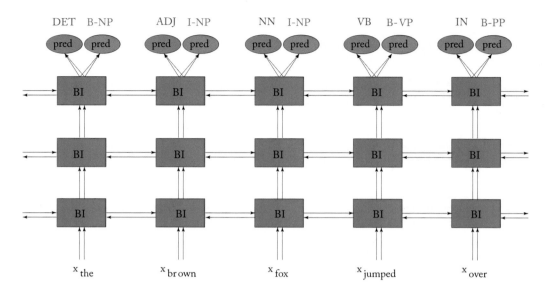

图 20.4　一个词性标注与组块分析的联合网络。biRNN 的参数由两个任务共享，且 biRNN 组件也是为两者共同设计的。最终预测层是任务独立的

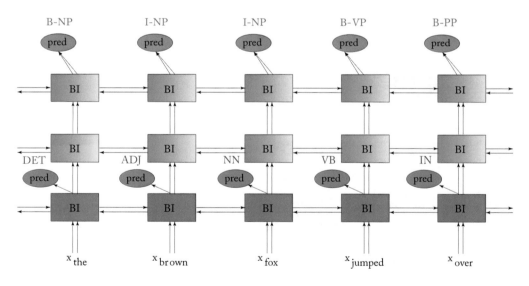

图 20.5　一个选择性共享的词性标注与组块分析网络。biRNN 中较低的层由两个任务所共享，而较高的层则只用于组块分析

智能科学与技术丛书

Neural Network Methods
for Natural Language Processing

基于深度学习的自然语言处理

［以色列］ 约阿夫·戈尔德贝格（Yoav Goldberg） 著

车万翔 郭江 张伟男 刘铭 译

刘挺 主审

机械工业出版社

CHINA MACHINE PRESS

图书在版编目（CIP）数据

基于深度学习的自然语言处理／（以）约阿夫·戈尔德贝格（Yoav Goldberg）著；车万翔
等译 . —北京：机械工业出版社，2018.3（2024.4 重印）
（智能科学与技术丛书）
书名原文：Neural Network Methods for Natural Language Processing

ISBN 978-7-111-59373-7

I. 基… II. ① 约… ② 车… III. 自然语言处理 IV. TP391

中国版本图书馆 CIP 数据核字（2018）第 048795 号

北京市版权局著作权合同登记 图字：01-2017-6462 号。

Authorized translation from the English language edition, entitled Neural Network
Methods for Natural Language Processing, 1st Edition, 9781627052986 by Yoav Goldberg,
published by Morgan & Claypool Publishers, Inc., Copyright © 2017 by Morgan & Claypool.

Chinese language edition published by China Machine Press, Copyright © 2018.

本书重点介绍了神经网络模型在自然语言处理中的应用。首先介绍有监督的机器学习和前馈神经网
络的基本知识，如何将机器学习方法应用在自然语言处理中，以及词向量表示（而不是符号表示）的应
用。然后介绍更多专门的神经网络结构，包括一维卷积神经网络、循环神经网络、条件生成模型和基于
注意力的模型。最后讨论树形网络、结构化预测以及多任务学习的前景。

出版发行：机械工业出版社（北京市西城区百万庄大街 22 号　邮政编码：100037）
责任编辑：和　静　　　　　　　　　　　　　责任校对：殷　虹
印　　刷：北京建宏印刷有限公司　　　　　　版　　次：2024 年 4 月第 1 版第 7 次印刷
开　　本：185mm×260mm　1/16　　　　　　印　　张：17　　插　　页：1
书　　号：ISBN 978-7-111-59373-7　　　　　定　　价：69.00 元

客服电话：(010) 88361066　68326294

自然语言处理（Natural Language Processing，NLP）主要研究用计算机来处理、理解以及运用人类语言（又称自然语言）的各种理论和方法，属于人工智能领域的一个重要研究方向，是计算机科学与语言学的交叉学科，又常被称为计算语言学。随着互联网的快速发展，网络文本尤其是用户生成的文本呈爆炸性增长，为自然语言处理带来了巨大的应用需求。同时，自然语言处理研究的进步，也为人们更深刻地理解语言的机理和社会的机制提供了一种新的途径，因此具有重要的科学意义。

然而，自然语言具有歧义性、动态性和非规范性，同时语言理解通常需要丰富的知识和一定的推理能力，这些都给自然语言处理带来了极大的挑战。目前，统计机器学习技术为以上问题提供了一种可行的解决方案，成为研究的主流，该研究领域又被称为统计自然语言处理。一个统计自然语言处理系统通常由两部分组成，即训练数据（也称样本）和统计模型（也称算法）。

但是，传统的机器学习方法在数据获取和模型构建等诸多方面都存在严重的问题。首先，为获得大规模的标注数据，传统方法需要花费大量的人力、物力、财力，雇用语言学专家进行繁琐的标注工作。由于这种方法存在标注代价高、规范性差等问题，很难获得大规模、高质量的人工标注数据，由此带来了严重的数据稀疏问题。其次，在传统的自然语言处理模型中，通常需要人工设计模型所需要的特征以及特征组合。这种人工设计特征的方式，需要开发人员对所面对的问题有深刻的理解和丰富的经验，这会消耗大量的人力和时间，即便如此也往往很难获得有效的特征。

近年来，如火如荼的深度学习技术为这两方面的问题提供了一种可能的解决思路，有效推动了自然语言处理技术的发展。深度学习一般是指建立在含有多层非线性变换的神经网络结构之上，对数据的表示进行抽象和学习的一系列机器学习算法。该方法已对语音识别、图像处理等领域的进步起到了极大的推动作用，同时也引起了自然语言处理领域学者的广泛关注。

深度学习主要为自然语言处理的研究带来了两方面的变化：一方面是使用统一的分布式（低维、稠密、连续）向量表示不同粒度的语言单元，如词、短语、句子和篇章等；另一方面是使用循环、卷积、递归等神经网络模型对不同的语言单元向量进行组合，获得更大语言单元的表示。除了不同粒度的单语语言单元外，不同种类的语言甚至不同模态（语言、图像等）的数据都可以通过类似的组合方式表示在相同的语义向量空间中，然后通过在向量空间中的运算来实现分类、推理、生成等各种任务并应用于各种相关的任务之中。

虽然将深度学习技术应用于自然语言处理的研究目前非常热门，但是市面上还没有一本书系统地阐述这方面的研究进展，初学者往往通过学习一些在线课程（如斯坦福的CS 224N 课程）来掌握相关的内容。本书恰好弥补了这一不足，深入浅出地介绍了深度学习的基本知识及各种常用的网络结构，并重点介绍了如何使用这些技术处理自然语言。

本书的作者 Yoav Goldberg 现就职于以色列巴伊兰大学，是自然语言处理领域一位非常活跃的青年学者。Goldberg 博士期间的主要研究方向为依存句法分析，随着深度学习的兴起，他也将研究兴趣转移至此，并成功地将该技术应用于依存句法分析等任务。与此同时，他在理论上对词嵌入和传统矩阵分解方法的对比分析也具有广泛的影响力。另外，他还是 DyNet 深度学习库的主要开发者之一。可见，无论在理论上还是实践上，他对深度学习以及自然语言处理都具有非常深的造诣。这些都为本书的写作奠定了良好的基础。

由于基于深度学习的自然语言处理是一个非常活跃的研究领域，新的理论和技术层出不穷，因此本书很难涵盖所有的最新技术。不过，本书基本涵盖了目前已经被证明非常有效的技术。关于这方面的进展，读者可以参阅自然语言处理领域最新的论文。

我们要感谢对本书的翻译有所襄助的老师和学生。本书由哈尔滨工业大学的车万翔、郭江、张伟男、刘铭四位老师主译，刘挺教授主审。侯宇泰、姜天文、李家琦、覃立波、宋皓宇、滕德川、王宇轩、向政鹏、张杨子、郑桂东、朱海潮、朱庆福等对本书部分内容的初译做了很多工作，机械工业出版社策划编辑朱劼和姚蕾在本书的整个翻译过程中提供了许多帮助，在此一并予以衷心感谢。

译文虽经多次修改和校对，但由于译者的水平有限，加之时间仓促，疏漏及错误在所难免，我们真诚地希望读者不吝赐教，不胜感激。

车万翔

2017 年 10 月于哈尔滨工业大学

自然语言处理（Natural Language Processing，NLP）这一术语指的是对人类语言进行自动的计算处理。它包括两类算法：将人类产生的文本作为输入；产生看上去很自然的文本作为输出。由于人类产生的文本每年都在不停增加，同时人们期望使用人类的语言与计算机进行交流，因此人们对该类算法的需求在不断增加。然而，由于人类语言固有的歧义、不断变化以及病态性（not well defined），导致自然语言处理极具挑战性。

自然语言本质上是符号化的，因此人们最开始也尝试使用符号化的方式处理语言，即基于逻辑、规则以及本体的方法。然而，自然语言具有很强的歧义性和可变性，这就需要使用统计的方法。事实上，如今自然语言处理的主流方法都是基于统计机器学习（Statistical Machine Learning）的。过去十几年，核心的 NLP 技术都是以有监督学习的线性模型为主导，核心算法如感知机、线性支持向量机、逻辑回归等都是在非常高维和稀疏的特征向量上进行训练的。

2014 年左右，该领域开始看到一些从基于稀疏向量的线性模型向基于稠密向量的非线性神经网络模型（Nonlinear Neural Network Model）切换的成功案例。一些神经网络技术是线性模型的简单推广，可用于替代线性分类器。另一些神经网络技术更进一步提出了新的建模方法，这需要改变现有的思维方式。特别是一系列基于循环神经网络（Recurrent Neural Network，RNN）的方法，减轻了对马尔可夫假设的依赖性，这曾普遍用于序列模型中。循环神经网络可以处理任意长度的序列数据，并生成有效的特征抽取器。这些进展导致了语言模型、自动机器翻译以及其他一些应用的突破。

虽然神经网络方法很强大，但是由于各种原因，入门并不容易。本书中，我将试图为自然语言处理的从业者以及刚入门的读者介绍神经网络的基本背景、术语、工具和方法论，帮助他们理解将神经网络用于自然语言处理的原理，并且能够应用于他们自己的工作中。我也希望为机器学习和神经网络的从业者介绍自然语言处理的基本背景、术语、工具以及思维模式，以便他们能有效地处理语言数据。

最后，我希望本书能够作为自然语言处理以及机器学习这两个领域新手的一个较好的入门指导。

目标读者

本书的目标读者应具有计算机或相关领域的技术背景，他们想使用神经网络技术来加速自然语言处理的研究。虽然本书的主要读者是自然语言处理和机器学习领域的研究生，但是我试图（通过介绍一些高级材料）使自然语言处理或者机器学习领域的研究者，甚至对这两个领域都不了解的人也能阅读本书，后者显然需要更加努力。

虽然本书是自包含的，我仍然假设读者具有数学知识，特别是本科水平的概率、代数和微积分以及基本的算法和数据结构知识。有机器学习的先验知识会很有帮助，但这并不是必需的。

本书是对一篇综述文章［Goldberg，2016］的扩展，内容上进行了重新组织，提供了更宽泛的介绍，涵盖了一些更深入的主题，由于各种原因，这些主题没有在那篇综述文章中提及。本书也包括一些综述文章中没有的，将神经网络用于语言数据的更具体的应用实例。本书试图对那些没有自然语言处理和机器学习背景的读者也能有用，然而综述文章假设他们对这些领域已经具备了一些知识。事实上，熟悉 2006 年到 2014 年期间自然语言处理实践的读者，可能发现期刊版本读起来更快并且对于他们的需求组织得更好，这是因为那段时期人们大量使用基于线性模型的机器学习技术。然而，这些读者可能也会愿意阅读关于词嵌入的章节（第 10 和 11 章）、使用循环神经网络有条件生成的章节（第 17 章），以及结构化预测和多任务学习（Multi-task Learning，MTL）的章节（第 19 和 20 章）。

本书的焦点

本书试图是自包含的，因此将不同的方法在统一的表示和框架下加以表述。然而，本书的主要目的是介绍神经网络（深度学习）的机制及其在语言数据上的应用，而不是深入介绍机器学习理论和自然语言处理技术。如果需要这些内容，建议读者参考外部资源。

类似地，对于那些想开发新的神经网络机制的人，本书不是一个全面的资源（虽然本书可能是一个很好的入门）。确切地讲，本书的目标读者是那些对现有技术感兴趣，并且想将其以创造性的方式应用于他们喜欢的语言处理任务的人。

扩展阅读　对神经网络更深入、一般性的讨论以及它们背后的理论、最新的优化方法和其他主题，读者可以参考其他资源。强烈推荐 Bengio 等人［2016］的书。

对于更友好而且更严密的实用机器学习介绍，强烈推荐 Daumé III［2015］的免费书。对于机器学习更理论化的介绍，参见 Shalev-Shwartz 和 Ben-David［2014］的免费书以及 Mohri 等人［2012］的教科书。

对于自然语言处理的更深入介绍参见 Jurafsky 和 Martin［2008］的书。Manning 等人［2008］的信息检索书也包括语言数据处理的一些相关信息。

最后，如要快速了解语言学的背景，Bender［2013］的书提供了简单但全面的介绍，对于有计算思维的读者有指导意义。Sag 等人［2003］的介绍性语法书的前几章也值得一读。

本书写作之际，神经网络和深度学习的研究也在快速进展之中。最好的方法在不断变化，所以我不能保证介绍的都是最新、最好的方法。因此，我会专注于涵盖更确定、更鲁棒的技术（它们在很多场景下都被证明有效），同时选取那些还没完全发挥作用但有前途的技术。

Yoav Goldberg

2017 年 3 月

致 谢

Neural Network Methods for Natural Language Processing

本书是我之前写的综述文章［Goldberg，2016］的扩展，之所以写那篇论文，是由于我在学习和讲授深度学习与自然语言处理相交叉的内容时，发现缺乏组织良好并且清晰的材料。感谢曾对那篇论文提出过意见的人（以各种形式，从最初的草稿到出版后）。一些是面对面的意见，一些是电子邮件，一些是在 Twitter 上的随意对话。本书也受一些人的影响，他们没有直接对书上的内容提出意见（事实上，一些人从没有读过本书），但是讨论过相关的主题。一些是深度学习的专家，一些是自然语言处理的专家，一些两者皆是，还有一些人正在学习这两个主题。一些人提供了细致的意见，其他人是对小细节的讨论。但是他们中的每个人都影响了本书的最终版本。他们是（按字母序）：Yoav Artzi, Yonatan Aumann, Jason Baldridge, Miguel Ballesteros, Mohit Bansal, Marco Baroni, Tal Baumel, Sam Bowman, Jordan Boyd-Graber, Chris Brockett, Ming-Wei Chang, David Chiang, Kyunghyun Cho, Grzegorz Chrupala, Alexander Clark, Raphael Cohen, Ryan Cotterell, Hal Daumé III, Nicholas Dronen, Chris Dyer, Jacob Eisenstein, Jason Eisner, Michael Elhadad, Yad Faeq, Manaal Faruqui, Amir Globerson, Fréderic Godin, Edward Grefenstette, Matthew Honnibal, Dirk Hovy, Moshe Koppel, Angeliki Lazaridou, Tal Linzen, Thang Luong, Chris Manning, Stephen Merity, Paul Michel, Margaret Mitchell, Piero Molino, Graham Neubig, Joakim Nivre, Brendan O'Connor, Nikos Pappas, Fernando Pereira, Barbara Plank, Ana-Maria Popescu, Delip Rao, Tim Rocktäschel, Dan Roth, Alexander Rush, Naomi Saphra, Djamé Seddah, Erel Segal-Halevi, Avi Shmidman, Shaltiel Shmidman, Noah Smith, Anders Søgaard, Abe Stanway, Emma Strubell, Sandeep Subramanian, Liling Tan, Reut Tsarfaty, Peter Turney, Tim Vieira, Oriol Vinyals, Andreas Vlachos, Wenpeng Yin, Torsten Zesch。

当然，此列表不包括那些我读过的此主题学术著作的作者。

本书也得益于我与巴伊兰大学自然语言处理组的交流：Yossi Adi, Roee Aharoni, Oded Avraham, Ido Dagan, Jessica Ficler, Jacob Goldberger, Hila Gonen, Joseph Keshet, Eliyahu Kiperwasser, Ron Konigsberg, Omer Levy, Oren Melamud, Gabriel Stanovsky, Ori Shapira, Micah Shlain, Vered Shwartz, Hillel Taub-Tabib, Rachel

Wities。

本书和那篇综述文章的匿名评阅人提出了一系列很有用的意见、建议和勘误，这些对最终版本的许多方面带来了显著的提升。无论你是谁，谢谢！

同时感谢 Graeme Hirst、Michael Morgan、Samantha Draper 和 C. L. Tondo 的精心策划。

像往常一样，所有的错误都是我造成的。如果你发现任何错误，请告诉我，我会在下一版中更正。

最后，我要感谢我的妻子 Noa，当我厌倦写作时，她保持耐心并且给我支持。我的父母 Esther 和 Avner，我的兄弟 Nadav，在许多情况下，对于写书他们比我更兴奋。在写作过程中，The Streets 和 Shne'or 咖啡馆的员工为我提供了很好的服务，使我可以专心致志。

Yoav Goldberg

2017 年 3 月

目　录

Neural Network Methods for Natural Language Processing

引　言

1.1　自然语言处理的挑战

自然语言处理(Natural Language Processing，NLP)是一个设计输入和输出为非结构化自然语言数据的方法和算法的研究领域。人类语言有很强的歧义性(如句子"I ate pizza with friends"(我和朋友一起吃披萨)和"I ate pizza with olives"(我吃了有橄榄的披萨))和多样性(如"I ate pizza with friends"也可以说成"Friends and I shared some pizza")。语言也一直在进化中。人善于产生和理解语言，并具有表达、感知、理解复杂且微妙信息的能力。与此同时，虽然人类是语言的伟大使用者，但是我们并不善于形式化地理解和描述支配语言的规则。

使用计算机理解和产生语言因此极具挑战性。事实上，最为人所知的处理语言数据的方法是使用有监督机器学习(supervised machine learning)算法，其试图从事先标注好的输入/输出集合中推导出使用的模式和规则。例如，一个将文本分为 4 类的任务，类别为：体育、政治、八卦和经济。显然，文本中的单词提供了非常强的线索，但是到底哪些单词提供了什么线索呢？为该任务书写规则极具挑战性。然而，读者可以轻松地将一篇文档分到一个主题中，然后，基于每类几百篇人为分类的样例，可以让有监督机器学习产生用词的模式，从而帮助文本分类。机器学习方法擅长那些很难获得规则集，但是相对容易获得给定输入及相应输出样本的领域。

除了使用不明确规则集处理歧义和多样输入的挑战之外，自然语言展现了另外一些特性，其使得用包括机器学习在内的计算方法更具挑战性，即离散性(discrete)、组合性(compositional)和稀疏性(sparse)。

语言是符号化和离散的。书面语义的基本单位是字符，字符构成了单词，单词再表示对象、概念、事件、动作和思想。字符和单词都是离散符号：如"hamburger"(汉堡包)或"pizza"(披萨)会唤起我们头脑中的某种表示，但是它们也是不同的符号，其含义是不相关的，待我们的大脑去理解。从符号自身看，"hamburger"和"pizza"之间没有内在的关系，从构成它们的字母看也是一样。与机器视觉中普遍使用的如颜色的概念或声学信号相对比，这些概念都是连续的，如可以使用简单的数学运算从一幅彩色图像变为灰度图像，或者从色调、光强等内在性质比较两幅图像。对于单词，这些都不容易做到，如果不使用一个大的查找表或者词典，没有什么简单的运算可以从单词"red"（红）变为单词"pink"（粉红）。

语言还具有组合性，即字母形成单词，单词形成短语和句子。短语的含义可以比包含的单词更大，并遵循复杂的规则集。为了理解一个文本，我们需要超越字母和单词，看到更长的单词序列，如句子甚至整篇文本。

以上性质的组合导致了**数据稀疏性**（data sparseness）。单词（离散符号）组合并形成意义的方式实际上是无限的。可能合法的句子数是巨大的，我们从没指望能全部枚举出来。随便翻开一本书，其中绝大部分句子是你之前从没看过和听过的。甚至，很有可能很多四个单词构成的序列对你都是新鲜的。如果你看一下过去10年的报纸或者想象一下未来10年的报纸，许多单词，特别是人名、品牌和公司以及俚语和术语都将是新的。我们也不清楚如何从一个句子生成另一个句子或者定义句子之间的相似性，这不依赖于它们的意思——对我们是不可观测的。当我们要从实例中学习时也是挑战重重，即使有非常大的实例集合，我们仍然很容易观测到实例集合中从没出现过的事件，其与曾出现过的所有实例都非常不同。

1.2　神经网络和深度学习

深度学习是机器学习的一个分支，是神经网络（neural network）的重命名。神经网络是一系列学习技术，历史上曾受模拟脑计算工作的启发，可被看作学习参数可微的数学函数[1]。深度学习的名字源于许多层被连在一起的可微函数。

虽然全部机器学习技术都可以被认为是基于过去的观测学习如何做出预测，但是深度学习方法不仅学习预测，而且学习正确地表示数据，以使其更有助于预测。给出一个巨大的输入-输出映射集合，深度学习方法将数据"喂"给一个网络，其产生输入的后继转换，直到用最终的转换来预测输出。网络产生的转换都学习自给定的输入-输出映射，以便每个转换都使得更易于将数据和期望的标签之间建立联系。

人类设计者负责设计网络结构和训练方式，提供给网络合适的输入-输出实例集合，将输入数据恰当地编码，大量学习正确表示的工作则由网络自动执行，同时受到网络结构的支持。

1.3 自然语言处理中的深度学习

神经网络提供了强大的学习机制，对自然语言处理问题极具吸引力。将神经网络用于语言的一个主要组件是使用嵌入层(embedding layer)，即将离散的符号映射为相对低维的连续向量。当嵌入单词的时候，从不同的独立符号转换为可以运算的数学对象。特别地，向量之间的距离可以等价于单词之间的距离，这使得更容易从一个单词泛化到另一个单词。学习单词的向量表示成为训练过程的一部分。再往上层，网络学习单词向量的组合方式以更有利于预测。该能力减轻了离散和数据稀疏问题。

有两种主要的神经网络结构，即前馈网络(feed-forward network)和循环/递归网络(recurrent/recursive network)，它们可以以各种方式组合。

前馈网络，也叫多层感知器(Multi-Layer Perceptron，MLP)，其输入大小固定，对于变化的输入长度，我们可以忽略元素的顺序。当将输入集合喂给网络时，网络学习用有意义的方式组合它们。之前线性模型所能应用的地方，多层感知器都能使用。网络的非线性以及易于整合预训练词嵌入的能力经常导致更高的分类精度。

卷积(convolutional)前馈网络是一类特殊的结构，其善于抽取数据中有意义的局部模式：将任意长度的输入"喂"给网络，网络能抽取有意义的局部模式，这些模式对单词顺序敏感，而忽略它们在输入中出现的位置。这些工作适合于识别长句子或者文本中有指示性的短语和惯用语。

循环神经网络(RNN)是适于序列数据的特殊模型，网络接收输入序列作为输入，产生固定大小的向量作为序列的摘要。对于不同的任务，"一个序列的摘要"意味着不同的东西(也就是说，用于回答一个句子情感所需的信息与回答其语法的信息并不相同)。循环网络很少被当作独立组件应用，其能力在于可被当作可训练的组件"喂"给其他网络组件，然后串联地训练它们。例如，循环网络的输出可以"喂"给前馈网络，用于预测一些值。循环网络被用作一个输入转换器，其被训练用于产生富含信息的表示，前馈网络将在其上进行运算。对于序列，循环网络是非常引人注目的模型，可能也是神经网络用于自然语言最令人激动的成果。它们允许：打破自然语言处理中存在几十年的马尔可夫假设，设计能依赖整个句子的模型，并在需要的情况下考虑词的顺序，同时不太受由于数据稀疏造成的统计估计问题之苦。该能力使语言模型(language-modeling)产生了令人印象深刻的收益，其中语言模型指的是预测序列中下一个单词的概率(等价于预测一个序列的概率)，是许多自然语言处理应用的核心。递归网络将循环网络从序列扩展到树。

自然语言的许多问题是结构化的(structured)，需要产生复杂的输出结构，如序列和树。神经网络模型能适应该需求，一方面可以改进已知的面向线性模型的结构化预测算法，另一方面可以使用新的结构，如序列到序列(编码器-解码器)模型，本书中我们指的是条件生成模型。此类模型是目前公认最好的机器翻译模型的核心。

最后，许多自然语言预测任务互相关联，在某种意义上知道一种任务是如何执行的将对另一些任务有所帮助。另外，我们可能没有足够的有监督(带标签)训练数据，而只有足够的原始文本(无标签数据)。我们能从相关的任务或者未标注数据中学习吗？对于多任务学习(Multi-Task Learning，MTL，即从相关问题中学习)和半监督(semi-supervised)学习(从额外的、未标注的数据中学习)，神经网络方法提供了令人激动的机会。

成功案例

大部分情况下，全连接前馈神经网络(MLP)能被用来替代线性学习器。这包括二分类或多分类问题，以及更复杂的结构化预测问题。网络的非线性以及易于整合预训练词嵌入的能力经常带来更高的分类精度。一系列工作[2]通过简单地将句法分析器中的线性模型替换为全连接前馈神经网络便获得了更好的句法分析结果。直接将前馈网络用作分类器(通常同时使用预训练词向量)为许多语义任务带来了好处，包括：非常基本的语言模型任务[3]，CCG 标注(supertagging)[4]，对话状态跟踪[5]，统计机器翻译中的预排序[6]。Iyyer 等人[2015]证明多层前馈网络能对情感分类和事实型问答带来富有竞争力的结果。Zhou 等人[2015]和 Andor 等人[2016]将它们与基于柱搜索(beam-search)的结构化预测系统相整合，在句法分析、序列标注以及其他任务中获得了很高的准确率。

具有卷积和池化层的网络对于分类任务非常有用，我们期望从中发现很强的关于类别的局部线索，这些线索能出现在输入的不同位置。例如，在文本分类任务中，单一的关键短语(或者连续的 n 个词)能帮助确定文本的主题[Johnson and Zhang, 2015]。我们期望学习某些有利于指明主题的单词序列，不需要关注它们出现在文档中的位置。卷积和池化层允许模型学习到这些局部指示，忽略它们的位置。卷积和池化结构在许多任务中展现了鼓舞人心的结果，包括文本分类[7]、短文本分类[8]、情感分类[9]、实体之间关系类型分类[10]、事件检测[11]、复述识别[12]、语义角色标注[13]、问答系统[14]、基于影评的电影票房预测[15]、文本趣味性建模[16]以及字符序列和词性标记之间关系的建模[17]。

在自然语言中，我们经常与任意长度的结构化数据打交道，例如序列和树。我们期望能够获取这些结构的泛化性，或者建模它们之间的相似性。循环和递归结构对序列和树结构很有效，能保留许多结构化信息。循环网络[Elman, 1990]被设计用于对序列进行建模，而递归网络[Goller and Küchler，1996]是对循环网络的泛化，能处理树。循环模型已经在很多任务上展示了非常强的效果，包括语言模型[18]、序列标注[19]、机器翻译[20]、句法分析[21]、噪声文本规范化[22]、对话状态跟踪[23]、反馈生成[24]以及字符序列和词性标记之间关系的建模[25]。

对于短语结构[26]和依存[27]句法分析的重排序、语篇关系分析[28]、语义关系分类[29]、基于句法分析树的政治意识形态检测[30]、情感分类[31]、目标依赖的情感分类[32]以及问答系统[33]，递归模型显示出能获得目前最好或近似最好的结果。

1.4 本书的覆盖面和组织结构

本书由四部分构成。第一部分介绍本书中将使用的基本学习机制，包括有监督学习、多层感知器、基于梯度的训练以及用于实现和训练神经网络的计算图抽象。第二部分将第一部分介绍的机制与语言进行关联，介绍处理语言时所能用到的主要信息源，并解释如何将它们与神经网络机制进行整合。同时讨论词嵌入算法和分布式假设，以及将前馈方法用于语言模型。第三部分处理特殊的结构以及它们在语言数据中的应用，包括用于处理 ngram 的一维卷积网络、用于建模序列和栈的循环神经网络（RNN）。第三部分描述最多的 RNN 是针对语言数据的神经网络应用的主要创新，包括强大的条件生成框架以及基于注意力的模型。第四部分是各种新进展的集合，包括用于建模树的递归网络、结构化预测模型以及多任务学习。

第一部分涵盖了神经网络的基础，包括四章。第 2 章介绍有监督机器学习的基本概念、参数化函数、线性和对数线性模型、正则化和损失函数、作为优化问题的训练以及基于梯度的训练方法。它从头开始，提供了后续章节所必需的材料。已经熟悉基本的学习理论和基于梯度的学习方法的读者可以跳过该章。第 3 章指出线性模型的主要缺陷、非线性模型的动机以及多层神经网络的基础和动机。第 4 章介绍前馈神经网络和多层感知器，讨论多层网络的定义、它们理论上的能力以及常用的组件，如非线性函数和损失函数。第 5 章涉及神经网络的训练，介绍能对任意网络进行自动梯度计算的计算图抽象（反向传播算法）以及提出几个用于有效训练网络的重要技巧。

第二部分介绍语言模型，包括七章。第 6 章提出一个通用语言处理问题的原型并讨论在使用语言数据时可用的信息（特征）资源。第 7 章提供了具体的案例，展示前一章描述的特征如何用于各种自然语言任务。熟悉语言处理的读者可以跳过这两章。第 8 章将第 6、7 两章的内容与神经网络进行结合，讨论各种对基于语言的特征作为神经网络输入进行编码的方式。第 9 章介绍语言模型任务，以及前馈神经语言模型结构。这也为后续章节中讨论预训练词嵌入铺就了一条道路。第 10 章讨论用于词义表示的分布式（distributed）和分布（distributional）方法，介绍用于分布语义的单词-上下文矩阵方法，以及受神经语言模型所启发的词嵌入算法，如 GloVe 和 Word2Vec，并讨论了分布式和分布方法之间的联系。第 11 章在神经网络上下文之外讨论词嵌入。最后，第 12 章给出了一个任务相关的前馈网络案例，其专门用于自然语言推理（Natural Language Inference）任务。

第三部分介绍特殊的卷积和循环结构，包括五章。第 13 章是卷积网络，其专用于学习富含信息的 n 元语法模式。其替代品哈希核（hash-kernel）技术也将被讨论。第 14～17 章主要介绍循环神经网络。第 14 章描述用于序列和栈建模的循环神经网络抽象。第 15 章描述具体的循环神经网络实例，包括简单循环神经网络（也被称作 Elman 循环神经网络）以及带门的结构，如长短期记忆（Long Short-Term Memory，LSTM）和门限循环单元（Gated Recurrent Unit，GRU）。第 16 章给出使用循环神经网络抽象进行建模的一些实例，展示它们的具体应用。最后，第 17 章介绍条件生成框架（其为目前最好的机器翻译系统），以及无监督句子建模和很多其他创新应用背后的建模技术。

第四部分是最新的非核心主题的混合，包括三章。第 18 章介绍用于建模树的树结构递归网络。虽然非常吸引人，但是这类模型仍处于研究阶段，还没有展示令人信服的成功案例。尽管如此，对于想进一步提高目前最好性能（state-of-the-art）的研究人员来说，这仍然是一类很重要的模型。对成熟和鲁棒技术更感兴趣的读者可以跳过该章。第 19 章处理结构化预测。这是很有技术含量的一章。对结构化预测有特别兴趣或者已经熟悉基于线性模型的结构化预测技术的读者会喜欢这部分材料。其他人可以跳过该章。最后，第 20 章介绍多任务和半监督学习。对于多任务和半监督学习，神经网络带来了丰富的机会。这些是很重要的技术，它们仍处于研究阶段。然而，已有的技术相对容易被应用并且确实提供了真正的收益。本章没有什么技术挑战，推荐所有读者阅读。

依赖性　对于大部分内容，一个章节依赖于其前面的章节。第二部分最前面的两章是个例外，它们不依赖前面任何章节的内容，可以以任意顺序阅读。一些章节可跳过，而不会影响对其他概念和材料的理解。如 10.4 节和第 11 章可以跳过，其介绍词嵌入算法的细节和在神经网络之前应用词嵌入。第 12 章描述了一个用于斯坦福自然语言推理（Stanford Natural Language Inference，SNLI）数据集的特殊结构。第 13 章描述卷积网络。在递归网络的序列中，第 15 章描述特殊网络的细节，也能相对安全地被跳过。第四部分的各章都是相互独立的，既能跳过也能以任意顺序阅读。

1.5 本书未覆盖的内容

本书专注于将神经网络应用于语言处理任务。然而，一些基于神经网络的语言处理的子领域被本书排除在外了。特别地，我专注于处理书面语言，不包括语音数据和信号。在书面语中，我保留了相对底层的、定义明确的任务，没有包括如对话系统、文本摘要、问答系统等领域，我认为这些是更开放的问题。虽然本书描述的技术也能用于这些任务，但是我没有提供实例或显式地直接讨论这些任务。类似地，语义分析也超出了范围。多模态应用只是稍微提及，它们将语言数据与视觉、数据库等模态的数据进行连接。最后，讨论主要以英语为主，形态学更丰富以及更少计算资源的语言只会简短地讨论。

一些重要基础也没讨论。特别地，语言处理中的两个重要方面是恰当的评价和数据标注。这两个主题都超出了本书的范围，但是读者应该意识到它们的存在。

恰当的评价包括对于给定的任务选择正确的评价性能的指标、目前最好的方法、与其他工作公平的比较，进行错误分析以及评估统计显著性。

数据标注是自然语言处理系统的基础。没有数据，我们不能训练有监督模型。作为研究者，我们经常仅使用其他人产生的"标准"标注数据。知道数据源以及考虑标注过程仍然很重要。数据标注是一个非常巨大的主题，包括：恰当的标注任务定义；开发标注规范；决定标注数据来源，其覆盖性和类别分布，好的训练-测试划分；与标注者一起工作，合并决策，验证标注者和标注的质量以及各种类似的主题。

1.6 术语

"特征"(feature)一词用于表示一个具体的、语言上的输入，如单词、后缀或者词性。例如，在一阶词性标注器中，特征可能是"当前词、前一个词、下一个词、前一个词性"。术语"输入向量"(input vector)用于表示被"喂"给神经网络分类器的真正输入。类似地，"输入向量条目"(input vector entry)表示输入的具体值。这不同于大部分神经网络资料，其中"特征"一词过度承担了这两种用法，并且主要用于表示一个输入向量条目。

1.7 数学符号

我们使用粗体大写字母表示矩阵(X，Y，Z)，粗体小写字母表示向量(b)。当有一系列相关的矩阵和向量时（如每个矩阵代表网络中不同的层），使用上标（W^1，W^2）。对于一些很少出现的情况，比如想表示矩阵和向量的幂，在我们想求幂的项两边加上一对括号：$(W)^2$，$(W^3)^2$。我们使用[]作为向量和矩阵的索引运算符：$b_{[i]}$是向量 b 的第 i 个元素，$W_{[i,j]}$是矩阵 W 的第 i 列第 j 行。当没有歧义的时候，我们有时使用更标准的数学符号b_i表示向量 b 的第 i 个元素，类似地 $w_{i,j}$表示矩阵 W 的元素。我们使用·表示点乘运算：$w \cdot v = \sum_i w_i v_i = \sum_i w_{[i]} v_{[i]}$。我们使用 $x_{1:n}$ 表示向量 x_1，$\cdots$，x_n 的序列。类似地，$x_{1:n}$是元素 x_1，$\cdots$，x_n 的序列。我们使用 $x_{n:1}$ 表示序列的逆序。$x_{1:n}[i] = x_i$，$x_{n:1}[i] = x_{n-i+1}$。我们使用[v_1；v_2]表示向量串联。

如无其他说明，向量被假设为行向量。选择使用行向量多少有点不标准，其被矩阵右乘（$xW + b$），而许多神经网络材料使用列向量，它们是矩阵左乘（$Wx + b$）。我们相信读者在阅读这些材料时能适应[34]。

注释

1. 本书中我们采用数学的观点，而非脑启发的观点。

2. ［Chen and Manning，2014，Durrett and Klein，2015，Pei et al.，2015，Weiss et al.，2015］。

3. 见第 9 章以及 Bengio 等人［2003］、Vaswani 等人［2013］。

4. ［Lewis and Steedman，2014］。

5. ［Henderson et al.，2013］。

6. ［de Gispert et al.，2015］。

7. ［Johnson and Zhang，2015］。

8. ［Wang et al.，2015a］。

9. ［Kalchbrenner et al.，2014，Kim，2014］。

10. ［dos Santos et al.，2015，Zeng et al.，2014］。

11. ［Chen et al.，2015，Nguyen and Grishman，2015］。

12. ［Yin and Schütze，2015］。

13. ［Collobert et al.，2011］。

14. ［Dong et al.，2015］。

15. ［Bitvai and Cohn，2015］。

16. ［Gao et al.，2014］。

17. ［dos Santos and Zadrozny，2014］。

18. 一些值得注意的工作是 Adel 等人［2013］，Auli 和 Gao［2014］，Auli 等人［2013］，Duh 等人

［2013］，Jozefowicz 等人［2016］，Mikolov［2012］，Mikolov 等人［2010，2011］。

19. ［Irsoy and Cardie，2014，Ling et al.，2015b，Xu et al.，2015］。

20. ［Cho et al.，2014b，Sundermeyer et al.，2014，Sutskever et al.，2014，Tamura et al.，2014］。

21. ［Dyer et al.，2015，Kiperwasser and Goldberg，2016b，Watanabe and Sumita，2015］。

22. ［Chrupala，2014］。

23. ［Mrkšić et al.，2015］。

24. ［Kannan et al.，2016，Sordoni et al.，2015］。

25. ［Ling et al.，2015b］。

26. ［Socher et al.，2013a］。

27. ［Le and Zuidema，2014，Zhu et al.，2015a］。

28. ［Li et al.，2014］。

29. ［Hashimoto et al.，2013，Liu et al.，2015］。

30. ［Iyyer et al.，2014b］。

31. ［Hermann and Blunsom，2013，Socher et al.，2013b］。

32. ［Dong et al.，2014］。

33. ［Iyyer et al.，2014a］。

34. 使用行向量表示具有以下优势：输入向量的方式与网络图所画的方式相匹配；网络的层次结构更显而易见，将输入置于最左侧而不是被嵌套起来；全连接层的维度是 $d_{in} \times d_{out}$，而不是 $d_{out} \times d_{in}$；更好地与神经网络代码实现相对应，如使用 numpy 等矩阵库实现这些代码。

有监督分类与前馈神经网络

学习基础与线性模型

作为本书的主题，神经网络是一类有监督机器学习算法。

本章提供了对有监督学习术语和惯例的快速介绍，同时介绍了解决二分类和多分类问题的线性和对数线性模型。

本章也为后续的章节奠定基础并设定符号标记。熟悉线性模型的读者可以跳过本章继续阅读接下来的章节，但阅读 2.4 节和 2.5 节可能会有所收获。

有监督机器学习理论和线性模型是非常大的主题，本章远不能涵盖所有方面。读者可以参阅某些文档得到更完全的涉猎，比如 Daumé III[2015]、Shalev-Shwartz 和 Ben-David [2014]和 Mohri 等人[2012]。

2.1 有监督学习和参数化函数

有监督机器学习的精华是创造了一种通过观察样例进而产生泛化的机制。更具体地说，我们设计了一个算法，算法的输入是一组有标注的样例（比如，这组邮件是垃圾邮件，另一组不是），输出是一个接收实例（邮件）、产生期望标签（是否是垃圾邮件）的函数（或是一个程序），而不是仅仅设计一个完成任务（把垃圾邮件和正常邮件分开）的算法。人们的期望是对于在训练时没有见过的样例，最终函数可以产生正确的预测标签。

因为搜索所有可能的程序（或函数）是非常困难（和极其不明确）的问题，通常把函数限制在特定的函数簇内，比如所有的具有 d_{in} 个输入、d_{out} 个输出的线性函数所组成的函数空间，或者所有包含 d_{in} 个变量的决策树空间。这样的函数簇被称作假设类（hypothesis class）。通过把搜索限制在假设类之中，我们向学习器中引入了归纳偏置（inductive bias）——一组关于期望结果形式的假设，同时也使得搜索结果的过程更加高效。对主要学习算法以及它们背后假设的宽泛的概览，读者可以参阅 Domingos[2015]。

假设类也确定了学习器可以表示什么、不可以表示什么。一个常见的假设类是高维线性函数，也就是以下这种形式的函数：⊖

⊖ 正如 1.7 节讨论的，本书采用一个稍微不正统的方式，假设向量都是行向量，而不是列向量。

$$f(x) = x \cdot W + b \tag{2.1}$$

$$x \in \mathbb{R}^{d_{in}} \quad W \in \mathbb{R}^{d_{in} \times d_{out}} \quad b \in \mathbb{R}^{d_{out}}$$

其中，向量 x 是函数的输入，矩阵 W 和向量 b 是参数。学习器的目标是确定参数的值，使得函数在输入值 $x_{1:k} = x_1, \cdots, x_k$ 和对应的输出 $y_{1:k} = y_1, \cdots, y_k$ 上表现得和预期相同。因此，搜索函数空间的问题被缩减成了搜索参数空间的问题。通常把函数的参数表示成 Θ。在线性模型中，$\Theta = W, b$。有时候想要通过使用符号更明确地表示函数的参数化，我们将参数包含在函数的定义之中：$f(x; W, b) = x \cdot W + b$。

在接下来的章节中，我们将会看到线性函数的假设类相当有限，有很多它无法表示的函数（的确，它只限于线性关系）。相反，第 4 章将要介绍的具有隐层的前馈神经网络同样是参数化函数，但构成了一个非常强大的假设类——它们是通用近似器（universal approximator），可以表示任意的波莱尔可测量函数（Borel-measurable function）[⊖]。然而，线性模型虽然表示能力有限，但它也有几个我们想要的性质：训练简单高效，通常会得到凸优化目标，训练得到的模型也有点可解释性，它们在实践中往往非常有效。在统计自然语言处理中，线性和对数线性模型作为主流方法有十多年之久。此外，它们也是更强大的非线性前馈网络的基本模块，线性和对数线性模型在之后的章节介绍。

2.2 训练集、测试集和验证集

在深入介绍线性模型之前，让我们重新考虑机器学习问题的通常定义。我们会面对由输入样例 $x_{1:k}$ 和相应标准标签 $y_{1:k}$ 组成的数据集，目的是构造一个函数 $f(x)$，该函数可以将训练集中的输入 x 正确地映射到输出 $\hat{y}$。我们怎么知道构造的函数 $f()$ 的确是好的呢？可以将训练样例 $x_{1:k}$ 输入 $f()$，记录预测结果 $\hat{y}_{1:k}$，将其与期望标签 $y_{1:k}$ 比较并计算准确率。然而，这个过程不会提供丰富的信息——我们主要关心的是 $f()$ 正确扩展到未见实例的能力。函数 $f()$ 被实现成一个查询表，即在记忆中查找输入 x，若该样例已经出现过则返回相应的值 y，否则返回一个随机值。这样的话，在这种测试下该函数将会得到满分，但很明显它不是一个好的分类函数，因为它没有泛化能力。我们宁愿选择一个在训练样例一部分上出错的函数 $f()$，只要它可以得到未见的实例的正确标签。

⊖ 见 4.3 节。

留一法 在训练过程中，我们必须评估已训练函数在未见实例上的准确率。一种方法是进行留一交叉验证(leave-one-out cross-validation)：训练 k 个函数 $f_{1:k}$，每次取出一个不同的输入样例 x_i，评价得到的函数 $f_i()$ 预测 x_i 的能力。之后，在完整的训练集 $x_{1:k}$ 上训练另一个函数 $f()$。假设训练集是一个有代表性的样本集，在取出的样例上得到正确预测结果的函数 $f_i()$ 的占比应该是一个对 $f()$ 在新输入上准确率的不错近似。然而，这个过程非常浪费计算时间，只会在已标注样例数量 k 特别小(小于 100 左右)的时候使用。在语言处理任务中，我们经常会遇到训练集中有超过 10 万个样例的情况。

留存集 就计算时间而言，一个更有效的方法是划分训练集为两个子集，可以按 80%/20% 划分，在较大的子集(训练集)上训练模型，在较小的子集(留存集，held-out set)上测试模型的准确率。这样将会得到一个合理的已训练函数准确率的估计，或者至少可以让我们比较不同的已训练模型的质量。然而，这样有点浪费训练样例。之后，可以在完整的数据集上重新训练一个模型。然而，由于模型是在更多的数据上训练的，在更少的数据上训练的模型的误差估计可能不准确。这是一个很好的问题，因为更多的训练数据可能会得到更好而不是更差的预测器⊖。

进行划分时要注意一些事情——通常来说在划分数据前打乱样例，保证一个训练集和留存集之间平衡的样例分布(比如，你可能想要两个集合中标签的比例相似)是更好的。但是，有时随机的划分不是一个好的选择：例如输入选择的是几个月内的新闻文章，你的模型被期望对新的故事提供预测。在这里，随机的划分将会高估模型的质量：训练集和留存集样例将会来自相同的时间段，因此会有更多的类似故事，但在实践中不会出现这种情形。在这种情况下，你想要保证训练集中有更早的新闻故事，留存集中有更新的——尽可能接近已训练的模型要被应用的实际环境。

三路划分 如果训练一个单一的模型，想要评估它的质量，那么把数据集划分成训练集和留存集很有效。然而，实际上你通常要训练几个模型，比较它们的质量，然后选择最好的那一个。这时，两路划分方法是不够的——根据留存集上的准确率选择最好的模型会导致对模型质量过于乐观的估计。你不知道最终的分类器的设置在总体上是好的，还是仅仅在留存集中的特定样例上是好的。如果你在留存集上进行误差估计，基于已观测到的误差改变特征或者模型的结构，那么这个问题可能会变得更糟糕。你也不知道在留存集上准确率的提高是否会传递到新的实例上。已被接受的方法是使用一种把数

⊖ 但是，要注意的是在训练步骤中的某些设置，尤其是学习率和正则权重可能对训练集的大小敏感。在某个数据上调整它们，然后在更大的数据集上使用相同的设置重新训练模型，可能会产生次优结果。

据划分为训练集、验证集(也叫作开发集)和测试集的三路划分方法。这会给你两个留存集:一个是验证集,一个是测试集。所有的实验、调参、误差分析和模型选择都应该在验证集上进行。然后,最终模型在测试集上的一次简单运行将会给出它在未见实例上的期望质量的一个好的估计。保证测试集尽可能纯洁,在其上运行尽可能少的实验是很重要的。一些人甚至提倡模型设计者不应观察测试集中的样例,以免弄偏设计模型的方向。

2.3 线性模型

目前已经建立了一些方法论,我们返回来描述针对二分类和多分类问题的线性模型。

2.3.1 二分类

在二分类问题中,只有一个输出,因此使用式(2.1)的一个受限版本来表示。其中,$d_{\text{out}}=1$,w 是一个向量,b 是一个标量。

$$f(\pmb{x}) = \pmb{x} \cdot \pmb{w} + b \tag{2.2}$$

式(2.2)中线性函数的值域是 $[-\infty, +\infty]$。为了在二分类中使用该公式,通常将 $f(\pmb{x})$ 的输出通过 sign 函数,把负数映射为 -1(反类),正数映射为 $+1$(正类)。

考虑一个任务:基于公寓的价格和大小,预测一个公寓坐落在两个地区中的哪一个地区。图 2.1 显示了一些公寓的二维图表,其中 x 轴代表每月的租金(美元),y 轴代表房间大小(平方英尺⊖)。圆圈表示杜邦广场(DC),叉号表示费尔法克斯(VA)。在这张图中,很明显可以使用一条直线分离两个地区——在杜邦广场的公寓往往比相同大小的费尔法克斯的公寓昂贵⊜。这个数据集是线性可分的:这两个类别可以被一条直线分离。

每一个数据点(一个公寓)可以表示成一个二维向量 x,其中 $\pmb{x}_{[0]}$ 是公寓的大小,$\pmb{x}_{[1]}$ 是它的价格。接下来,我们可以得到以下的线性模型:

$$\hat{y} = \text{sign}(f(\pmb{x})) = \text{sign}(\pmb{x} \cdot \pmb{w} + b)$$
$$= \text{sign}(\text{size} \times w_1 + \text{price} \times w_2 + b)$$

其中,·是点乘操作,b 和 $w = [w_1, w_2]$ 是自由参数,如果 $\hat{y} \geqslant 0$,我们预测公寓在费尔法克斯,否则在杜邦广场。学习的目的是设置 w_1、w_2 和 b 的值,以至于对于所有的已观测

⊖ 1 英尺=0.3048 米。——编辑注
⊜ 注意只看大小或者只看价格都不能清楚地分开这两组。

到的数据点预测都是正确的[⊖]。

我们将在 2.7 节讨论如何学习，但是现在考虑我们希望学习步骤去设定一个大的数值给w_1，一个小的数值给w_2。一旦模型训练完成，我们可以通过将新的数据点输入到公式中对其进行分类。

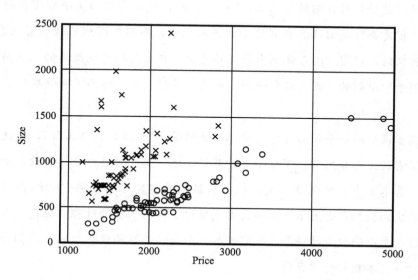

图 2.1 房屋数据：以美元为单位的租金和以平方英尺为单位的大小

数据来源：Craigslist ads，收集自 2015 年 6 月 7~15 日

有时不可能使用一条直线(或者更高维空间中的一个线性超平面)将数据点分开——这种数据集被叫作非线性可分，是在线性分类器的假设类表示能力之外的。解决方法要么是转换到更高维的空间(加入更多的特征)，要么是转换到更丰富的假设类，或者允许一些误分类存在[⊖]。

特征表示 在上述的例子中，每个数据点是一对大小和价格测量值。这些属性中的每一个被认为是一个特征，我们通过它分类数据点。这是非常方便的，但是在大多数情况下这些数据点不会以特征列表的形式直接提供给我们，而是作为真实世界中的对象。例如，在公寓例子中我们被给予一系列公寓来分类。然后，我们需要做有意识的决定，手动选择我们认为对于分类任务有用的可测量属性。在这里，将特征集中在价格和大小上被证明是有效的。我们也可以考虑其他的属性，比如房间的数量、房间的高度、地板

⊖ 在几何上，对于一个给定的 w，满足 $x \cdot w + b = 0$ 的点构成了一个将空间分为两个区域的超平面(在二维空间中对应为一条直线)。学习的目的是发现一个超平面，使得由它归纳出的分类是正确的。

⊖ 有时，误分一些样例是个好主意。例如，我们有理由相信数据点中的一些是异常值——那些属于某个类别却被错误地标注成另一个类别的样例。

的类型、地理位置坐标等。就特征集合做出决定之后，我们创造一个特征抽取(feature extraction)函数，它把真实世界的对象(即公寓)映射成一个可测量量度(价格和大小)的向量，该向量可以作为我们模型的输入。特征的选择对分类准确率是极其重要的，并受制于特征的信息量和对我们的可用性(地理位置坐标是比价格和大小好得多的对于地区的预测器，但是也许我们只能看到过去的交易记录，而不能得到地理位置信息)。当我们有两个特征时，以图表的形式画出数据并看出潜在的结构是很简单的。然而，正如在接下来的例子中看到的，我们经常使用不止两个特征，这使得画图和精确的推理变得不切实际。

　　线性模型设计的一个核心部分是特征函数的设计(所谓的特征工程)，在这段文本中我们掩盖了它的大部分细节。深度学习的开创性之一是，它通过让模型设计者指定一个小的核心、基本或者自然的特征集，让可训练的神经网络结构将它们组合成更有意义的、更高层次的特征或者表示，从而大大地简化了特征工程的过程。但是，人们仍需要指定一个适当大小的核心特征集，把它们和一个合适的结构联系起来。我们将在第6章和第7章讨论文本数据的常见特征。

　　通常有两个以上的特征。转移到语言的任务上，如区分以英文书写的文档和以德文书写的文档。事实证明，对于这个任务来说，字母频率可以构成相当好的预测器(特征)。甚至更多的信息是二元字母的数量，即连续字母对⊖。假设我们有个由 28 个字母组成的字母表(a 到 z、空格和一个代表包括数字、标点符号等在内的其他所有字符的特殊符号)，我们将一个文档表示成一个 28×28 维的向量 $x \in \mathbb{R}^{784}$，其中每个分量 $x_{[i]}$ 表示一个特定字母组合在该文档中以文档的长度标准化过的数量。例如，x 的分量 x_{ab} 对应于二元字母对 ab：

$$x_{ab} = \frac{\#_{ab}}{|D|} \tag{2.3}$$

其中 $\#_{ab}$ 是二元对 ab 在该文档中出现的次数，$|D|$ 是该文档中二元对的总数(该文档的长度)。

　　图 2.2 显示了几个德文和英语文本的二元字母对直方图。为了可读性，我们只列出了频率最高的二元字符对，而不是完整的特征向量。在图的左侧，我们看到英文文本的二

⊖　虽然有人认为单词也会是好的预测器，但字母或者二元字母对更健壮：我们很可能遇到一个新的文档，文档中没有任何在训练集中出现过的单词，但是一个文档中没有任何特定的二元字母对基本不可能。

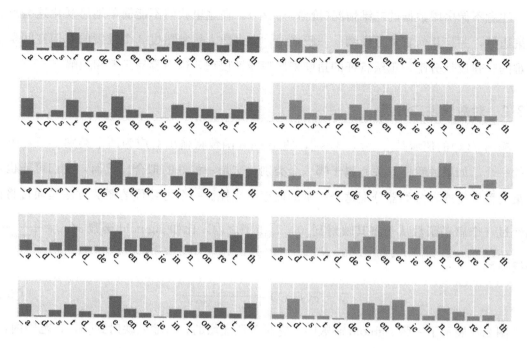

图 2.2　英文（左侧）和德文（右侧）书写的文档中二元字符对的直方图。下划线表示空格

元字母对，在图的右侧是德文文本。在数据中有清晰的模式，给定一个新的文本，比如：

你可能会说与德文比它和英文更相似。但是，需要注意的是，你不能使用一个简单具体的规则，比如"如果文本中有 th，它就是英文"或者"如果文本中有 ie，它就是德文"：虽然德文文本中的 th 远远少于英文，但是 th 可能的确出现在德文中，同样 ie 组合也确实出现在英文中。这个决定需要相互权衡不同的因素。让我们以机器学习的设置形式化这个问题。

我们可以再次使用一个线性模型：

$$\hat{y} = \text{sign}(f(\boldsymbol{x})) = \text{sign}(\boldsymbol{x} \cdot \boldsymbol{w} + b) \tag{2.4}$$
$$= \text{sign}(x_{aa} \times w_{aa} + x_{ab} \times w_{ab} + x_{ac} \times w_{ac} \cdots + b)$$

如果 $f(\boldsymbol{x}) \geqslant 0$，一个文档将会被认为是英文，否则是德文。直观上，学习应该赋予大的正值 $\boldsymbol{w}$ 给那些在英文中比在德文中更常见的字母对（即 th），赋予负值给在德文中比在英文中更常见的字母对（即 en），赋予接近 0 的值给在两种语言中都是常见或者都是稀有的字母对。

注意不像房屋数据的二维情况（价格与大小），在这里我们不能简单地可视化这些点和决策边界，并且几何直觉更模糊。一般来说，大多数人想象超过 3 个维度的几何空间是很困难的，建议从分配权重给特征的角度来思考线性模型，这更容易想象和理解。

2.3.2   对数线性二分类

输出 $f(\boldsymbol{x})$ 的值域是 $[-\infty，+\infty]$，使用 sign 函数将输出对应为两个类别 $\{-1，+1\}$ 中的一个。如果说我们只关心属于哪一个类别，这是一种好的拟合。然而，我们可能也对决策的置信度或者分类器分配这个类别的概率感兴趣。一个可替代的便捷方法是通过将输出经过一个扁平函数从而将其映射到 $[0，1]$ 范围之内，比如 sigmoid 函数 $\sigma(x)=\dfrac{1}{1+\mathrm{e}^{-x}}$，最终得到：

$$\hat{y} = \sigma(f(\boldsymbol{x})) = \frac{1}{1+\mathrm{e}^{-(\boldsymbol{x}\cdot\boldsymbol{w}+b)}} \tag{2.5}$$

图 2.3 展示了一张 sigmoid 函数图。它是单调递增的，将输入映射到 $[0，1]$ 范围内，0 被映射成 $\dfrac{1}{2}$。当使用一个合适的损失函数（将在 2.7.1 节中讨论），通过对数线性模型得到的二元预测可以被理解成 $\boldsymbol{x}$ 属于正类的概率估计 $\sigma(f(\boldsymbol{x}))=P(\hat{y}=1\mid\boldsymbol{x})$。也可以得到 $P(\hat{y}=0\mid\boldsymbol{x})=1-P(\hat{y}=1\mid\boldsymbol{x})=1-\sigma(f(\boldsymbol{x}))$。值越接近 0 或者 1，模型的类别预测就越确定，而 0.5 表明模型的不确定性。

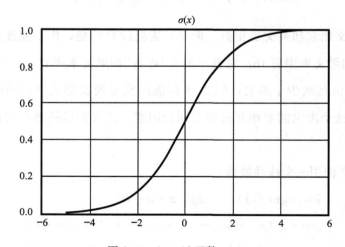

图 2.3   sigmoid 函数 $\sigma(x)$

2.3.3   多分类

之前的例子是二分类问题，有两个可能的类别。二分类情况是存在的，但是大多数的分类问题是多类别的，在这种问题中我们应该把一个实例分配到 k 个不同的类别中的一个。例如，给定一个文档，要求把它分类到 6 种不同语言中的一个：英语、法语、德语、意大利语、西班牙语和其他语言。一个可能的方法是考虑 6 个权重向量 w^{EN}，w^{FR}，$\cdots$ 以及偏置，一种语言一个，并以最高分来预测结果语言[⊖]：

$$\hat{y} = f(\boldsymbol{x}) = \underset{L \in \{EN, FR, GR, IT, SP, O\}}{\mathrm{argmax}} \boldsymbol{x} \cdot \boldsymbol{w}^L + b^L \tag{2.6}$$

6 个参数 $w^L \in \mathbb{R}^{784}$ 和 b^L 的集合可以被排列成一个矩阵 $\boldsymbol{W} \in \mathbb{R}^{784 \times 6}$ 和向量 $b \in \mathbb{R}^6$，因此公式被重写为：

$$\hat{\boldsymbol{y}} = f(\boldsymbol{x}) = \boldsymbol{x} \cdot \boldsymbol{W} + \boldsymbol{b} \tag{2.7}$$

$$\mathrm{prediction} = \hat{y} = \underset{i}{\mathrm{argmax}} \, \hat{\boldsymbol{y}}_{[i]}$$

这里 $\hat{\boldsymbol{y}} \in \mathbb{R}^6$ 是一个每种语言都被模型指派一个得分所构成的向量，通过取 $\hat{y}$ 中各分量的最大值确定被预测的语言。

2.4　表示

考虑按照式(2.7)训练一个模型并应用到一个文档得到的向量 $\hat{y}$。这个向量可以被认为是该文档的一个**表示**(representations)，它抓住了该文档中对我们重要的属性，也就是不同语言的得分。这个表示 $\hat{y}$ 严格来说包含了比预测 $\hat{y} = \underset{i}{\mathrm{argmax}} \hat{\boldsymbol{y}}_{[i]}$ 更多的信息：例如，$\hat{y}$ 可以用来区分主要语言是德语，但包含相当多的法语单词的文档。通过基于被模型指派的向量表示对文档进行聚类，我们也许可以发现以方言书写的文档或者是被多语言作者书写的文档。

包含已标准化的二元字母对数量的向量 x 也是文档的表示，可论证地，它们也包含与向量 $\hat{y}$ 相似种类的信息。然而，$\hat{y}$ 中的表示更紧凑(6 个分量，而不是 784 个)，更针对语言预测对象(聚集起来的向量 x 可能会揭示不是因为特定语言混合而是由于文档的主题或者写作风格角度的文档的相似性)。

已训练矩阵 $\boldsymbol{W} \in \mathbb{R}^{784 \times 6}$ 也可以被认为包含已学得的表示。正如图 2.4 所展示的，我们可以以行或者列两种角度来考查 $\boldsymbol{W}$。$\boldsymbol{W}$ 的 6 个列中的每一个对应于一个特定语言，可以被看作一个 784 维的在二元字符对的模式层面上的对该语言的向量表示。然后，我们可以根据 6 个语言向量的相似性来聚合它们。同样，$\boldsymbol{W}$ 的 784 个行中的每一个对应于一个特定二

⊖　有包括二类到多类归约在内的许多方式来建模多分类问题。这些超过了本书的范围，但 Allwein 等人［2000］给出了一个好的概述。

元字母对，提供了一个对该二元对的六维向量表示，每一个分量都是根据某一个语言得到的。

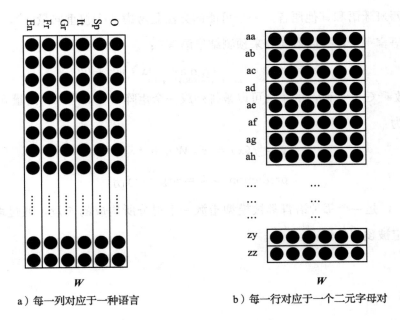

a）每一列对应于一种语言 b）每一行对应于一个二元字母对

图 2.4 W 矩阵的两个观察角度

表示是深度学习的核心。事实上，有人坚决主张深度学习的主要能力是学习好的表示能力。在线性情况下，这种表示是可以理解的，在这种意义上，我们可以为表示向量的每一维指派一个有意义的解释（例如，每一个维度对应一个特定的语言或者二元字母对）。通常不是这种情况——深度学习模型经常学习一个级联的对输入的表示，为了最好地手动建模这个问题，这些表示经常是不可理解的——我们不知道它们获得了输入的哪些属性。然而，它们对于做出预测仍然是有用的。此外，在模型的边界上，即输入和输出，我们得到了对应于输入（即对于每个二元字母对的向量表示）或者输出（即输出类别中的每一个的向量表示）的特定方面的表示。在讨论神经网络和编码分类特征为稠密向量之后，在 8.3 节我们将会回到这个问题。在读完那一节之后，建议返回这里多看几次这个讨论。

2.5 独热和稠密向量表示

在我们的语言分类例子中，输入向量包含了在文档 D 中已标准化的二元对数量。这个向量可以被分解为 $|D|$ 个向量，每一个对应于一个特定的文档位置 i：

$$x = \frac{1}{|D|} \sum_{i=1}^{|D|} x^{D[i]} \tag{2.8}$$

其中，$D_{[i]}$ 是在文档位置 i 上的二元对，每个向量 $x^{D_{[i]}} \in \mathbb{R}^{784}$ 是一个独热（one-hot）向量，在这个向量中除了对应于二元字母对 $D_{[i]}$ 的分量是 1，其余分量均为 0。

结果向量 x 常被称作平均二元对词袋（averaged bag of bigrams，更普遍地叫作 averaged bag of words，或者仅仅是 bag of words）。Bag-Of-Words（BOW）表示包含文档中所有单词（在这里是二元对）的不考虑次序的个性信息。一个独热表示可以被认为是一个单一单词的词袋。

矩阵 W 按行可看作二元字母对的表示启示了计算式（2.7）中的文档表示向量 $\hat{y}$ 的替代方法。$W^{D_{[i]}}$ 表示 W 中对应于二元对 $D_{[i]}$ 的那一行，我们可以把一个文档 D 的表示 y 变成该文档中二元字母对的平均表示：

$$\hat{y} = \frac{1}{|D|} \sum_{i=1}^{|D|} W^{D_{[i]}} \tag{2.9}$$

这种表示通常被称作连续单词词袋（Continuous Bag Of Words，CBOW），它由低维度连续向量的单词表示的总和组成。

我们注意到式（2.9）和式（2.7）中的 $x \cdot W$ 是等同的。为了理解为什么，细想：

$$y = x \cdot W$$

$$= \left(\frac{1}{|D|} \sum_{i=1}^{|D|} x^{D_{[i]}} \right) \cdot W$$

$$= \frac{1}{|D|} \sum_{i=1}^{|D|} \left(x^{D_{[i]}} \cdot W \right) \tag{2.10}$$

$$= \frac{1}{|D|} \sum_{i=1}^{|D|} W^{D_{[i]}}$$

换句话说，CBOW 表示可以通过求单词表示向量和或者通过将一个单词词袋向量乘以一个每一行对应于一个稠密单词表示的矩阵（这样的矩阵也叫作嵌入矩阵（embedding matricy））来得到。

2.6　对数线性多分类

在二分类情况中，我们利用 sigmoid 函数把线性预测转变为一个概率估计，从而得到了一个对数线性模型。在多分类情况中是把分数向量通过一个 softmax 函数：

$$\text{softmax}(x)_{[i]} = \frac{e^{x_{[i]}}}{\sum_j e^{x_{[j]}}} \tag{2.11}$$

得到：

$$\hat{\boldsymbol{y}} = \text{softmax}(\boldsymbol{x}\,\boldsymbol{W} + \boldsymbol{b})$$

$$\hat{\boldsymbol{y}}_{[i]} = \frac{e^{(\boldsymbol{x}\boldsymbol{W}+\boldsymbol{b})_{[i]}}}{\sum_j e^{(\boldsymbol{x}\boldsymbol{W}+\boldsymbol{b})_{[j]}}} \tag{2.12}$$

softmax 转换强制 $\hat{y}$ 中的值为正数，和为 1，使得它们可以被认为是一个概率分布。

2.7　训练和最优化

回想一个有监督学习算法的输入是有 n 个训练样例 $x_{1:n} = x_1,x_2,\cdots,x_n$ 和相应的标签 $y_{1:n} = y_1,y_2,\cdots,y_n$ 的训练集。不失一般性，我们假设期望的输入和输出是向量：$\boldsymbol{x}_{1:n}$，$\boldsymbol{y}_{1:n}$。 $\ominus$

算法的目的是返回一个正确地把输入实例与它们的期望标签对应起来的函数 $f()$，即一个函数 $f()$ 使得预测 $\hat{\boldsymbol{y}} = f(\boldsymbol{x})$ 在训练集上是正确的。为了让这个问题更清晰，我们引入损失函数(loss function)的概念，衡量当预测是 $\hat{\boldsymbol{y}}$ 而正确标签是 $\boldsymbol{y}$ 时所遭受的损失。形式上，给定正确的期望输出 $\boldsymbol{y}$，损失函数 $L(\hat{\boldsymbol{y}},\boldsymbol{y})$ 指派一个数值分数(标量)给预测输出 $\hat{\boldsymbol{y}}$。损失函数应该是有下界的，最小值只会在预测是正确时取得。

学得的函数的参数(矩阵 $\boldsymbol{W}$ 和偏置向量 $\boldsymbol{b}$)被设定成可以最小化训练集上的损失 L(通常是最小化不同训练样例上的损失的总和)的值。

具体地，给定一个已标注训练集($\boldsymbol{x}_{1:n}$，$\boldsymbol{y}_{1:n}$)、单样例的损失函数和一个参数化函数 $f(\boldsymbol{x};\Theta)$，我们把关于参数 Θ 的全局损失定义为所有训练样例上的平均损失：

$$\mathcal{L}(\Theta) = \frac{1}{n}\sum_{i=1}^{n} L(f(\boldsymbol{x}_i;\Theta),\boldsymbol{y}_i) \tag{2.13}$$

在这一观点下，训练样例不变，参数的值决定损失大小。这时，训练算法的目的是设置参数 Θ 的值，使得 $\mathcal{L}$ 的值最小：

$$\hat{\Theta} = \underset{\Theta}{\text{argmin}}\,\mathcal{L}(\Theta) = \underset{\Theta}{\text{argmin}}\,\frac{1}{n}\sum_{i=1}^{n} L(f(\boldsymbol{x}_i;\Theta),\boldsymbol{y}_i) \tag{2.14}$$

式(2.14)试图最小化在所有代价上的损失，可能会导致在训练集上的过拟合(overfitting)。为了避免过拟合，我们经常对解决方案的形式加上软约束。通过使用一个把参数作为输入并返回一个反映参数"复杂度"的标量的函数 $R(\Theta)$ 来加入软约束，同时我们想要函数值保持较小。通过向目标函数加入 R，这个优化问题需要在低损失和低复杂度之间

$\ominus$　在许多情况下，很自然地把期望输出看作一个标量(类别指派)而不是一个向量。在当前情况下，$\boldsymbol{y}$ 仅仅是相应的独热向量，$\underset{i}{\text{argmax}}\,\boldsymbol{y}_{[i]}$ 是对应的类别指派。

权衡：

$$\hat{\Theta} = \min_{\Theta}\Big(\overbrace{\frac{1}{n}\sum_{i=1}^{n} L(f(\boldsymbol{x}_i;\Theta),\boldsymbol{y}_i)}^{\text{损失}} + \overbrace{\lambda R(\Theta)}^{\text{正则化}} \Big) \tag{2.15}$$

函数 R 叫作正则项（regularization term）。损失函数和正则标准的不同组合会致使不同的学习算法，具有不同的归纳偏置。

我们现在转过来讨论常见的损失函数（2.7.1 节），接着是正则化和正则化矩阵的讨论（2.7.2 节）。然后在 2.8 节我们提出了一个解决最小化问题（式 2.15）的算法。

2.7.1 损失函数

损失可以是任何把两个向量映射到一个标量的函数。为了最优化的实际目的，我们只考虑那些可以简单地计算梯度（或者次梯度）的函数。$^{\ominus}$在大多数情况下，推荐使用常见的损失函数而不是自行定义。针对二分类的损失函数的详细讨论和理论论述，可以参阅 Zhang[2004]。我们现在讨论一些在自然语言处理中经常和线性模型以及和神经网络一起使用的损失函数。

hinge（二分类） 对于二分类问题，分类器的输出是单一的标量，预期的输出是 $\{+1,-1\}$ 中的一个。分类规则是 $\hat{y}=\text{sign}(\tilde{y})$，如果 $y\cdot\tilde{y}>0$，分类被认为是正确的，即 y 和 $\tilde{y}$ 是同号的。hinge 损失亦称为间隔损失（margin loss）或者支持向量机（SVM）损失，被定义为：

$$L_{\text{hinge(binary)}}(\tilde{y},y) = \max(0,1-y\cdot\tilde{y}) \tag{2.16}$$

当 y 和 $\tilde{y}$ 是同号的并且 $|\tilde{y}|\geqslant 1$ 时，损失是 0。否则，损失与 $\tilde{y}$ 是成线性相关的。换句话说，二元 hinge 损失试图得到一个间隔至少是 1 的正确分类。

hinge（多分类）：hinge 损失被 Crammer and Singer[2002] 扩展到多分类情形。令 $\hat{\boldsymbol{y}}=\hat{\boldsymbol{y}}_{[1]},\cdots,\hat{\boldsymbol{y}}_{[n]}$ 为分类器的输出向量，$\boldsymbol{y}$ 为正确输出类别的独热向量。

分类规则被定义为选择分数最高的那个类别：

$$\text{prediction} = \underset{i}{\text{argmax}}\, \hat{\boldsymbol{y}}_{[i]} \tag{2.17}$$

令 $t=\underset{i}{\text{argmax}}\, \boldsymbol{y}_{[i]}$ 代表正确的类别，$k=\underset{i\neq t}{\text{argmax}}\, \hat{\boldsymbol{y}}_{[i]}$ 代表最高分数的类别，并且 $t\neq k$。多分类 hinge 损失被定义为：

$$L_{\text{hinge(multi-class)}}(\hat{\boldsymbol{y}},\boldsymbol{y}) = \max(0,1-(\hat{\boldsymbol{y}}_{[t]}-\hat{\boldsymbol{y}}_{[k]})) \tag{2.18}$$

多分类 hinge 损失试图使正确类别的得分比其他类别至少高出 1。

$\ominus$ 有 k 个自变量的函数的梯度是 k 个偏导数的集合，一个偏导数对应一个变量。梯度将在 2.8 节讨论。

二分类和多分类的 hinge 损失可用于线性输出。当需要一个严格的决策规则，而不需要建模类别成员概率时，hinge 损失是有用的。

对数(log)损失　对数损失是 hinge 损失的常用变形，可以看作 hinge 损失的平缓版本，具有无限大的间隔[LeCun 等人，2006]：

$$L_{\log}(\hat{\boldsymbol{y}}, \boldsymbol{y}) = \log(1 + \exp(-(\hat{\boldsymbol{y}}_{[t]} - \hat{\boldsymbol{y}}_{[k]}))) \tag{2.19}$$

二元交叉熵　二元交叉熵损失也叫作逻辑斯蒂(logistic)损失，被用于输出为条件概率分布的二元分类中。假设两个被标注为 0 和 1 的目标类别，那么正确的标签是 $y \in \{0, 1\}$。利用 sigmoid(也叫作 logistic)函数将分类器的输出 $\tilde{y}$ 转换到 $[0, 1]$ 范围内，可以理解为条件概率 $\hat{y} = \sigma(\tilde{y}) = P(y=1 \mid \boldsymbol{x})$。预测规则是：

$$\text{prediction} = \begin{cases} 0 & \hat{y} < 0.5 \\ 1 & \hat{y} \geqslant 0.5 \end{cases}$$

网络被训练去最大化每一个训练样例 $(\boldsymbol{x}, y)$ 的对数条件概率 $\log P(y=1 \mid \boldsymbol{x})$。逻辑斯蒂损失被定义为：

$$L_{\text{logistic}}(\hat{y}, y) = -y \log \hat{y} - (1-y) \log(1-\hat{y}) \tag{2.20}$$

当我们想要网络产生针对一个二元分类问题的类别条件概率时，逻辑斯蒂损失是很有用的。当使用逻辑斯蒂损失时，假设输出层已经使用 sigmoid 函数转换过。

分类交叉熵(categorical cross-entropy)损失　当希望得分为概率时，使用分类交叉熵损失(也称作负对数似然，negative log likelihood)。

令 $\boldsymbol{y} = \boldsymbol{y}_{[1]}, \cdots, \boldsymbol{y}_{[n]}$ 为一个表示标签 $1, \cdots, n$ 上的正确的多项式分布向量，[⊖]令 $\hat{\boldsymbol{y}} = \hat{\boldsymbol{y}}_{[1]}, \cdots, \hat{\boldsymbol{y}}_{[n]}$ 为经过 softmax 函数(2.6 节)转换的线性分类器的输出，代表类别条件分布 $\hat{\boldsymbol{y}}_{[i]} = P(y=i \mid \boldsymbol{x})$。分类交叉熵损失度量正确标签分布 $\boldsymbol{y}$ 与预测标签分布 $\hat{\boldsymbol{y}}$ 之间的相异度，被定义为交叉熵：

$$L_{\text{cross-entropy}}(\hat{\boldsymbol{y}}, \boldsymbol{y}) = -\sum_i \boldsymbol{y}_{[i]} \log(\hat{\boldsymbol{y}}_{[i]}) \tag{2.21}$$

对于训练样例有且只有一个正确的类别这类严格的分类问题来说，$\boldsymbol{y}$ 是一个代表正确类别的独热向量。在这种情况下，交叉熵可以被简化为：

$$L_{\text{cross-entropy(hard classification)}}(\hat{\boldsymbol{y}}, \boldsymbol{y}) = -\log(\hat{\boldsymbol{y}}_{[t]}) \tag{2.22}$$

其中，t 是正确的类别指派。这试图指派概率质量(probability mass)给正确类别直到概率为 1。由于得分经过 softmax 函数后变为非负的，和为 1，则增加正确类别的概率意味着

⊖　这个公式假设一个样例可以以某些确定度属于几个类别。

减少其他所有类别的概率。

交叉熵损失常见于对数线性模型和神经网络文献中，构造一个不仅仅可以预测最好的类别标签也可以预测一个可能类别的分布的多类分类器。使用交叉熵损失时，假设分类器输出经过 softmax 函数转换。

等级损失　在某些情形下，我们没有就标签而言的监督，只有一对正确项 x 和不正确项 x'，我们的目的是给正确项打比不正确项高的分。这种训练情况出现在我们只有正例时，再通过破坏一个正例来生成负例。在这种情形下，一个有用的损失是基于间隔的等级损失，它是针对一组正确样例和错误样例而定义的：

$$L_{\text{ranking(margin)}}(x, x') = \max(0, 1 - (f(x) - f(x'))) \tag{2.23}$$

其中，$f(x)$ 是被分类器指派到输入向量 x 上的分数。目标是去给正确输入打分（分等级），使得分数比错误输入高至少 1 分的间隔。

一个常见的变形是使用等级损失的对数版本：

$$L_{\text{ranking(log)}}(x, x') = \log(1 + \exp(-(f(x) - f(x')))) \tag{2.24}$$

在语言任务中使用等级 hinge 损失的例子包括训练被用来产生预训练的词嵌入（见10.4.2 节）的辅助任务，在该任务中给定了一个正确的单词序列和一个被破坏的单词序列，我们的目的是为正确的序列打比错误序列更高的分[Collobert and Weston，2008]。同样，Van de Cruys[2014]在一个选择约束任务中使用了等级损失，其中网络被训练成将正确的动词宾语对排在自动生成的错误的前面，Weston 等人[2013]在一个信息抽取领域中训练了一个模型去为正确的(头，关系，尾)三元组打比被破坏的三元组更高的分。Gao等人[2014]中有使用等级对数损失的例子。dos Santos 等人[2015]允许为负类和正类指定不同间隔的等级对数损失。

2.7.2　正则化

细想式(2.14)中的最优化问题。有多种解决方法来进行最优化，特别是在更高维的空间中可能发生过拟合。考虑我们的语言识别例子，有一种情形是训练集中有异常文档(记为x_0)：它是以德语书写的，却被标注为法语。为了降低损失，学习器会识别x_0中的只出现在几个文档中的特征，赋予它们非常大的偏向(不正确的)法语类别的权重。这时，其他出现这些特征的德语文档可能被错误地分类成法语，学习器将会发现其他的德语二元字母对，提高它们的权重从而将这些文档再一次地分类为德语。这不是一个好的学习方法，因为它学到了错误的知识，可能会造成与x_0有许多相同单词的德语测试文档被错误地分类成法语。直觉地，我们可以通过驱使学习器远离有误导性的实例而偏向更自然的方案来控制这类情况，在这种方式中如果一些样例不能与其他的样例相拟合，可以误分类它们。

通过向优化目标中加入正则化 R 来完成以上的目的，这样做可以控制参数值的复杂性，避免过拟合情况的发生：

$$\hat{\Theta} = \operatorname*{argmin}_{\Theta} \mathcal{L}(\Theta) + \lambda R(\Theta)$$

$$= \operatorname*{argmin}_{\Theta} \frac{1}{n} L(f(\boldsymbol{x}_i; \Theta), \boldsymbol{y}_i) + \lambda R(\Theta) \tag{2.25}$$

正则化项根据参数值得出参数值的复杂度。然后，我们寻找既是低损失又是低复杂度的参数值。超参数$^{\ominus}$ λ 被用来控制正则化的程度：与低损失相比是更想要简单的模型，反之亦然。基于开发集上的分类性能，λ 的值被手动设置。尽管式(2.25)只有一个正则化函数，λ 的值针对所有的参数，当然 Θ 中的每一项都可能有不同的正则化器。

实际上，正则化器 R 等价于权重的大小，所以要尽量保证小的参数值。特别地，正则化器 R 度量了参数矩阵的范数，使学习器偏向具有低范数的解决方案。R 的常用选择有 L_2 范数、L_1 范数和弹性网络(elastic-net)。

L_2 正则化　在 L_2 正则化中，R 取参数的 L_2 范数的平方的形式，尽力保证参数值的平方和足够小：

$$R_{L_2}(\boldsymbol{W}) = \| \boldsymbol{W} \|_2^2 = \sum_{i,j} (\boldsymbol{W}_{[i,j]})^2 \tag{2.26}$$

L_2 正则器也叫作高斯先验或者权值衰减(weight decay)。

注意到经过 L_2 正则化的模型会因高的参数权值而受到极其严重的惩罚，但一旦参数值足够接近于 0，L_2 正则化的作用几乎可以忽略不计。与把有相对低权重的 10 个参数的值都减少 0.1 相比，模型更偏向于把一个有高权重的参数的值减少 1。

L_1 正则化　在 L_1 正则化中，R 取参数的 L_1 范数的形式，尽力保证参数值的绝对值和足够小：

$$R_{L_1}(\boldsymbol{W}) = \| \boldsymbol{W} \|_1 = \sum_{i,j} |\boldsymbol{W}_{[i,j]}| \tag{2.27}$$

与 L_2 正则器相比，L_1 正则器会因低参数值和高参数值而受到惩罚，会偏向于将所有的非零参数值减少到 0。因此它会支持稀疏的答案——许多参数都是 0 的模型。L_1 正则器也叫作稀疏先验(sparse prior)或者 lasso[Tibshirani, 1994]。

弹性网络　弹性网络正则器[Zou and Hastie, 2005]组合了 L_1 正则和 L_2 正则：

$$R_{\text{elastic-net}}(\boldsymbol{W}) = \lambda_1 R_{L_1}(\boldsymbol{W}) + \lambda_2 R_{L_2}(\boldsymbol{W}) \tag{2.28}$$

$\ominus$　超参数是模型不能在最优化过程中学得的参数，需要手动设置。

Dropout 另一种在神经网络中非常有用的正则化方法是 Dropout，将在 4.6 节讨论。

2.8 基于梯度的最优化

为了训练模型，我们需要解决式(2.25)中的优化问题。一种常用的方法是使用基于梯度的方法。大概来说，基于梯度的方法通过反复地计算训练集上的损失 L 的估计和参数 Θ 关于损失估计的梯度值，并将参数值向与梯度相反的方向调整。不同的最优化方法的区别在于如何对损失进行估计，如何定义"向与梯度相反的方向调整参数值"。我们先描述随机梯度下降(SGD)这一基本算法，然后简明地提及其他的方法和对其深入阅读的指南。

基于梯度的最优化动机 考虑寻找最小化函数 $y=f(x)$ 的标量值 x 这个任务。常规方法是计算该函数的二阶导数 $f''(x)$，解 $f''(x)=0$ 得到极值点。为了举例，假定以上的方法不能使用(确实，在多变量函数中使用这个方法是很困难的)。一个替代方法是数值法：计算一阶导数 $f'(x)$，然后以一个初始猜测值 x_i 开始。求值 $u=f'(x_i)$ 会给出调整的方向。如果 $u=0$，那么 x_i 是最优点。否则，通过令 $x_{i+1} \leftarrow x_i - \eta u$ 向与 u 相反的方向调整 x_i，其中 η 是一个比例参数。η 的值取足够小，$f(x_{i+1})$ 会小于 $f(x_i)$。重复以上的过程(同时适当地减小 η 的值)就可以找到一个最优点 x_i。如果函数 $f()$ 是凸函数，该最优值是全局最优的。否则，上述过程只能找到局部最优值。

基于梯度的最优化方法简单地将上述的思想扩展到具有多个变量的函数中。具有 k 个变量的函数的梯度是 k 个偏导数的集合，一个偏导数对应一个变量。按梯度的方向调整初始输入值会增大函数值，反之按相反方向调整输入值会减小函数值。当最优化损失 $\mathcal{L}(\Theta; \boldsymbol{x}_{1:n}, \boldsymbol{y}_{1:n})$ 时，参数 Θ 被认为是函数的输入，训练样例被以常量对待。

凸性 在基于梯度的最优化中，常常要区分凸(凹)函数和非凸(非凹)函数。凸函数是二阶导数总是非负的函数。因而，凸函数有一个最小值点。同理，凹函数是二阶导数总是负的或者 0 的函数，因而有一个最大值点。凸(凹)函数具有这种简单地使用基于梯度的最优化方法即可最小化(最大化)的性质——仅仅沿着梯度直到极值点，一旦达到极值点我们就得到了全局极值点。相对而言，对于非凸或者非凹函数，基于梯度的最优化步骤可能会汇聚到局部极值点，而找不到全局最优值。

2.8.1 随机梯度下降

训练线性模型的一个有效方法是使用随机梯度下降算法[Bottou, 2012, LeCun 等,

1998a]或者它的变形。随机梯度下降是一个通用优化算法。它接收一个被 Θ 参数化的函数 f，一个损失函数 L，以及期望的输入输出对 $x_{1:n}$，$y_{1:n}$。然后算法尝试设定参数 Θ 使得 f 在训练样例上的累积损失足够小。算法的工作流程展示在算法 2.1 中。

算法的目的是设定参数 Θ 以最小化训练集上的总体损失 $\mathcal{L}(\Theta) = \sum_{i=1}^{n} L(f(x_i;\theta), y_i)$。算法的工作方式是反复地随机抽取一个训练样例，计算这个样例上的误差关于参数 Θ 的梯度（第 4 行）——假设输入和期望输出是固定的，损失被认为是一个关于参数 Θ 的函数。然后，参数 Θ 被以与梯度相反的方向进行更新，比例系数为学习率 η_t（第 5 行）。学习率在训练过程中可以是不变的，也可以按照关于时间步 t 的函数衰减。⊖关于设置学习率的更深的讨论见 5.2 节。

算法 2.1　基于在线随机梯度下降的训练过程

输入：
- 函数 $f(x; \Theta)$，Θ 为参数
- 由输入 $x_1, \cdots, x_n$ 以及期望输出 $y_1, \cdots, y_n$ 构成的训练集
- 损失函数 L

1：　**while** 不满足停止条件 **do**
2：　　采样一个训练样本 x_i，y_i
3：　　计算损失 $L(f(x_i; \Theta), y_i)$
4：　　$\hat{g} \leftarrow L(f(x_i; \Theta), y_i)$ 关于 Θ 的梯度
5：　　$\Theta \leftarrow \Theta - \eta_t \hat{g}$
6：　**return** Θ

注意第 3 行计算的误差是基于一个训练样例的，因此仅仅是一个大概的对需要最小化的全局损失 L 的估计。损失计算中的噪音可能导致不准确的梯度。减少这种噪音的常见方法是在 m 个样例的抽样上估计误差和梯度。这引出了 minibatch 随机梯度下降算法（算法 2.2）。

在第 3 到 6 行，算法估计了基于小批样例（minibatch）的总体损失的梯度。在循环之后，$\hat{g}$ 包含了梯度估计，参数 Θ 被朝向 $\hat{g}$ 更新。minibatch 的大小在 $m=1$ 和 $m=n$ 范围内。更大的 minibatch 提供了对总体梯度的更好估计，而更小的 minibatch 允许更多的对参数的更新，相应地收敛更快。除了提升梯度估计的准确性以外，minibatch 算法也为提升训练效率提供了条件。针对适当的 m，一些计算体系（比如，GPU）给予了第 3 到 6 行中一种高效的并行计算方式。如果函数是凸函数，带有适当递减的学习率的随机梯度下降保证能收敛到全局最优解，这种收敛性针对的是本章讨论的损失函数以及正则化器相结合的线性和对数线性模型。但是，随机梯度下降法也可以被用来最优化非凸函数，比如多层神经网络。虽

⊖　之所以需要衰减学习率，是为了保证随机梯度下降法的收敛性。

然不能保证找到全局最优解，但该算法被证明是健壮的，实际上表现得很好。⊖

算法 2.2　基于 minibatch 随机梯度下降的训练过程

输入：
- 函数 $f(x; \Theta)$，Θ 为参数
- 由输入 $x_1, \cdots, x_n$ 以及期望输出 $y_1, \cdots, y_n$ 构成的训练集
- 损失函数 L

1：　**while** 不满足停止条件 **do**
2：　　采样包含 m 个样本的一个 minibatch$\{(x_1, y_1), \cdots, (x_m, y_m)\}$
3：　　$\hat{g} \leftarrow 0$
4：　　**for** $i = 1$ to m **do**
5：　　　　计算损失 $L(f(x_i; \Theta), y_i)$
6：　　　　$\hat{g} \leftarrow \hat{g} + \frac{1}{m} L(f(x_i; \Theta), y_i)$ 关于 Θ 的梯度
7：　　$\Theta \leftarrow \Theta - \eta_t \hat{g}$
8：　**return** Θ

2.8.2　实例

以使用 hinge 损失的多类线性分类器为例：

$$\hat{y} = \operatorname*{argmax}_i \hat{y}_{[i]}$$

$$\hat{y} = f(x) = xW + b$$

$$L(\hat{y}, y) = \max(0, 1 - (\hat{y}_{[t]} - \hat{y}_{[k]}))$$

$$= \max(0, 1 - ((xW + b)_{[t]} - (xW + b)_{[k]}))$$

$$t = \operatorname*{argmax}_i y_{[i]}$$

$$k = \operatorname*{argmax}_i \hat{y}_{[i]} \quad i \neq t$$

我们想要设定参数 W 和 b 使得损失被最小化。需要计算损失关于值 W 和 b 的梯度。梯度是关于每个变量的偏导数的集合：

$$\frac{\partial L(\hat{y}, y)}{\partial W} = \begin{bmatrix} \dfrac{\partial L(\hat{y}, y)}{\partial W_{[1,1]}} & \dfrac{\partial L(\hat{y}, y)}{\partial W_{[1,2]}} & \cdots & \dfrac{\partial L(\hat{y}, y)}{\partial W_{[1,n]}} \\[2ex] \dfrac{\partial L(\hat{y}, y)}{\partial W_{[2,1]}} & \dfrac{\partial L(\hat{y}, y)}{\partial W_{[2,2]}} & \cdots & \dfrac{\partial L(\hat{y}, y)}{\partial W_{[2,n]}} \\[2ex] \vdots & \vdots & \ddots & \vdots \\[2ex] \dfrac{\partial L(\hat{y}, y)}{\partial W_{[m,1]}} & \dfrac{\partial L(\hat{y}, y)}{\partial W_{[m,2]}} & \cdots & \dfrac{\partial L(\hat{y}, y)}{\partial W_{[m,n]}} \end{bmatrix}$$

⊖　来自神经网络相关文献的近期工作证明网络的非凸性体现在鞍点的扩散而不是局部最小值上[Dauphin et al., 2014]。这可以解释为什么尽管使用了局部搜索技术，在训练神经网络中仍能获得一些成绩。

$$\frac{\partial L(\hat{\boldsymbol{y}},\boldsymbol{y})}{\partial \boldsymbol{b}} = \left(\frac{\partial L(\hat{\boldsymbol{y}},\boldsymbol{y})}{\partial \boldsymbol{b}_{[1]}} \quad \frac{\partial L(\hat{\boldsymbol{y}},\boldsymbol{y})}{\partial \boldsymbol{b}_{[2]}} \quad \cdots \quad \frac{\partial L(\hat{\boldsymbol{y}},\boldsymbol{y})}{\partial \boldsymbol{b}_{[n]}} \right)$$

更具体地，我们会计算损失相对于参数值中的每一个 $\boldsymbol{W}_{[i,j]}$ 和 $\boldsymbol{b}_{[j]}$ 的导数。首先把损失计算式中的这些项展开：

$$
\begin{aligned}
L(\hat{\boldsymbol{y}},\boldsymbol{y}) &= \max(0,1-(\hat{\boldsymbol{y}}_{[t]}-\hat{\boldsymbol{y}}_{[k]})) \\
&= \max(0,1-((\boldsymbol{xW}+\boldsymbol{b})_{[t]}-(\boldsymbol{xW}+\boldsymbol{b}_{[k]}))) \\
&= \max\Big(0,1-\Big(\Big(\sum_i \boldsymbol{x}_{[i]} \cdot \boldsymbol{W}_{[i,t]}+\boldsymbol{b}_{[t]}\Big)-\Big(\sum_i \boldsymbol{x}_{[i]} \cdot \boldsymbol{W}_{[i,k]}+\boldsymbol{b}_{[k]}\Big)\Big)\Big) \\
&= \max\Big(0,1-\sum_i \boldsymbol{x}_{[i]} \cdot \boldsymbol{W}_{[i,t]}-\boldsymbol{b}_{[t]}+\sum_i \boldsymbol{x}_{[i]} \cdot \boldsymbol{W}_{[i,k]}+\boldsymbol{b}_{[k]}\Big) \\
\boldsymbol{t} &= \underset{i}{\mathrm{argmax}}\,\boldsymbol{y}_{[i]} \\
k &= \underset{i}{\mathrm{argmax}}\,\boldsymbol{y}_{[i]}\,\hat{\boldsymbol{y}}_i \quad i \neq t
\end{aligned}
$$

首先可以看到的是如果 $1-(\hat{\boldsymbol{y}}_{[t]}-\hat{\boldsymbol{y}}_{[k]}) \leqslant 0$，那么损失为 0，梯度（取最大值操作的导数是最大值的导数）也为 0。否则，梯度是导数 $\frac{\partial L}{\partial \boldsymbol{b}_{[i]}}$。对于偏导来说，$\boldsymbol{b}_{[i]}$ 被认为是变量，所有其他的被认为是常量。对于 $i \neq k, t$ 来说，$\boldsymbol{b}_{[i]}$ 项与损失无关，因此它的导数为 0。对于 $i=k$ 和 $i=t$，可以直接得到：

$$\frac{\partial L}{\partial \boldsymbol{b}_{[i]}} = \begin{cases} -1 & i=t \\ 1 & i=k \\ 0 & \text{其他} \end{cases}$$

同理，对于 $\boldsymbol{W}_{[i,j]}$，只有当 $j=k$ 和 $j=t$ 时才与损失有关。可以得到：

$$\frac{\partial L}{\partial \boldsymbol{W}_{[i,j]}} = \begin{cases} \dfrac{\partial(-\boldsymbol{x}_{[i]} \cdot \boldsymbol{W}_{[i,t]})}{\partial \boldsymbol{W}_{[i,t]}} = -\boldsymbol{x}_{[i]} & j=t \\[2mm] \dfrac{\partial(\boldsymbol{x}_{[i]} \cdot \boldsymbol{W}_{[i,k]})}{\partial \boldsymbol{W}_{[i,k]}} = \boldsymbol{x}_{[i]} & j=k \\[2mm] 0 & \text{其他} \end{cases}$$

这就是梯度的计算。

读者应该尝试计算具有 hinge 损失和 L_2 正则的多类线性模型的梯度以及具有 softmax 输出转换和交叉熵损失的多分类线性模型的梯度，作为一个简单的练习。

2.8.3 其他训练方法

随机梯度下降（SGD）算法确实经常产生好的结果，同时更高级的算法也是可用的。

SGD ＋ Momentum［Polyak，1964］和 Nesterov Momentum［Nesterov，1983，2004，Sutskever et al.，2013］算法是 SGD 的变形，在这些算法中，之前的梯度被累积并影响当前参数的更新。包括 AdaGrad［Duchi et al.，2011］、AdaDelta［Zeiler，2012］、RMSProp［Tieleman and Hinton，2012］和 Adam［Kingma and Ba，2014］在内的可适应学习率算法被设计成为每个 minibatch，有时为每个坐标选择学习率，大大减少了为学习率随时间做调整的需要。关于这些算法的细节，可以参阅原论文或者［Bengio et al.，2016，Sections 8.3，8.4 节］。

从线性模型到多层感知器

3.1 线性模型的局限性：异或问题

线性(对数-线性)模型的假设严格受限。例如，它不能表示异或(XOR)函数，其定义为：

$$xor(0,\ 0) = 0$$
$$xor(1,\ 0) = 1$$
$$xor(0,\ 1) = 1$$
$$xor(1,\ 1) = 0.$$

也就是说，没有参数 $w \in \mathbb{R}^2$，$b \in \mathbb{R}$ 满足：

$$(0,\ 0) \cdot w + b < 0$$
$$(1,\ 0) \cdot w + b \geqslant 0$$
$$(0,\ 1) \cdot w + b \geqslant 0$$
$$(1,\ 1) \cdot w + b < 0$$

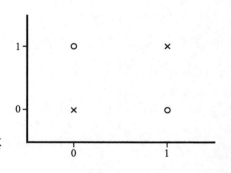

为了说明原因，考虑右侧异或函数的图形，其中○表示正类，×表示负类。

显然，没有一条直线能够分割这两个类别。

3.2 非线性输入转换

然而，如果我们通过将这些点输入给非线性函数 $\phi(x_1,\ x_2) = [x_1 \times x_2,\ x_1 + x_2]$ 进行转换，则异或问题就变成了线性可分的问题。

函数 ϕ 将数据映射为适合线性分类的表示。有了函数 ϕ，我们能够很容易训练一个线性分类器来解决异或问题。

$$\hat{y} = f(x)\phi(x)W + b$$

通常，我们可以定义一个函数，将非线性可分的数据集映射为线性可分的表示，然后在最终表示上训练一个线性分类器。在异或的例子中，被转换后的数据和原始数据具有相同的维度，然而为了使数据线性可分，我们经常需要将其映射到更高的维度。

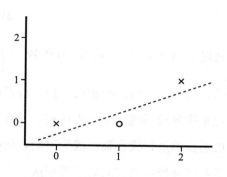

该解决方案有一个明显的问题，我们需要人工定义函数 ϕ，此过程需要依赖特定的数据集，并且需要大量人类的直觉。

3.3 核方法

核化的支持向量机［Boser 等人，1992］，或者通常的核（Kernel）方法［Shawe-Taylor and Cristianini，2004］通过定义一些通用的映射来解决这一问题，每个映射都将数据映射到非常高的维度空间（有时甚至是无限的），然后在映射后的空间中执行线性分类。在非常高维的空间中进行分类显著提高了找到一个合适的线性分类器的概率。

一个映射的例子是多项式映射，$\phi(\boldsymbol{x})=(\boldsymbol{x})^d$。对于 $d=2$，我们得到 $\phi(x_1, x_2)=(x_1 x_1, x_1 x_2, x_2 x_1, x_2 x_2)$。其对所有的变量进行两两组合，通过增加参数的数量，可以使用线性分类器解决异或问题。在异或问题中，此映射增加了输入的维度（同时增加了参数的数量），从 2 变为 4。对于语言识别的例子，输入维度将从 784 变为 $784^2=614\ 656$。

在非常高的维度上操作在计算上是无法完成的，核方法的创新性在于使用了*核技巧*（kernel trick）［Aizerman et al.，1964，Schölkopf，2001］，允许不用计算转换后的表示，而在转换后的空间上进行工作。对于许多常用的情况，人们设计了许多通用的映射，用户需要为具体的任务选择合适的映射，通常采用反复实验的方法。该方法的一个缺点是核技巧的应用使得支持向量机的分类过程线性依赖于训练集的大小，使其无法应用于非常大的训练集。高维空间的另一个缺点是它们增加了过拟合的风险。

3.4 可训练的映射函数

一种不同的方法是定义一个可训练的非线性映射函数，并和线性分类器一起训练。也就是说，找到合适的表示成为训练算法的责任。例如，映射函数可以采用参数化的线性模型形式，接一个作用于每一个输出维度上的非线性激活函数 g：

$$\hat{y}=\phi(\boldsymbol{x})\boldsymbol{W}+\boldsymbol{b}$$

$$\phi(x) = g(xW' + b') \tag{3.1}$$

通过采用 $g(x) = \max(0, x)$ 和 $W' = \begin{bmatrix} 1 & 1 \\ 1 & 1 \end{bmatrix}$，$b' = (-1 \quad 0)$，对于四个我们感兴趣的点 $(0, 0)$，$(0, 1)$，$(1, 0)$ 和 $(1, 1)$，我们可以获得一个和 $(x_1 \times x_2, x_1 + x_2)$ 等价的映射，成功地解决异或问题。整个表达式 $g(xW' + b')W + b$ 是可微的（也不是凸的），使得应用基于梯度的技术进行模型训练成为可能，同时学习表示函数和在其之上的线性分类器。这是深度学习和神经网络背后的主要想法。事实上，式 (3.1) 描述了一个非常常用的神经网络结构，称为多层感知器 (Multi-Layer Perceptron, MLP)。有了此动机，我们现在来更详细地描述多层神经网络。

前馈神经网络

4.1 一个关于大脑的比喻

顾名思义，神经网络的灵感来源于大脑的计算机制，它由被称为神经元的计算单元组成。虽然人工神经网络和大脑之间的联系实际上相当薄弱，但为了完整性，我们这里仍使用这个比喻。在比喻中，神经元是具有标量输入和输出的计算单元。每个输入都有与其相关联的权重。神经元将每个输入乘以其权重并将它们相加$^\ominus$，然后使结果通过一个非线性函数，最终传递给其输出。图 4.1 展示了一个这样的神经元。

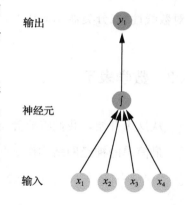

神经元彼此连接，形成网络：神经元的输出可能会提供给一个或多个神经元作为输入。这样的网络被证明是功能强大的计算工具。如果权重设置正确，具有足够多神经元和非线性激活函数的神经网络可以近似模拟种类非常广泛的数学函数（稍后我们将会更加精确地阐述这一点）。

图 4.1　一个四输入的单神经元

典型的前馈神经网络如图 4.2 所示。图中，圆圈代表神经元，指向神经元的箭头表示其输入，离开神经元的箭头表示输出。每个箭头带有权重，以反映其重要性（未标出）。神经元分层排列，反映出信息的流动。底部没有输入箭头的一层是网络的输入。

最顶层没有输出箭头，是网络的输出。其他层被认为是"隐藏的"。中间层神经元内部的 S 形表示非线性函数（即逻辑斯蒂函数 $1/(1+e^{-x})$），用于在输出前修改神经元的值。图中，每个神经元连接到下一层中的所有神经元，我们称之为完全连接层或仿射层。大脑的比喻是性感而有趣的，但是它也带来了注意力的分散以及数学上的不便。因此，我们重新使用更简洁的数学符号。很快我们会看到，图 4.2 中的神经网络只是一个简单的由线性模型构成的堆叠，其间由非线性函数进行分隔。

　$\ominus$　相加只是最常见的操作，其他操作如求极大值也是可能的。

网络中每行神经元的值可以看作是一个向量。在图 4.2 中，输入层是四维向量（$\boldsymbol{x}$），它上面的层是六维向量（$\boldsymbol{h}^1$）。全连接层可以看作是从四维到六维的线性变换。全连接层实现了一个向量与矩阵的乘法，$\boldsymbol{h}=\boldsymbol{xW}$，其中从输入行中的第 i 个神经元到输出行中的第 j 个神经元的连接权重为 $W_{[i,j]}$。⊖然后，在作为输入传递到下一层之前，$\boldsymbol{h}$ 中每个值都由非线性函数 g 作一定的变换。从输入到输出的整个计算过程可以写成 $(g(\boldsymbol{xW}^1))\boldsymbol{W}^2$，其中 $\boldsymbol{W}^1$ 是第一层的权重，$\boldsymbol{W}^2$ 是第二层的权重。基于这样的观点，图 4.1 中的单个神经元相当于没有偏置项的逻辑斯蒂（对数线性）二分类器 $\sigma(\boldsymbol{xw})$。

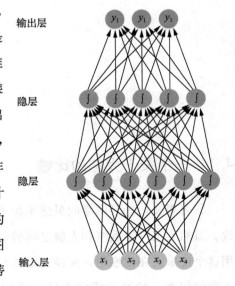

输出层　隐层　隐层　输入层

图 4.2　包含两个隐层的前馈神经网络

4.2　数学表示

从这里开始，我们将放弃有关大脑的比喻，仅在矩阵运算层面描述网络。

最简单的神经网络称作感知器。它是一个简单的线性模型：

$$\mathrm{NN}_{\mathrm{Perceptron}}(\boldsymbol{x}) = \boldsymbol{xW} + \boldsymbol{b} \tag{4.1}$$

$$\boldsymbol{x} \in \mathbb{R}^{d_{\mathrm{in}}}, \quad \boldsymbol{W} \in \mathbb{R}^{d_{\mathrm{in}} d_{\mathrm{out}}}, \boldsymbol{b} \in \mathbb{R}^{d_{\mathrm{out}}}$$

其中，$\boldsymbol{W}$ 是权重矩阵，$\boldsymbol{b}$ 是偏置项。⊖为了能超出线性函数，我们引进了一个非线性的隐层（图 4.2 中的网络有两个这样的层），这样就得到了带有单一隐层的多层感知器（MLP1）。含单一隐层的前馈神经网络具有如下形式：

$$\mathrm{NN}_{\mathrm{MLP1}}(\boldsymbol{x}) = g(\boldsymbol{xW}^1 + \boldsymbol{b}^1)\boldsymbol{W}^2 + \boldsymbol{b}^2 \tag{4.2}$$

$$\boldsymbol{x} \in \mathbb{R}^{d_{\mathrm{in}}}, \boldsymbol{W}^1 \in \mathbb{R}^{d_{\mathrm{in}} \times d_1}, \boldsymbol{b}^1 \in \mathbb{R}^{d_1}, \boldsymbol{W}^2 \in \mathbb{R}^{d_1 \times d_2}, \boldsymbol{b}^2 \in \mathbb{R}^{d_2}$$

这里，作用于输入的第一次线性变换中 $\boldsymbol{W}^1$ 和 $\boldsymbol{b}^1$ 分别是矩阵和偏置，g 是作用于每个元素的非线性方程（也称作激活函数或非线性），$\boldsymbol{W}^2$ 和 $\boldsymbol{b}^2$ 是第二次线性变换的矩阵和偏置。

⊖　这里阐释为什么会这样，记 $\boldsymbol{h}$ 中第 j 个神经元的第 i 个输入的权重为 $W_{[i,j]}$。此时，$\boldsymbol{h}_{[j]}$ 的值为 $\boldsymbol{h}_{[j]} = \sum_{i=1}^{4} \boldsymbol{x}_{[i]} \cdot W_{[i,j]}$。

⊖　图 4.2 中的神经网络不包含偏置项。可以通过增加一个额外的无输入神经元来添加偏置项，该神经元的值永远置 1。

分开来看，$xW^1 + b^1$ 是输入 x 从 d_{in} 维到 d_1 维的线性变换。然后将 g 施加到 d_1 维向量中的每一个元素，最后矩阵 W^2 与偏置向量 b^2 一起将结果变换为 d_2 维的输出向量。非线性激活函数 g 在网络表示复杂函数的能力中，起着至关重要的作用。没有 g 的非线性，神经网络只能表示输入的线性变换。⊖从第 3 章的角度来看，第一层将数据转换为一种更好的表示形式，而第二层是在该表示形式上应用一个线性分类器。

我们可以通过添加额外的线性变换和非线性函数，得到双隐层的 MLP（图 4.2 中的网络就是这样的形式）：

$$\text{NN}_{\text{MLP2}}(x) = (g^2(g^1(xW^1 + b^1)W^2 + b^2))W^3 \tag{4.3}$$

使用中间变量来描绘神经网络可能会更清楚一些：

$$
\begin{aligned}
\text{NN}_{\text{MLP2}}(x) &= y \\
h^1 &= g^1(xW^1 + b^1) \\
h^2 &= g^2(h^1 W^2 + b^2) \\
y &= h^2 W^3
\end{aligned}
\tag{4.4}
$$

由线性变换产生的向量称为层。最外层的线性变换产生输出层，其他线性变换产生隐层。非线性激活操作接在每个隐层后面。在某些情况下，如我们示例中的最后一层，偏置向量被强制为 0（"丢弃"）。

由线性变换产生的层通常被称为完全连接的或仿射的。其他类型的体系结构也是存在的。特别地，图像识别问题多受益于卷积和池化层。这些结构在自然语言处理中也有应用，我们将在第 13 章中讨论。具有多个隐层的网络被称为深层网络，这也是深度学习这个名字的由来。

当描述神经网络时，应该明确层和输入的维度。某层网络接受 d_{in} 维向量作为其输入，并将其转换为 d_{out} 维向量。该层的维度被认为是其输出的维数。对一个输入维数 d_{in}、输出维数 d_{out} 的全连接层，有 $l(x) = xW + b$，其中 x、W、b 的维数分别为 $1 \times d_{in}$、$d_{in} \times d_{out}$、$1 \times d_{out}$。

与线性模型类似，神经网络的输出是一个 d_{out} 维向量。当 $d_{out} = 1$ 时，网络的输出是一个标量。这样的网络在关注输出值的情况下可以用于回归（或打分）问题；在关注输出值的符号时，可以用于二分类问题。满足 $d_{out} = k > 1$ 的网络可以用于 k 分类问题，这需要将每个维度与一个类别相关联，然后寻找具有最大值的维度。类似地，如果输出向量是正的并

⊖ 原因如下：一个线性变换的序列仍然是线性变换。

且各项和为 1，则输出可以被解释为在各类别上的分布（这种对输出的归一化，通常通过在输出层上使用 softmax 变换实现，参见 2.6 节）。

一个网络的参数是其中的矩阵和偏置项，二者定义了网络中的线性变换。像线性模型一样，通常将所有参数的集合记为 Θ。参数与输入一起决定了网络的输出。训练算法负责设置参数的值，使得网络得到正确的预测结果。与线性模型不同，多层神经网络相对于其参数的损失函数不是凸的，⊖这使得最优参数值的搜索难以处理。然而，2.8 节中讨论的基于梯度的优化方法可以在这里应用，并且在实践中表现非常好。第 5 章将详细讨论神经网络的训练。

4.3 表达能力

在表达能力方面，Hornik 等人[1989]和 Cybenko[1989]给出了说明，MLP1 是一个通用近似器——通过任意所期望的非零误差数值，它可以近似一系列函数，其包括$\mathbb{R}^n$中闭合有界子集上的所有连续函数，以及所有从任意有限维度离散空间映射到另一个此类空间的函数。⊖这也许意味着没有必要使用更复杂的结构来超越 MLP1。然而，理论结果并没有讨论神经网络的学习能力（它只是说明表达能力存在，但是没有谈及针对训练数据和特定学习算法设置参数的难易程度）。这个结果也不能保证一个训练算法可以找到能够生成训练数据的正确函数。最后，它也没有说明隐层到底应该有多大。事实上，Telgarsky[2016]的工作表明，存在这样的一些具有多层有界尺寸的神经网络，它们无法用层数更少的网络近似，除非层的大小是指数级的。

实践中，我们在相对较小的数据集上使用局部搜索的方法，诸如随机梯度下降的变体，同时使用尺寸适中（最高几千个）的隐层。由于通用近似定理在这些非理想的现实世界条件下没有给出任何保证，所以尝试比 MLP1 更复杂的架构肯定有好处。然而，在许多情况下，MLP1 确实得到了很好的结果。关于前馈神经网络表达能力的进一步讨论，参见 Bengio 等人[2016，Section 6.5]的工作。

⊖ 严格的凸函数有单一的最优解，这样通过基于梯度的方法往往很容易做优化处理。

⊖ 特别地，一个线性输出层的前馈神经网络，如果其至少有一个隐层带有"挤压"激活函数，则它可以近似任何从一个有限维度空间到另一个有限维度空间的 Borel 可测量函数。相关证明后来被 Leshno 等人[1993]扩展到更广泛的激活函数，包括 ReLU 函数 $g(x) = \max(0, x)$。

4.4　常见的非线性函数

非线性函数可以选取很多不同的形式。关于在什么情况下应该使用什么非线性函数,现在还没有很好的理论,给定任务选取非线性函数通常是一个经验问题。基于看到的文献给出通常使用的非线性函数:sigmoid、tanh、hard tanh 以及修正线性单元(Rectified Linear Unit,ReLU)。有些研究人员也使用其他形式的非线性函数,如 cube 和 tanh-cube。

sigmoid　sigmoid 激活函数 $\sigma(x)=1/(1+e^{-x})$,也称作逻辑斯蒂函数,是一个 S 型的函数。它将每一个值 x 变换到[0,1]区间中。sigmoid 是自神经网络概念形成以来的标准非线性函数,但是近来被认为不适合用在神经网络的内层。这是因为经验上,下面所列的其他选择的表现被证明要好得多。

tanh(双曲正切)　双曲正切激活函数 $\tanh(x)=\dfrac{e^{2x}-1}{e^{2x}+1}$ 是一个 S 型函数。它将值 x 变换到[−1,1]区间中。

hard tanh　hard tanh 激活函数是 tanh 函数的近似,它可以更快地计算并得到导数:

$$\mathrm{hardtanh}(x)=\begin{cases}-1 & x<-1\\ 1 & x>1\\ x & \text{其他}\end{cases}\tag{4.5}$$

修正线性单元(ReLU)　修正激活函数[Glorot et al.,2011],也被称为修正线性单元,是一种非常简单的激活函数。它易于使用,并多次得到优异的结果。[⊖] $x<0$ 时,ReLU 单元将值都置为 0。尽管很简单,它在很多任务中都表现优异,尤其是使用丢弃法(dropout)正则化的时候(见 4.6 节):

$$\mathrm{ReLU}(x)=\max(0,x)=\begin{cases}0 & x<0\\ x & \text{其他}\end{cases}\tag{4.6}$$

根据经验来看,ReLU 和 tanh 单元表现良好,显著地超过了 sigmoid。因为在不同的设置中它们的表现可能各有优缺点,你也许会想要尝试同时使用 tanh 和 ReLU 激活函数。图 4.3 是不同的激活函数本身和它们导数的形状。

⊖　相对于 sigmoid 和 tanh 激活函数,ReLU 在技术上的优势是它不包含计算开销较大的函数,而更重要的是,它不会饱和。sigmoid 和 tanh 激活函数的上限为 1,并且它们在该区域的梯度接近零,驱使整体的梯度接近零。ReLU 激活则没有这个问题,这让它特别适用于多层网络。因为当使用饱和单元进行训练时,这些网络容易受到梯度消失问题的影响。

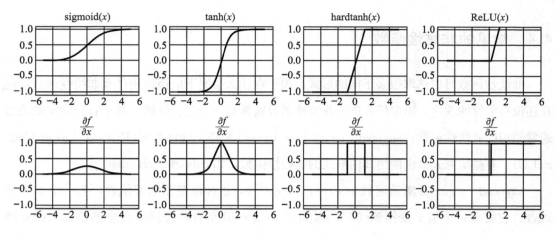

图 4.3   激活函数(上)和对应的导数(下)

4.5   损失函数

训练一个神经网络与训练一个线性分类器类似(更多关于训练的内容在第 5 章中),定义一个损失函数 $L(\hat{y}, y)$,它表示真实输出为 y 时,预测结果为 $\hat{y}$ 的损失。训练的目标是在各种各样的训练样例中减少损失。给定真实的预期输出 y,损失 $L(\hat{y}, y)$ 为网络输出 $\hat{y}$ 给出一个数值分数(一个标量)。对于神经网络来说,2.7.1 节中线性模型的损失函数也是有意义并广泛应用的。关于在网络环境中损失函数的进一步讨论,参见 LeCun 和 Huang [2005]、LeCun 等人[2006]以及 Bengio 等人[2016]的工作。

4.6   正则化与丢弃法

多层网络可以很大并带有很多参数,这使得它们特别容易过拟合。模型正则化在深层神经网络与线性模型中有着同等甚至更为重要的作用。2.7.2 节讨论的正则化,即 L_2、L_1 和弹性网络,对神经网络也是有意义的。特别地,也称为权重衰减的 L_2 正则化在许多情况下能有效地实现良好的泛化性能。此外,调整正则化强度 λ 也是一个明智的举措。

另一种防止神经网络过度拟合训练数据的有效技术,是*丢弃法训练*[Hinton et al., 2012, Srivastava et al., 2014]。丢弃法旨在防止网络学习依赖于特定权重。在对每个训练样本进行随机梯度训练时,它随机丢弃(设置为 0)网络(或特定层)中的一半神经元。例如,考虑具有两个隐层(MLP2)的多层感知器:

$$NN_{MLP2}(\boldsymbol{x}) = \boldsymbol{y}$$
$$\boldsymbol{h}^1 = g^1(\boldsymbol{x}\boldsymbol{W}^1 + \boldsymbol{b}^1)$$
$$\boldsymbol{h}^2 = g^2(\boldsymbol{h}^1\boldsymbol{W}^2 + \boldsymbol{b}^2)$$
$$\boldsymbol{y} = \boldsymbol{h}^2\boldsymbol{W}^3$$

当在 MLP2 中使用丢弃法时，我们在每轮训练中随机地设置 $\boldsymbol{h}^1$ 和 $\boldsymbol{h}^2$ 的部分值为 0：

$$NN_{MLP2}(\boldsymbol{x}) = \boldsymbol{y}$$
$$\boldsymbol{h}^1 = g^1(\boldsymbol{x}\boldsymbol{W}^1 + \boldsymbol{b}^1)$$
$$\boldsymbol{m}^1 \sim \text{Bernouli}(r^1)$$
$$\widetilde{\boldsymbol{h}}^1 = \boldsymbol{m}^1 \odot \boldsymbol{h}^1$$
$$\boldsymbol{h}^2 = g^2(\widetilde{\boldsymbol{h}}^1\boldsymbol{W}^2 + \boldsymbol{b}^2) \qquad (4.7)$$
$$\boldsymbol{m}^2 \sim \text{Bernouli}(r^2)$$
$$\widetilde{\boldsymbol{h}}^2 = \boldsymbol{m}^2 \odot \boldsymbol{h}^2$$
$$\boldsymbol{y} = \widetilde{\boldsymbol{h}}^2\boldsymbol{W}^3$$

这里，$\boldsymbol{m}^1$ 和 $\boldsymbol{m}^2$ 分别是对应于 $\boldsymbol{h}^1$ 和 $\boldsymbol{h}^2$ 维数的掩膜向量。$\odot$ 是针对每个元素的乘法。掩膜向量(masking vector)中的每个元素值都是 0 或 1，并由参数为 r(通常设为 0.5)的 Bernouli 分布得到。将数据传入下一层之前用 $\widetilde{\boldsymbol{h}}$ 代替隐藏层 $\widetilde{\boldsymbol{h}}$，传递的值中与掩膜向量中零相对应的值就会被清零。

Wager 等人[2013]在丢弃法和 L_2 正则化之间建立了强有力的联系。而另一种观点将丢弃法与模型平均和集成技术联系起来[Srivastava et al.，2014]。

丢弃技术是神经网络方法在图像分类任务中表现强劲的关键因素之一[Krizhevsky et al.，2012]，特别是当与 ReLU 激活单元相结合时[Dahl et al.，2013]。在 NLP 应用中，丢弃技术也是有效的。

4.7 相似和距离层

我们有时希望基于两个向量计算一个标量值，以通过该值反映出两个向量之间的相似性、兼容性或距离。例如，向量 $v_1 \in \mathbb{R}^d$ 和 $v_2 \in \mathbb{R}^d$ 是两个 MLP 的输出层，我们希望训练网络以产生与某些样本相似的向量，并产生与其他训练样本不相似的向量。

接下来，我们将描述一些常用的函数，它们以两个向量 $u \in \mathbb{R}^d$ 和 $v \in \mathbb{R}^d$ 为输入，并返回一个标量。这些函数可以(并且经常被)集成在前馈神经网络中。

点积 一个非常普遍的选择就是使用点积：

$$\text{sim}_{\text{dot}}(\boldsymbol{u},\boldsymbol{v}) = \boldsymbol{u} \cdot \boldsymbol{v} = \sum_{i=1}^{d} \boldsymbol{u}_{[i]}\boldsymbol{v}_{[i]} \tag{4.8}$$

欧氏距离 另一个流行的选择是欧氏距离：

$$\text{dist}_{\text{euclidean}}(\boldsymbol{u},\boldsymbol{v}) = \sqrt{\sum_{i=1}^{d}(\boldsymbol{u}_{[i]} - \boldsymbol{v}_{[i]})^2} = \sqrt{(\boldsymbol{u}-\boldsymbol{v})\cdot(\boldsymbol{u}-\boldsymbol{v})} = \|\boldsymbol{u}-\boldsymbol{v}\|_2 \tag{4.9}$$

请注意，这是一个距离度量，而不是相似度：在这里，小（近零）值表示相似的向量，较大的值表示不相似。平方根往往被省略。

可训练形式 上述的点积和欧氏距离是固定的函数。我们有时希望使用一个参数化函数，通过关注向量的特定维度，来进行训练以产生所需的相似度（或不相似度）。常见的可训练相似度函数是双线性形式（bilinear form）：

$$\text{sim}_{\text{bilinear}}(\boldsymbol{u},\boldsymbol{v}) = \boldsymbol{u}\boldsymbol{M}\boldsymbol{v} \tag{4.10}$$

$$\boldsymbol{M} \in \mathbb{R}^{d\times d}$$

其中，$\boldsymbol{M}$ 是一个需要被训练的参数。

类似地，我们可以这样得到一个可训练的距离函数：

$$\text{dist}(\boldsymbol{u},\boldsymbol{v}) = (\boldsymbol{u}-\boldsymbol{v})\boldsymbol{M}(\boldsymbol{u}-\boldsymbol{v}) \tag{4.11}$$

最后，将两个向量进行拼接作为输入，经过多层感知器，产生具有单输出的神经元，也可以用来为两个向量产生一个标量值。

4.8 嵌入层

如第 8 章将进一步讨论的，当神经网络的输入包含符号分类特征（例如，k 个不同符号中选取一个特征，具体比如每个封闭词汇表中的单词）时，对一些 d 的值，通常将每个可能的特征值（即词汇中的每个单词）与一个 d 维向量相关联。接下来，这些向量被当作模型的参数，与其他参数共同训练。从一个符号的特征值（如"单词序号为 1249"），到 d 维向量的映射是通过嵌入层（也称为查找层）实现的。嵌入层中的参数是一个简单的矩阵 $\boldsymbol{E} \in \mathbb{R}^{|\text{vocab}|\times d}$，其中每一行对应于词表中的一个词，各行的词不相同。这样一来，查找操作就是一个简单的索引过程：$\boldsymbol{v}_{1249} = \boldsymbol{E}_{[1249,:]}$。如果符号特征被表示为独热（one-hot）编码的向量 $\boldsymbol{x}$，查找操作可由矩阵乘法 $\boldsymbol{x}\boldsymbol{E}$ 实现。

在送入下一层之前，词向量通常会彼此连接。在第 8 章讨论类别特征稠密表示以及在第 10 章讨论预训练单词表示时，我们将会更深入地探讨嵌入问题。

神经网络训练

与线性模型类似,神经网络也是可微分的参数化函数,它使用了基于梯度的优化方法来进行训练(见 2.8 节)。非线性神经网络的目标函数并不是凸函数,因此使用基于梯度的优化方法可能会陷入局部极小。但是,基于梯度的优化方法在实际应用中仍然取得了良好的效果。

梯度计算是神经网络训练的核心。神经网络梯度计算的数学原理与线性模型,都是简单地利用微分的链式法则来进行计算。但是,对于复杂网络来说,这个过程可能比较费力而且容易出错。幸运的是,梯度能够通过反向传播算法被有效和自动地计算得出[Le Cun et al.,1998b,Rumelhart et al.,1986]。反向传播算法是一种使用链式法则来计算复杂表达式梯度的方法,期间可以缓存中间结果。更一般地说,反向传播算法是反向模式自动微分算法的特殊情况[Neidinger,2010,Section 7],[Baydin et al.,2015,Bengio,2012]。接下来的部分描述了在计算图背景下的自动反向求微分模式。其余的章节主要致力于讲解在实践中训练神经网络的实用技巧。

5.1　计算图的抽象概念

虽然人们可以手工计算网络中各种参数的梯度,并在代码中实现它们,但这个过程繁琐且容易出错。对于大部分应用来说,优先考虑使用自动化工具来实现梯度计算[Bengio,2012]。计算图的概念可以使我们轻松构建任意的网络,由它们的输入(前向传播)计算预测的输出,以及通过标量损失(反向传播)计算任意参数的梯度。

计算图是任意数学表达式的一种图表达结构。它是一个有向无环图(DAG),其中结点对应于数学运算或者变量,边对应于结点间计算值的流。图形结构在不同的组件之间根据依赖关系定义计算的顺序。计算图是一个 DAG,而不是一棵树,一个操作的结果可以作为多个连续操作的输入。下面我们来看一个简单的计算图例子,计算 $(a*b+1)*(a*b+2)$:

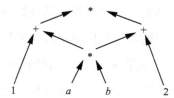

$a*b$ 的计算是共享的。有一个限制条件，就是计算图是连通的（在非连通图中，每个连通的部分可以看作一个独立的函数，能够独立于其他部分进行求值和梯度求导）。

由于神经网络本质上是一个数学表达式，因此它可以表示为计算图。例如，图 5.1a 代表了一个具有一个隐层和一个 softmax 输出变换层的 MLP 的计算图。在我们的符号中，椭圆结点代表数学运算或函数，而阴影矩形结点代表了参数（受约束的变量）。

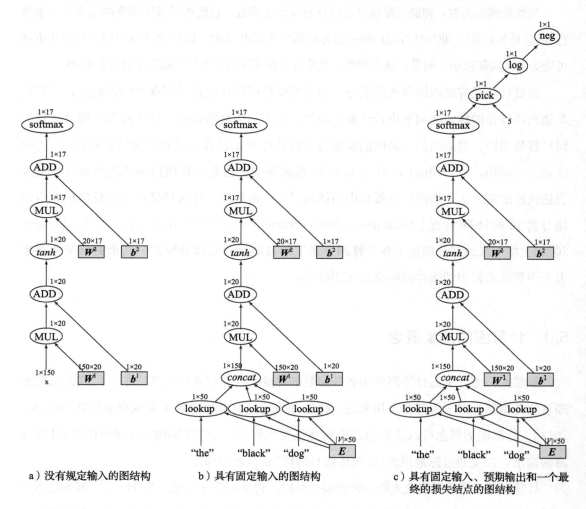

a）没有规定输入的图结构　　　b）具有固定输入的图结构　　　c）具有固定输入、预期输出和一个最终的损失结点的图结构

图　5.1

网络输入被视为常量，在图中绘制时周围不存在结点。输入和参数结点没有输入弧，输出结点没有传出弧。每个输出结点是一个矩阵，其维数标示在结点上方。

这个图是不完全的，没有指定输入，我们就不能得到输出，图 5.1b 显示了一个 MLP 的完全图，以三个单词作为输入，预测第三个单词的词性分布。这个图结构可以用来预测，但是不能用来训练，这是因为图的输出是一个向量（不是一个标量），并且该图没有考虑正确结果或是损失项。最后，图 5.1c 表示了一个特定训练样本的计算图。其中输入是单词"the""black""dog"的词向量，而预期的输出是"NOUN"词性（它的下标索引是 5）。"pick"结点实现了一个索引操作，它首先接收一个向量和一个下标索引（在这个例子为 5），然后返回向量中对应下标的内容。

　　一旦计算图建立完成，前向计算（计算输出结果）或反向计算（计算梯度）就可以直接运行了，计算过程如下所示。图的构建看起来可能令人畏惧，但是实际上可以通过使用专用软件库和 API 很简单地实现。

5.1.1　前向计算

　　前向传递计算了图中结点的输出。由于每个结点的输出只依赖于它本身和传入的边，所以容易通过遍历拓扑顺序的结点来计算所有结点的输出，并在给定前驱时，计算每个结点的输出。

　　更正式来讲，在有 N 个结点的图中，我们根据它们的拓扑排序将每个结点与下标 i 相关联。令 f_i 为结点 i 的计算函数（例如，乘法、加法等）。令 $\pi(i)$ 作为结点 i 的父结点，让 $\pi^{-1}(i) = \{j \mid i \in \pi(j)\}$ 作为结点 i 的子结点（这些为 f_i 的参数），令 $v(i)$ 为结点 i 的输出，也就是说，f_i 是作用于参数为 $\pi^{-1}(i)$ 时的输出值。对于变量和输入结点来说，f_i 是一个常量函数并且 $\pi^{-1}(i)$ 为空。计算图的前向过程计算出了所有结点的输出 $v(i)$，其中 $i \in [1, N]$。

算法 5.1　计算图前向传播

1：　**for** $i = 1$ to N **do**
2：　　令 $a_1, \cdots, a_m = \pi^{-1}(i)$
3：　　$v(i) \leftarrow f_i(v(a_1), \cdots, v(a_m))$

5.1.2　反向计算（导数、反向传播）

　　反向传播过程开始于设置一个损失结点 N，该结点拥有 1×1 的标量输出，然后进行前向传播计算直到到达 N 结点。根据结点值，反向传播过程计算了该结点参数的梯度。指定 $d(i)$ 为值 $\frac{\partial N}{\partial i}$。反向传播算法用来计算所有的结点 i 的 $d(i)$ 值。

　　反向传播过程使用算法 5.2 填充了包含值 $d(1), \cdots, d(N)$ 的表。

算法 5.2　计算图反向传播

1：$d(N) \leftarrow 1$　　　　　　　　　　　　　　$\triangleright \frac{\partial N}{\partial N} = 1$
2：**for** $i = N-1$ to 1 **do**
3：　　$d(i) \leftarrow \sum_{j \in \pi(i)} d(j) \cdot \frac{\partial f_j}{\partial i}$　　　　$\triangleright \frac{\partial N}{\partial i} = \sum_{j \in \pi(i)} \frac{\partial N}{\partial j} \frac{\partial j}{\partial i}$

反向传播算法(算法 5.2)本质上就是使用链式求导法则。在满足参数 $i \in \pi^{-1}(j)$ 的基础上，值 $\frac{\partial f_j}{\partial i}$ 是 $f_j(\pi^{-1}(j))$ 的偏微分结果。该值取决于函数 f_j 和 $v(a_1)$，……，$v(a_m)$(其中 a_1，…，$a_m = \pi^{-1}(j)$)的参数值，这些参数值可以在前向传播过程中计算得到。

因此，为了定义一种新的类型结点，需要定义两种方法：一个是基于结点的输入计算值 $v(i)$，另一个是对每一个 $x \in \pi^{-1}(i)$ 计算 $\frac{\partial f_j}{\partial x}$ 的值。

非"数学"函数的导数求解　虽然数学函数(例如 log 函数或者＋函数)的导数 $\frac{\partial f_j}{\partial x}$ 可以被直接求解，但是求导数的操作非常困难，例如求 pick(x, 5)操作(挑选向量中的第 5 个值)的导数。其求解方法是根据操作对计算的贡献来进行计算。在选择向量的第 i 个元素之后，只有该元素参与剩余的计算。因此，pick(x, 5)的梯度是与 x 具有相同维度的向量 g，其中 $g_{[5]} = 1$ 和 $g_{[i \neq 5]} = 0$。类似地，对于函数 max(0, x)来说，当 $x > 0$ 时，梯度的值为 1，否则为 0。

有关自动微分的更多信息，请参阅 Neidinger[2010，Section 7]和 Baydin 等人[2015]。对于反向传播算法和计算图(也称为流图)的更深入讨论，参见 Bengio 等人[2016，Section 6.5]和 Bengio[2012]，LeCun 等人[1998b]。对于一个很流行同时也很有技术含量的演示，请参阅 Chris Olah 在 http：//colah. github. io/posts/2015-08-Backprop/中的描述。

5.1.3　软件

几个软件包实现了计算图模型，包括 Theano [⊖][Bergstra et al.，2010]、Tensor Flow [⊜][Abadi et al.，2015]、Chainer [⊜]和 DyNet ®[Neubig et al.，2017]。所有这些包都支持所有核心组件(结点类型)。这些核心组件是为定义各种神经网络结构而提出的，包括了本书中描述的结构及其他结构。

通过使用运算符重载，图的构建几乎是透明的。框架定义了用于表示图形结点(通常称为表达式)的类型，用于输入结点和参数结点的构造方法，以及一系列输入为表达式并产生更复杂表达式的函数和数学运算。例如，使用 DyNet 框架创建图 5.1c 中计算图的 Python 代码是：

　⊖　http：//deeplearning. net/software/theano/。
　⊖　https：//www. tensorflow. org/。
　⊜　http：//chainer. org。
　⑭　https：//github. com/clab/dynet。

```
import dynet as dy
# 模型初始化
model = dy.Model()
mW1 = model.add_parameters((20,150))
mb1 = model.add_parameters(20)
mW2 = model.add_parameters((17,20))
mb2 = model.add_parameters(17)
lookup = model.add_lookup_parameters((100, 50))
trainer = dy.SimpleSGDTrainer(model)

def get_index(x):
    pass # 忽略
# 将词映射为索引值

# 接下来建图结构并执行
# 更新模型参数
# 只显示一个数据点, 实践中应该运行一个数据填充循环

# 建立计算图
dy.renew_cg() # 创建一个新图
# 将模型参数创建图结点
W1 = dy.parameter(mW1)
b1 = dy.parameter(mb1)
W2 = dy.parameter(mW2)
b2 = dy.parameter(mb2)
# 生成embeddings 层
vthe   = dy.lookup[get_index("the")]
vblack = dy.lookup[get_index("black")]
vdog   = dy.lookup[get_index("dog")]

# 将叶子结点连接到一个完整的图
x = dy.concatenate([vthe, vblack, vdog])
output = dy.softmax(W2*(dy.tanh(W1*x+b1))+b2)
loss = -dy.log(dy.pick(output, 5))
loss_value = loss.forward()
loss.backward() # 计算梯度并存储在相应的参数中
trainer.update() # 通过梯度进行参数更新
```

大部分代码包括了许多初始化工作:第一块代码指定了在不同计算图中共享的模型参数(每个图结构对应一个特定的训练样例)。第二块代码将这些模型参数转换为图结点类型(表达式)。第三块代码获取输入单词的 embedding。最后,第四块代码建立图结构。注意,构建图的过程非常透明——在创建图的过程中和用数学语言描述它几乎存在一一对应的关系。最后一块代码展示了一个前向和反向传播的过程。在 TensorFlow 包中,对应的代码如下:

```
import tensorflow as tf

W1 = tf.get_variable("W1", [20, 150])
b1 = tf.get_variable("b1", [20])
W2 = tf.get_variable("W2", [17, 20])
b2 = tf.get_variable("b2", [17])
lookup = tf.get_variable("W", [100, 50])

def get_index(x):
    pass # 忽略
```

```
p1 = tf.placeholder(tf.int32, [])
p2 = tf.placeholder(tf.int32, [])
p3 = tf.placeholder(tf.int32, [])
target = tf.placeholder(tf.int32, [])

v_w1 = tf.nn.embedding_lookup(lookup, p1)
v_w2 = tf.nn.embedding_lookup(lookup, p2)
v_w3 = tf.nn.embedding_lookup(lookup, p3)

x = tf.concat([v_w1, v_w2, v_w3], 0)
output = tf.nn.softmax(
    tf.einsum("ij,j->i", W2, tf.tanh(
        tf.einsum("ij,j->i", W1, x) + b1)) + b2)
loss = -tf.log(output[target])
trainer = tf.train.GradientDescentOptimizer(0.1).minimize(loss)

# 完成图的初始化工作, 编译并且赋予具体数据
# 只显示一个数据点, 实践中我们将使用一个数据输入环
with tf.Session() as sess:
    sess.run(tf.global_variables_initializer())
    feed_dict = {
        p1: get_index("the"),
        p2: get_index("black"),
        p3: get_index("dog"),

        target: 5
    }
    loss_value = sess.run(loss, feed_dict)
    # update, no call of backward necessary
    sess.run(trainer, feed_dict)
```

DyNet(及 Chainer)与 TensorFlow(和 Theano)最大的区别就是前者使用动态图结构,后者使用静态图结构。在动态图结构中,使用主语言中的代码为每个训练样本创建不同的计算图。进行前向传播以及反向传播,然后应用于该计算图。相反,在静态图的构造方法中,计算图的形状在计算开始时被定义一次,使用 API 指定图形形状,用占位符来表示输入与输出值。然后,优化图编译器生成一个优化的计算图,每一个训练样例被输入到相同的优化图。静态工具箱中的图编译步骤(TensorFlow 和 Theano)既是一个优势,也是一个劣势。一方面,一旦编译成功,大型图可以在 CPU 或 GPU 上高效地运行,对于具有固定结构的大型图来说,这种做法是理想的,只是输入实例发生变化。但是,编译步骤本身代价比较高昂,并且它还会使得接口工作更加繁琐。相反,动态工具强调构建大型和动态计算图,并在没有编译步骤的情况下执行它们。与静态工具箱相比,尽管执行速度可能会受到影响,但在实践中,动态工具箱的计算速度却非常有竞争力。在第 14 章以及第 18 章介绍的循环神经网络与递归神经网络以及第 19 章介绍的结构化预测中,动态工具箱使用起来十分方便,因为不同的数据图有不同的形状。对动态以及静态方法的更深入讨论以及了解不同工具包的速度基准可以参考 Neubig 等人[2017]。最后,像 Keras ⊖这样的包在

⊖ https://keras.io。

Theano 与 TensofFlow 上提供一种更高层次的接口，用少至几行的代码定义与训练复杂的网络，只要框架已经构建好，在高级接口中支持即可。

5.1.4 实现流程

使用计算图抽象概念和计算图结构，算法 5.3 给出了一个网络训练算法的伪代码。

算法 5.3 具有计算图概念的神经网络训练（使用 minibatch 大小为 1）

```
1：  定义网络中的参数
2：  for iteration = 1 to T do
3：     for 数据集中的训练样本(x_i, y_i) do
4：        loss_node←build_computation_graph(x_i, y_i, parameters)
5：        loss_node.forward()
6：        gradients←loss_node().backward()
7：        parameters←update_parameters(parameters, gradients)
8：  return parameters.
```

这里，build_computation_graph 是一个用户自定义函数，给定输入、输出和网络结构的情况下，它生成对应的计算图，返回单个损失节点。update_parameters 是优化器特定的更新规则。流程指定为每个训练实例创建一个新的图形。这适用于在训练样例中变动的网络结构，例如循环和递归神经网络，它们将在第 14~18 章介绍。对于固定结构的网络，例如 MLP 创建一个基本计算图，只改变实例的输入和预期输出可能会更有效。

5.1.5 网络构成

只要网络的输出是向量（$1 \times k$ 矩阵），通过使一个网络的输出成为另一个网络的输入，那么创建任意网络是很简单的。计算图概念使这种能力变得具体：计算图中的一个结点本身可以是一个具有指定输出结点的计算图。然后，可以设计任意深层复杂网络，并能够轻松地评估和训练它们，这得益于自动的前向传播和梯度计算。这使得定义和训练循环神经网络和递归神经网络变得简单（将在第 14~16 章以及第 18 章讨论），也使得结构化输出和多目标训练的网络定义和训练变得简单（将在第 19 章和第 20 章进行讨论）。

5.2 实践经验

一旦进行梯度计算的时候，网络会使用 SGD 方法或者其他基于梯度的优化算法进行训练。由于被优化的函数并不是凸函数，所以很长一段时间神经网络的训练被称为"黑科技"，几乎没什么人能做到。事实上，许多参数影响着优化过程，所以必须注意调整这些参数。虽然本书并不是教你如何成功训练神经网络的全面指导书，但是我们这里列出一些突出的问题。关于神经网络优化技巧和算法的更深层次讨论可以参考 Bengio 等人[2016, Chapter 8]。更多理论性的讨论和分析参考 Glorot 和 Bengio[2010]，更多实践中的技巧和建议参考 Bottou[2012]，LeCun 等[1998a]。

5.2.1　优化算法的选择

虽然 SGD 算法效果很好，但是它收敛速度慢。2.8.3 节列出了一些替代的更先进的随机梯度算法。由于大多数神经网络软件框架提供了这些算法的实现，所以很容易尝试不同的方法。在我的课题组，我们发现，在训练更大的网络时，使用 Adam 算法(Kingma and Ba, 2014)非常有效，而且相对来说，对学习率的选择也是比较健壮的。

5.2.2　初始化

目标函数的非凸性意味着优化过程可能陷入局部极小或鞍点，从不同的初始点开始（比如，参数的不同随机值)可能会产生不同的结果。因此我们建议尝试几次从不同的随机初始化开始训练，选择其中一个在开发集上最好的结果。由于对不同的网络结构和数据集来说，不同的随机化种子会导致最后结果的偏差，因此结果事先无法预料到。

随机数的大小对网络训练的成功与否具有非常大的影响。根据 Glorot 和 Bengio[2010]，一个有效的方案叫作 xavier 初始化（Glorot 的名字)，其建议权重矩阵 $W \in R^{d_m \times d_{out}}$ 以如下公式初始化：

$$W \sim U\left[-\frac{\sqrt{6}}{\sqrt{d_{in} + d_{out}}}, +\frac{\sqrt{6}}{\sqrt{d_{in} + d_{out}}}\right]$$

其中 $U[a, b]$ 是范围 $[a, b]$ 的一个均匀采样。这个建议是基于 tanh 激活函数的性质提出的，在很多场景下都表现较好，也是很多人默认首选的初始化方法。

通过 He 等人[2015]分析表明，当使用 ReLU 非线性激活函数时，应该从均值为 0，方差为 $\sqrt{\frac{2}{d_{in}}}$ 的高斯分布采样进行权值初始化。He 等人[2015]发现在图像分类任务中，这种初始化方法效果好于 xavier 方法，特别是在网络较深的时候。

5.2.3　重启与集成

在训练复杂网络时，不同的随机初始化可能会导致不同的结果，表现出不同的精度。所以，如果计算资源允许，运行训练过程多次是比较明智的，每次都进行随机初始化，并在开发集中选择最好的一个，这种方法叫作随机重启。随机种子造成模型的平均准确率的不同是比较有趣的，对分析过程稳定性也是一种提示。

虽然初始化模型的时候，调整随机化种子会比较烦人，但对于执行相同的任务，它还提供了一个简单的方法来获得不同的模型，即灵活使用模型集成。一旦有了多个模型，我们可以根据模型的集成而不是单个模型来预测（例如，通过不同模型的多数投票，或者将输出向量进行平均化作为集成模型的输出）。利用集成经常可以提高预测精度，但是代价是必须多次运行预测步骤（每个模型进行一次）。

5.2.4 梯度消失与梯度爆炸

在深层网络中，因为梯度通过计算图反向传播回来，错误梯度是非常常见的，要么梯度消失（变得非常接近 0）要么梯度爆炸（变得非常高）。在更深的网络中，这个问题变得更加严重，尤其是在递归和循环神经网络中 [Pascanu 等人，2012]。处理梯度消失问题仍然是一个开放的研究问题。解决方法有让网络变浅，逐步训练（首先基于一些辅助输出信号训练第一层结点，然后固定它们，根据真实的任务信号训练完整网络的其他上层结点）使用 batch-normalization 方法 [Ioffe and Szegedy，2015]（对每一个 minibatch，让网络中的输入归一化为均值为 0 且单位方差的分布），或者使用特定的结构去帮助梯度流动（例如：在第 15 章讨论的循环神经网络的 LSTM 和 GRU 结构）。处理梯度爆炸有一个简单但是高效的办法：如果它们的范数超过给定的阈值，就裁剪掉。$\hat{g}$ 表示网络中所有参数的梯度，$\| \hat{g} \|$ 为它的 L_2 范数。Pascanu 等人 [2012] 建议如果 $\| \hat{g} \| >$ threshold，则令 $\hat{g}$ 为 $\dfrac{\text{threshold}}{\| \hat{g} \|}$。

5.2.5 饱和神经元与死神经元

带有 tanh 与 sigmoid 激活函数的网络层往往容易饱和——造成该层的输出都接近于 1，这是激活函数的上界。饱和神经元具有很小的梯度，所以应该避免。带有 ReLU 激活函数的网络层不会饱和，但是会"死掉"——大部分甚至所有的值为负值，因此对于所有的输入来说都裁剪为 0，从而导致该层梯度全为 0。如果你的网络没有训练好，检查网络层的饱和神经元与死神经元是明智的。饱和神经元是由值太大的输入层造成的。这可以通过更改初始化、缩放输入值的范围或者改变学习速率来控制。死神经元是由进入网络层的负值引起的（例如，在大规模的梯度更新后可能会发生），减少学习率将减缓这种现象。对于饱和层来说，另一种选择是归一激活函数后的饱和值，例如使用 $g(h) = \dfrac{\tanh(h)}{\| \tanh(h) \|}$ 而不

是$g(\boldsymbol{h})=\tanh(\boldsymbol{h})$。归一化是对抗饱和神经元的有效方法，但是在梯度计算过程中代价较大。一个相关的技巧为 batch normalization，根据 loffe 和 szegedy[2015]，对每一层激活函数后的值均进行归一化，在每个 mini-batch 中均值为 0，方差为 1。在计算机视觉中，batch normalization 已经成为深层网络训练一个关键的组成部分。这篇文章还提到，在自然语言处理应用中，它并没有那么受欢迎。

5.2.6　随机打乱

网络读入训练样本的顺序是很重要的。上面提到的 SGD 算法在每轮迭代中随机选取一个样例。在实践中，大多数实现都以随机顺序训练样本，基本上都是执行随机抽样。

5.2.7　学习率

学习率的选择是重要的，太大的学习率会阻止网络收敛到一个有效的解，太小的学习率则需要长时间来收敛。一个经验法则是，实验应该从范围[0，1]内尝试初始学习率，比如 0.001，0.01，0.1，1。观测网络的 loss 值，一旦 loss 值在开发集上停止改进，则降低学习率。学习率速率可以看作 minibatch 数量的函数。一个常见的表示是将初始速率除以迭代次数。Léon Bottou[2012]建议使用 $\eta_t=\eta_0\,(1+\eta_0\lambda t)^{-1}$ 作为学习率的表达式，其中 η_0 为初始的学习率，η_t 为第 t 个训练样例的学习率，λ 为额外的超参数。他还建议在运行整个数据集之前，通过少量数据决定一个较好的 η_0。

5.2.8　minibatch

在每个训练样例(minibatch 大小为 1)或者每 k 个训练样例训练结束后更新参数。大的minibatch 训练对有些问题是有益的。在计算抽象图时，每 k 个训练样例创建一个计算图，然后将 k 个损失结点连接到一个计算平均值的结点，它的输出作为 minibatch 的损失。专门的计算架构如 GPU 对大的 minibatch 数据训练也有帮助，通过矩阵运算来取代矩阵向量运算。这部分内容超出了本书的范围。

处理自然语言数据

文本特征构造

在前一章中，我们讨论了通用的学习问题，并且看到了一些适用于训练这些问题的机器学习模型和算法。这些模型都将 x 视为输入向量，之后进行预测。迄今为止，我们假设向量 x 是已知的。在语言处理中，向量 x 来源于文本数据，能够反映文本数据所具有的多种语言学特性。这种从文本数据到具体向量的映射称为"特征提取"和"特征表示"，通过"特征方程"所完成。决定正确的特征是使一个机器学习项目取得成功的一部分。深度神经网络减轻了对特征工程的需要，当然，核心特征还是要被定义的。尤其是对语言数据，其以一系列离散的符号形式存在。这个序列需要使用微妙的方法转换成为一个数值向量。

我们现在是脱离训练机制以讨论应用于语言数据的特征工程，这也将是后续章节的主题。

本章提供了一个当处理文本数据时能够作为特征的通用信息源的概述。第7章将讨论自然语言处理问题中的特征选择。第8章将讨论神经网络中的特征编码。

6.1 NLP 分类问题中的拓扑结构

通常来说，自然语言中的分类问题能够被分为几个宽泛的方向，其依赖于被分类的事项(有些自然语言处理问题并不能够被归类到分类框架中。例如生成句子或文本的任务，即文本摘要和机器翻译。这些将在第17章中讨论)。

词 在这些问题中，我们面对的都是词(word)，例如"dog""magnificent""magnificant""parlez"，以及一些与它们有关的内容，比如这个词代表一个活物吗？这个词属于哪种语言？它是常见的吗？哪些词与它是相似的？是不是一个误拼？等等。这类问题非常稀少，因为词极少是无关出现的。对很多词来说，它们的解释依赖于其出现的上下文。

文本 在这些问题中，我们面对的都是一段文本，这段文本可能是一个短语、一个句子、一个段落或一篇文章，需要针对它们说点什么。例如这段文本是不是一篇垃圾文本？描述的是政治还是体育？是否是反讽？是正面的、反面的还是中立的？谁写的它？是真实的吗？这篇文本反映了什么情感(或者没有)？这篇文本 16～18 岁的男性会喜欢吗？等等。

这种类型的问题非常普遍，我们把它们称为文本分类(document classification)问题。

成对文本   在这些问题中，会给定一对词或文本，然后需要了解成对的信息。比如，A 和 B 是同义词吗？A 是 B 的一个有效的翻译吗？文本 A 和 B 是被同一个作者所写的吗？句子 A 的含义能否通过句子 B 所推断？

上下文中的词   这里，我们会遇到一段文本，其中包含一个特殊的词(短语、字符等)。在这段文本中，我们需要对文本上下文中的词进行分类。举例来说，词语 book 在句子 "I want to book a flight"中是名词、动词还是副词？词语 apple 在给定的上下文中到底意味着一家公司还是一种水果？on 在句子"I read a book on London"中是正确的用法吗？一个给定的句号是一个句子的边界还是一个省略符？一个给定的词是一个人名、地名、组织的一部分吗？等等。这些问题经常出现于为其他重要目标服务的上下文中，例如标记一个句子中词语的词性，将一篇文本分割为句子，找到文本中所有的命名实体，找到所有提及同一实体的文本，等等。

词之间的关系   这里假定在一篇长文本的上下文中给定两个词或短语，然后需要对它们之间的关系进行陈述。例如，词语 A 是否是动词 B 的主语？是否 A 和 B 之间具有购买关系？等等。

许多这种分类样例能够被扩展为结构化问题，我们感兴趣的是执行相关的分类决策，以使得一个决策能够影响另一个决策。这些问题将在第 19 章中讨论。

什么是词？   我们对于术语"词"(word)的使用非常随意。问题"什么是词？"是一个有关语言学的争论，其答案从未明确。

一个定义是(本书使用这个定义比较随意)词是被空白符分割的字符的序列。这个定义是非常浅显的。首先，英文中的标点符号不是被空白符分割，根据我们的定义，"dog""dog?"和"dog.")是不同的词。正确的定义应该是被空白符和标点符号分割的文本。这个分割的过程叫作"分词"，即以空格和标点符号为基准来分割文本为符号(这里就是我们所谓的词)。在英文中，分词的过程非常简单，尽管其没有考虑例如缩写(I.B.M)和称谓(Mr.)这些不需要分割的例子。在其他语言中，会变得复杂一些：在希伯来语和阿拉伯语中，与下一个词相连的一些词并不以空格分割，在中文中就没有空格。当然，这仅仅是极少的一些例子。

当工作于英文或一些相似的语言环境中(就像本书假设的)，基于空格和标点符号的分词(当处理一些极端情况)能够提供一个有效的词近似结果。然而，我们对词的定义是技术化的，是从文本的写作方式定义的。另外一个常用的(或比较好的)定义是将词看作"语义的最小单元"。根据这个定义，我们能够发现这种基于空白符的定义是有问题的。在通过空白符和标点符号分割后，还是遗留了一些序列，类似"don't"，这些序列事实上是两个词"do not"被合并为一个符号。这种情况在对英文切分时是经常遇到的。符号"cat"和"Cat"拥有同样的含义，但是它们是同一个词吗？更有趣的是，以"New York"为例，这是两个词还是一个词？那么"ice cream"呢？"ice-cream"和"icecream"是一样的吗？"kick the bucket"这种俚语呢？

通常来说，我们需要区分词(word)和符号串(token)。我们将分词器的输出称为"token"，将带有语义的单元称为"word"。一个符号串(token)可能会有多个词(word)组成，多个符号串也可能是一个词。一些不同的符号串可能是同一个潜在的词。

需要指出的，在本书中，词(word)这个术语的使用是非常随意的，并且认为它和符号串(token)是可以相互替换的。然而，我们要深刻地了解这种相互替换是非常复杂的。

6.2 NLP 问题中的特征

接下来，我们描述可被应用于上述问题的一些通用特征。正如词和字符是分离的条目，我们的特征通常表现为标量(indicator)和可数(count)的形式。一个标量特征经常取 0 或 1 值，其取决于某种条件是否出现(举例来说，当"dog"这词至少出现 1 次于文本中，特征取 1，否则取 0)。一个可数特征的取值取决于给定一个事件出现的频率(举例来说，以"dog"在文本中出现的次数作为特征值)。

6.2.1 直接可观测特征

单独词特征 当关注的是独立于上下文的词时，我们的主要信息来源是组成词的字符和它们的次序，以及从中导出的属性，例如单词的长度、单词的字形(是否第一个字母是大写的？是否所有的字符都是大写的？是否单词包含一个连字符？是否包含数字？等等)，以及词的前缀和后缀(是否起始于 un？是否结尾于 ing？)。

我们或许也应该着眼于词和其他外部信息资源的联系：词在文本集合中出现了多少次？词是否出现于美国的常用名列表中？等等。

词元和词干　我们经常去查看词的词元(词典条目),将词语的不同形式(例如 book-ing,booked,books)映射到它们的通用词元 book。这种映射经常由词元集或者形态分析器完成,这种方法对多种语言都是适用的。词的词元是歧义的,当词出现在上下文中,其词元化能够变得更加准确。词元化是一个语言学定义过程,其对于不出现于词元集中的词或是拼写错误的词并不能很好地进行处理。一个比词元化更粗糙的过程就是词干提取(stemming),它能够在任何字串序列上起作用。词干处理以特定语言的启发式规则将词序列映射为更短的序列,以至于将不同的影响映射为相同的序列。值得注意的是,词干提取的结果不需要是一个有效的词,例如"picture""pictures"和"pictured"都会被词干化为"pictur"。应用不同的策略,多种多样的词干提取结果是存在的。

词典资源　一个额外的关于词的语义资源是词典资源。有很多人类不可读但是可被机器编程访问的词典。一个词典资源包含典型的词信息,并将它们和其他词语连接起来或者提供额外的信息。

举例来说,对于很多语言,有一些词典将曲折化的词形映射到它们可能的语法形态上(即,告诉我们一个词既可能是一个复数的阴性名词,也可能是一个过去动词)。这种词典同样包含词元信息。

一个非常著名的英文词典资源是 WordNet[Fellbaum, 1998]。WordNet 是一个非常大规模的人工构建的数据集,其尝试捕捉有关于词的概念语义知识。每个词均属于一个或多个同义词集(synset)。每一个同义词集描述一个概念。举例来说,词语"star"作为一个名词属于同义词集"astronomical celestial body, someone who is dazzlingly skilled, any celestial body visible from earth"和"an actor who plays a principle role"。第二个有关"star"的同义词集包含词语"ace""adept""champion""sensation""maven""virtuoso"。同义词集互相之间通过语义关系相连,即上位关系和下位关系(更具体的或欠具体的词语)。举例来说,对于关于"star"的第一个同义词集,应该包含"sun"和"nova"(下位词)以及"celestial body"(上位词)。其他的在 WordNet 中的语义关系包含反义(反义词)和整体以及部分(部分和整体以及整体和部分关系)。WordNet 包含与名词、动词、形容词和副词有关的信息。

FrameNet[Fillmore et al., 2004]和 VerbNet[Kipper et al., 2000]也是人工构建的词典,这些词典重点围绕动词,列举了持有同一论元的动词(例如,"giving"的核心论元有 Donor(捐赠者)、Recipient(接收者)和 Theme(被给予的东西)),以及非核心论元如 Time(时间)、Purpose(目的)、Place(地点)和 Manner(行为)。

Paraphrase Database(PPDB)[Ganitkevitch et al., 2013, Pavlick et al., 2015]是一个

大型的自动构建的有关复述的数据集。其列举了词和短语，对每一个词或短语均提供了一系列词和短语，它们和原词和短语的含义基本相同。

上述这些词典包含了很多信息，能够成为特征的重要资源。然而，有效的使用符号信息是任务相关的，经常需要繁琐的工程和(或)技巧去处理。它们目前不经常应用于神经网络模型中，但是今后可能会有所改变。

分布信息　另一个非常重要的有关词的资源就是分布(distributional)——哪些词和当前词的行为是类似的？这些内容应该被特别阐述，它们将在 6.2.5 节予以讨论。在 11.8 节，我们讨论了怎样将词典作为知识结合到由神经网络算法得到的分布式词向量中。

文本特征　当我们考虑一个句子、一个段落或一篇文本时，观察到的特征是字符和词在文本中的数量和次序。

词袋　一个非常常用的从句子和文本中抽取特征的过程是词袋(bag-of-words)过程(BOW)。在这种方法中，我们观察词在文档中出现的柱状图，即考虑每个词作为特征的数量。通过将词抽象为基本的元素(element)，在 2.3.1 节使用 bag-of-letter-bigrams 用于语言鉴定，其即为一种应用 BOW 方法的例子。

我们也能够计算一些从词和字符中导出的数量，例如依据字符或词的数量得出的句子的长度。当考虑单独的词时，我们可以使用上述基于词的特征来计算那些具有特定前缀或后缀的词的数量，或者计算短词语(长度短于给定的长度)相对于长词的比率。

权重　正如前文所述，我们也可以结合基于外部信息的统计结果，集中考虑那些在给定的文本中经常出现的词，并且它们在外部文本中出现的次数相对很少(这可将那些在文本中经常出现的常用词(例如 a 和 for)，与和文本主题相关的词区分开)。当使用 BOW 方法时，经常使用 TF-IDF 权重[Manning et al.，2008，Chapter 6]。考虑一篇文本 d，其是语料 D 的一部分。与将 d 中的每个词 w 表示为其归一化结果 $\dfrac{\#_d(w)}{\sum_{w' \in d} \#_d(w')}$ (词条频率，TF)不同，tf-idf 权重将其表示为 $\dfrac{\#_d(w)}{\sum_{w' \in d} \#_d(w')} \times \log \dfrac{|D|}{|\{d \in D: w \in d\}|}$，公式第二项为逆文档频率(IDF)：包含某个词的文本在语料集中的个数的倒数。这种方法加大了那些能够有效区分当前文本的词的重要性。

除了词之外，我们还可以查看连续词语的二元组或三元组。它们被称为 n 元组(ngrams)。n 元组特征将在 6.2.4 节深入讨论。

上下文词特征　当考虑词在句子和文本中时，一个能够直接观测到的词的特征就是其在句子中的位置，围绕它的词和字符也可作为特征。与目标词越近，该词所具有的信息量相对于远处的词越丰富[⊖]。

　　窗口　基于上述词之间相互影响的原因，可以使用围绕词的窗口聚焦于词的直接上下文（即目标词每侧的 k 个词，k 可设为 2、5、10），之后使用特征来代表出现在窗口内的词（举例来说，一个特征即为"词 X 出现在目标词周围 5 个词的窗口内"）。例如，考虑句子"the brown fox jumped over the lazy dog"，其目标词是"jumped"。一个包含 2 个词的窗口将提供一个特征集合{ word＝brown，word＝fox，word＝over，word＝the }。窗口方法是 BOW 方法的一种版本，但是其受限于小窗口。

　　固定大小的窗口放松了 BOW 假设，它不考虑词的次序，而是考虑词出现的窗口在文本中的相对位置。其产生了位置相关特征（relative-positional feature），例如"词 X 出现于目标词左侧的两个词语内"。举例来说，在上面的样例中，窗口位置方法将抽取特征集合{ word－2＝brown，word－1＝fox，word＋1＝over，word＋2＝the }。

　　编码基于窗口的特征为向量将在 8.2.1 节中讨论。在第 14 章和第 16 章，我们将介绍biRNN 架构，其通过泛化窗口特征提供一个灵活的、可调整的和可训练的窗口。

　　位置　除了词的上下文，我们可能还会对词在句子中的绝对位置感兴趣。我们能够获得类似于"目标词是句子中的第 5 个词"的特征，或者一个二进制的版本，能够指示粗粒度的类别信息：是否出现在前十个词中，或者是否在第 10 个词和第 20 个词之间，等等。

　　词关系特征　当考虑上下文中的两个词时，除了每个词的位置和围绕它们的词外，我们还能够观察词之间的距离和它们之间的代表词。

6.2.2　可推断的语言学特征

　　自然语言中的句子除了是词语的线性排序外还是有结构的。这种结构遵循复杂的不易于直接观察到的规律。这些规律被归类为语法。在自然语言中针对这些规则和规律的学习被称为面向学习的语言学[⊖]。然而，语言的精确结构仍然是一个谜题，并且很多更加精细的语言模板还没有被挖掘出，或者仍然存在着争论。部分控制语言的现象被很好地记录并被充分理解，这其中包括了例如词类（词性标签）、形态学、语法乃至部分语义信息。

　　文本的语言学特性并不能够从词在句子中或其顺序的外在表现直接观察到，它们能够以不同程度的准确率从文本句子中推断出来。存在专门的系统以不同的准确率来预测词性

　　⊖　然而，需要注意的是，在很多语言样例中，存在着词间的长距离约束：一个出现在文档开头的词影响着文档结束部分的词。

　　⊖　最后一个句子是一个刻意的简化。语言学家探索的要更加深入，除了语法，还有一些其他的系统来规范人类语言学的行为。但是，对于本书来说，这种简化的观点是足够的。如果为了更加深入调研，可以进一步查阅本书末尾的推荐读物。

标签、语法树、语义角色、篇章关系和一些其他语言学属性[⊖]。这些预测能够作为有效的特征用于更进一步的分类问题。

> **语言学标注** 让我们挖掘一些语言的标注形式。考虑句子"the boy with the black shirt opened the door with a key"。一个标注的层次是将每个词赋予一个词性标签。
>
> the   boy   with   the   black   shirt   opened   the   door   with   a   key
> Det   Noun   Prep   Det   Adj   Noun   Verb   Det   Noun   Prep   Det   Noun
>
> 更进一步，我们可以标注语法串边界，表明 the boy 是一个名词短语。
>
> [_{NP} the boy][_{PP} with][_{NP} the black shirt][_{VP} opened][_{NP} the door][_{PP} with][_{NP} a key]
>
> 值得注意的是，词 opened 被标记为 VP 短语，这是没有必要的。因为我们已经了解到它是一个动词。然而，VP 串很可能包含更多的元素，覆盖了像 will opened 和 did not open 这样的短语。
>
> 短语结构是局部的，一个更加全局的语法结构是成分树（constituency tree），或者叫作短语结构树。成分树是嵌套的，以括号表示语法单元的层次结构。例如，名词短语"the boy with the black shirt"是由名词短语"the boy"和前置短语（PP）"with the black shirt"组成。后面的短语自身包含一个名词短语"the black shirt"。其中，"with a key"嵌套在 VP 短语下，但是并不在 NP 短语"the door"下，说明相比于 NP 短语"a door with a key"，"with a key"修饰了动词"opened"（opened with a key）。

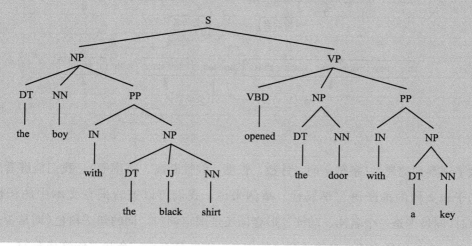

　　另外一种不同的语法标注是依存树(dependency tree)。依靠依存树，句子中的每个词是另一个词的修饰，称为头结点。除了句子的中心词(通常是动词)，每个句子中的词都被另一个词所引领。句子的中心词是句子的根结点，通常被特殊的根结点所引领。

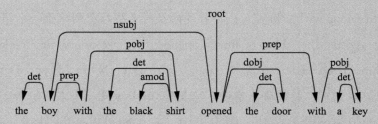

　　当成分树将词清晰地组成短语后，依存树能够清晰地展示修饰关系和词之间的连接。那些在句子中的外在形式不同的词语可能在依存树中会拥有直接的依存连接。

　　依存关系属于句法：它们与句子的结构有很大的关系。其他关系更加语义化。举例来说，考虑到动词"open"的修饰，或者叫作动词的论元。句法树能够清晰地标记"the boy(with the black shirt)""the door"和"with a key"为论元，并且能够说明相对于修饰"door"，"with a key"为"open"的论元。然而，它不能告诉我们论元相对于动词的语义角色，即"the boy"是执行动作的施动者，"a key"是工具(相对于"the boy opened the door with a smile"。这里，此句拥有相同的句法结构。但是，除非在一个魔法世界里，否则"a smile"是一种举止而不是一种工具)。标签的语义角色标注能够揭示这些结构：

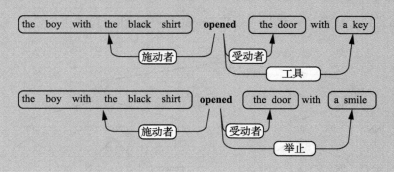

　　除了观察到的属性(字符、词、计数、长度、线性距离、频率等)，我们能够看到这种词、句子和文档的推断语言学属性。举例来说，我们可以查看词在文本中的词性标记(POS)时(词是否是一个名词、动词、形容词还是限定词？)，词的句法角色(词是否是一个主语或是一个动词的宾语？是否是句中的中心动词？是否是一个状语修饰成分？)，或者词的语义角色(例如，在"the key opened the door"中，"key"作为工具，而在"the boy opened the door"中"boy"是一个施动者)。当给定句子中的两个词，我们能够形成句子的句法依存

树，子树或者用于连接两个词的在树中的路径以及路径中的属性。以分割两个词的词的数量作为距离度量的那些在句子中相距很远的词在句法结构中可能互相邻接。

从句子级更进一步的话，我们会想要知道篇章之间的关系，篇章关系用于揭示句间的关系，例如解释(Elaboration)、相对(Contradiction)、因果(CauseEffect)等。这些关系经常被句间的连接词所揭示，例如"并且"(moreover)"然而"(however)以及"和"(and)，同时也会被不直接的线索所揭示。

另外一个重要的现象是回指——考虑句子序列"the boy opened the door with a key. It$_1$ wasn't locked and he$_1$ entered the room. He$_2$ saw a man. He$_3$ was smiling"。回指消解(或者叫作指代消解)告诉我们 It$_1$ 指的是 door(不是 key 或者 boy)，he$_2$ 指的是 boy，he$_3$ 很有可能指的是这个男人。

词性标签、句法角色、篇章关系、回指等概念是基于语言学理论的，这些理论被语言学家研究了很长一段时间，其目标在于获得混乱的人类语言系统中的规则和规律。然而，很多支配语言规则的多个观点仍然处于争论中，而其他的规则又看起来过于简单或者过于严格，这些被发掘的概念确实捕获了大量的并且重要的语言中的泛化和规律。

语言学概念是否需要？　一些深度学习的倡导者争论道：这种推断的、人为定义的语言学属性是没有必要的，神经网络是可以学习到这些中间表示的(或等价的，或更加好的)，这种说法仍然有待裁定。我当前的个人想法是，在给定充足数据和引导方向正确的前提下，很多的语言学概念确实能够被网络自身学习到$\ominus$。然而，对于很多的其他例子，我们不能获得足够的训练数据，这种情况下，为网络提供更加明确的、清晰的概念将会非常有用。即使我们能够获得足够的数据，通过提供更加泛化的概念以及词语的表层信息，我们也想要网络去关注文本或线索的某个方面而忽略其他部分。最后，即使我们不想利用语言学特性作为输入，我们也可能想要使用它们作为补充的监督去指导网络应用于多任务学习中(见第 20 章)，或者用于设计网络结构，或者用于训练网络范式以更加适合学习某种语言学现象。总的来说，我们能够看见足够的证据表明语言学概念能够帮助语言理解和系统生成。

进一步阅读　当处理自然语言文本时，最好的建议是意识到建立在字符和词基础上的语言学概念，也包括当前的计算工具和可用的资源。本书几乎不会去接触这个话题。Bender 在 2013 年的书中提供了一个好的、简洁的由具有计算思维的人们所引导的有关语

$\ominus$　查看 16.1.2 节中的实验部分，在其中神经网络能够学习到英语中主谓之间的一致性概念，推断出名词、动词、语法数目和一些层次语言学结构。

言学概念的观点。对当前 NLP 方法、工具和资源的讨论可以参考书 Jurafsky 和 Martin [2008]以及一系列有着专业标题的书籍。

6.2.3 核心特征与组合特征

在很多情况下，我们所关心的是出现在一起的联合特征。举例来说，给定两个指示词"书本出现在一个窗口中"(the word book appeared in a window)和"具有动词词性的词出现在窗口中"(the part-of-speech Verb appeared in a window)，明显比给定"带有 verb 标记的词书本出现在窗口内"(the word book with the assigned part of speech Verb appeared in a window)缺少信息量。同样，如果我们能够为每个指示特征赋予一个特别的参数权重（就像在线性模型中的例子），相比于更有指示性的组合特征"word in position-1 is like and word in position-2 is not."，知道两个区分性很大的特征"word in position -1 is like,"和"word in position-2 is not"是无用的。同样，知道文本中包含词语"巴黎"是一个明确的指示以表明文本归属于旅游类别，同样对词语"休斯顿"也是成立的。然而，如果文本中同时包含这两个词，那么即指明该文本不是旅游类别而更有可能归为名流或者流言类别。

线性模型不能够为一个联合事件赋予一个值（X 出现和 Y 出现等），其不是简单的值的求和，除非联合事件本身作为一个特征。因此，当为线性模型设计特征时，我们不仅需要定义核心特征，也需要定义很多组合特征。这种可能的组合的集合是非常大的，加上专业知识，加上试错，都是必需的用于构建一系列既富含信息又相对紧凑的组合。事实上，很多工作已用于设计决策，例如"包含在位置－1 的词特征是 X，在位置＋1 的特征是 Y，但是不包含在位置－3 的特征为 X 和在位置－1 的特征是 Y"。

神经网络是非线性模型，并不会遇到这个问题。当使用神经网络例如多层感知机（第 4 章）时，模型设计者能够仅指定核心特征集合，然后依赖网络训练过程去选择重要的组合。这很大地简化了模型设计者的工作。从实践上说，神经网络确实设法仅依赖核心特征去学习高性能的分类器，某些时候甚至超过了由人工设计的特征组合形成的性能最好的线性分类器。然而，在很多其他案例中，结合了有效的人工构造特征的线性分类器很难被击败，即使是使用核心特征的神经网络也只是接近了线性模型的性能。

6.2.4 n 元组特征

一个特殊的特征组合案例是 n 元组(ngram)——在给定的长度下由连续的词序列组成。

 句法依存结构在 Kübler 等[2008]中讨论，语义角色在 Palmer 等[2010]中讨论。
 这是一个 XOR 问题的直接展示，该问题在第 3 章讨论，人工定义的特征组合即为映射方程 ϕ，其将非线性的核心特征的分离向量映射到更加高维的空间，在那里，数据可被线性模型分开。

我们经常在语言分类例子(第 2 章)中看见字符二元组特征，三元组(三个符号的序列)字符和词也是常见的特征。在此之上，4 元组和 5 元组在某些情况下用于字符，但是由于稀疏问题，很少用于词。二元词能够比单独的词富含更多信息是显然的：其能够捕捉到结构，例如 New York、not good 和 Paris Hilton。事实上，bag-of-bigrams 比 bag-of-words 更有表示能力，在很多的案例中都是有效的。当然，并不是所有的二元组都是富含信息的，像"of the""on a""the boy"等是非常常见的，在很多的任务中，并不比单独出现的元组中的词有更多的语义信息。然而，很难获得哪一个 n 元组对某个给定任务是有效的这种先验知识。一个通用的解决方案是扩充 n 元组直到一个给定的长度，并且通过对不感兴趣的 n 元组赋予低权重而让模型抛弃它们。

需要注意的是，在通常情况下，像 MLP 这样的 vanilla 神经网络结构不能依靠自身从文本中推断出 n 元组特征：一个多层感知机利用从文本中得到的 bag-of-words 特征向量作为输入，学习到例如"词语 X 出现在文本中和词语 Y 出现在文本中"这种组合，而不是"二元组 XY 出现在文本中"。因此，n 元组特征对非线性分类器是有用的。

当 n 元组应用于带有位置信息的固定大小的窗口时，多层感知机能够推断出 n 元组特征。"在位置 1 的词语是 X"和"在位置 2 的词语是 Y"的组合实际上就是二元组 XY。更确切的神经网络结构，例如卷积神经网络(第 13 章)，被设计用来基于一个改变长度的词序列寻找针对特定任务的更加有信息量的 n 元组特征。双向的 RNN(第 14 和 16 章)更加是敏感的推广了 n 元组的概念，并且对变长度的 n 元组以及带间隔的 n 元组。

6.2.5　分布特征

至今为止，我们都认为词是离散的和不相关的符号：当使用算法时，词"pizza""burger"和"chair"互相之间都是均等相似的(或均等不相似的)。

我们确实完成了对词类型的泛化，通过将它们映射到粗粒度的类别，像是词性或语义角色("the，a，an，some"都是限定词)；将易改变的词语映射到词元("book""booking""booked"都含有词元"book")；观察在词典或列表中的成员特征("john""jack"和"Ralph"在美国常用的姓氏列表中出现)；或者使用类似于 WordNet 等语义词典去查看词和其他词之间的关系。然而，这些解决策略是非常有限的，它们或者提供了粗粒度的区分，或者依赖于专门的、人工编辑的词典。除非拥有一个专门的食品列表，否则我们学习不到"相对于 chair，pizza 与 burger 的相似度更高"，并且更加难学习到"pizza 与 burger 的相似度要高于其与 icecream 的相似度"。

语言的分布假设由 Firth[1957]和 Harris[1954]提出，他们陈述了词的含义能够从它的上下文推断出来。通过观察词在一段文本中出现的模式，能够发现 burger 出现的上下文和 pizza 出现的上下文是相似的，而其和 icecream 出现的上下文的相似度很小，和 chair 出现的上下文完全不相同。很多近年来得出的算法都利用这个特性，通过词出现的上下文去学习词的归一化。这些方法可以被归结为基于聚类的方法，其将相似的词归类到一个类别中，然后以其类别成员属性代表每个词[Brown et al.，1992，Miller et al.，2004]，词嵌入方法是另外一种类似的方法，它将每个词表示为一个向量，这样相似的词（拥有相似分布的词）会有相似的向量[Collobert and Weston，2008，Mikolov et al.，2013b]。Turian 等[2010]讨论并评价了这些方法。

这些算法从不同角度揭示了词之间的相似度，并且能够用于导出更好的词特征：举例来说，可以将词用它们的类别 ID 来代替（例如，用类别 ID 732 代替词 june 和 aug），将稀少的、不经常出现的词用与它们相似的常见词来代替，或者就用词向量本身来作为词的表示。

然而，当使用这种词之间的相似度时，我们必须当心，因为它可能会造成无意识的后果。举例来说，在某些应用中，很容易将 London 和 Berlin 认为是相似的，然而，对于其他情况（比如说当记录战役或者翻译文献时），这种区分是必要的。

我们将在第 10 章和第 11 章更加深入地讨论词嵌入方法及如何使用词向量。

NLP 特征的案例分析

在讨论了用于从自然语言文本中获取特征的各种不同信息来源之后，我们将探讨具体的 NLP 分类任务示例，以及适合它们的特征。虽然神经网络的目的在于减少对人工特征工程的需求，但在设计模型时仍然需要考虑这些信息来源：我们希望确保设计的网络能够有效地利用可用的信号，或者通过使用特征工程直接访问它们，或者通过设计网络结构来暴露所需的信号，或者在训练模型时将它们作为额外添加的损失信号⊖。

7.1 文本分类：语言识别

在语言识别任务中，给定一个文档或一个句子，希望将其归类为一组固定的语言。正如我们在第 2 章中看到的，字母级二元文法词袋(bag of letter-bigrams)是这个任务的一个非常强的特征表示。具体来说，每个可能的二阶字母对是一个核心特征，对于给定的文档，其核心特征的值是该特征在文档中的计数。

一个类似的任务是编码检测，相应的特征表示是字节级二元文法词袋。

7.2 文本分类：主题分类

在主题分类任务中，对于给定的文档，需要将它归类为一组预定义的主题(如经济、政治、体育、休闲、八卦、生活方式等)。

在这里，字母级别的信息不是很翔实，我们将词作为基本单位。词序对这个任务不是很有帮助(除了连续的单词对，比如二元文法)。所以，一个好的特征集可能是文档的词袋，也许伴随着二元文法词袋(每个单词和每个二元文法是一个核心特征)。

如果我们没有很多的训练样本，或许可通过对文档进行预处理来达到更好的结果，如将每个词替换为对应的词元(lemma)。我们也可以通过诸如词簇或词嵌入向量等分布特征

⊖ 此外，具有人工特征的线性或对数线性模型对于许多任务仍然非常有效。它们在精确度方面非常有竞争力，而且在规模上很容易进行训练和部署，比神经网络更容易推理和调试。如果没有其他选择，这样的模型应该被认为是你所设计的任何网络的强基线。

来替换或补充单词。

当使用线性分类器时，我们可能还需要考虑单词对，即考虑在同一文档中出现的每对单词(不一定是连续的)作为核心特征。这将导致大量潜在的核心特征，需要通过设计一些启发式来减少规模，例如只考虑在指定数量的文档中出现的单词对。非线性分类器缓解了这种状况。

在使用词袋时，有时将每个单词按其信息量比例加权是有用的，例如使用 tf-idf 加权(6.2.1 节)。然而，学习算法往往能够自己来加权。另一个选项是使用词指示器，而不是词计数：文档中的每个单词(或超过给定计数的每个单词)都将表示一次，而不管它在文档中出现的次数。

7.3 文本分类：作者归属

在作者归属任务[Koppel et al.，2009]中，对于给定的文本，推断它的作者身份(从一组可能的作者中)，或者文本的作者的其他特征，例如他们的性别、年龄或者母语。

用于解决此任务的信息类型与主题分类非常不同：线索很微妙，涉及文本的文体属性，而不是内容词。

因此，特征的选择应该避开内容词，并侧重于更多的文体属性[一]。对这些任务，一个好特征集专注于词性(POS)标签和功能词。这些词像 on、of、the、and、before 等，它们本身并不携带太多内容，而是用来连接承载内容的词语，并赋予它们组合之后的语义。代词(他、她、我、他们等)也是这样的。功能词的一个很好的近似是一个大规模语料库中排在最前的 300 个词或频繁出现的词的列表。着眼于这些特征，我们可以捕捉到写作中微妙的文体变化，对于作者来说，这是独特的并且很难伪造。

作者归属任务一个很好的特征集合包括：功能词与代词词袋，词性词袋，词性的二元文法、三元文法、四元文法词袋。此外，我们可能要考虑功能词的密度(即功能词与文本窗口中的内容词数量之间的比值)、删除内容词后的功能词二元文法词袋与连贯功能词之间的距离分布。

⊖ 我们也可以通过观察内容词获取年龄或性别——一个人的年龄和性别与他们所写的话题以及所使用的语言记录之间有很强的相关性。这通常是正确的，但如果我们对一个法医或对手的背景感兴趣，作者有动机隐藏他们的年龄或性别，最好不要依赖基于内容的功能，因为这些相比更微妙的文体暗示是相当容易伪造的。

7.4　上下文中的单词：词性标注

在词性标注任务中，给定一个句子，我们需要给句子中的每个单词分配正确的词性。词性来自于一个预定义的集合，在该例子中我们将使用通用树库项目[McDonald et al.，2013，Nivre et al.，2015]中的词性集合，包含 17 个词性标签。

词性标注通常被建模为一个结构化任务——第一个单词的词性可能依赖于第三个词的词性，但其可以很好地近似为基于某个单词两侧大小为 2 的窗口为其分配一个词性标签的任务。如果按固定顺序标注这些单词，例如从左到右，我们还可以对标签预测进行标记，以对以前标记所做的每一个标注进行排序。当分类单词 w_i 时，我们的特征函数可以访问句子中所有的单词，以及所有以前的标注决策（即为词 w_1，$\cdots$，w_{i-1} 指定的标签）。在这里，我们将讨论特征，就好像它们是在隔离的分类任务中使用的一样。在第 19 章中，我们讨论结构化学习案例——使用一组相同的特征。

词性标注任务的信息来源可以分为内部线索（基于单词本身）和外部线索（基于上下文）。内部线索包括词的识别（例如，有些词比其他词更有可能是名词）、前缀、后缀、正字词的形状（在英语中，以 ed 结束的单词很可能是过去时态动词，以 un 开头的单词可能是形容词，而以大写字母开头的单词很可能是专有名词），以及单词在大语料库中的频率（例如，罕见的词更可能是名词）。外部线索包括单词的标识、前缀和当前单词周围单词的后缀，以及前面单词的词性预测结果。

重叠特征　如果我们将单词形式化为特征，为什么需要前缀和后缀？毕竟它们是这个词的确定性函数。原因是，如果遇到一个在训练中没有看到的词（未登录词）或很少出现的词（罕见的词），我们可能没有足够多的信息来做出决定。在这种情况下，最好将前缀和后缀作为补偿，这可以提供有用的提示。通过包括前缀和后缀以及在训练中多次观察到的单词，我们允许学习算法更好地调整它们的权重，并希望在遇到未登录词时能够正确地使用它们。

对于词性标注，一组核心特征的样例如下：

● 单词＝X

[⊖]　形容词，介词，副词，助动词，并列连词，限定词，感叹词，名词，数字，小品词，代词，专有名词，标点，从属连词，符号，动词等。

- 2 字母后缀＝X
- 3 字母后缀＝X
- 2 字母前缀＝X
- 3 字母前缀＝X
- 单词是否大写
- 单词是否包含连字符
- 单词是否包含数字
- P 取值[−2，−1，＋1，＋2]：
  - — 位于位置 P 的单词＝X
  - — 位于位置 P 的单词的 2 字母后缀＝X
  - — 位于位置 P 的单词的 3 字母后缀＝X
  - — 位于位置 P 的单词的 2 字母前缀＝X
  - — 位于位置 P 的单词的 3 字母前缀＝X
  - — 位于位置 P 的单词 X 是否大写
  - — 位于位置 P 的单词 X 是否包含连字符
  - — 位于位置 P 的单词 X 是否包含数字
- 位于位置−1 的单词的词性＝X
- 位于位置−2 的单词的词性＝X

除此之外，分布信息（如词簇或目标词和周围的单词的嵌入表示）也很有用，特别是对于在训练语料库中没有看到的单词，因为相比于不同的词性标签的单词，具有类似的词性标签的词往往出现在更相似的上下文。

7.5　上下文中的单词：命名实体识别

在命名实体识别（NER）任务中，给定一篇文档，需要找到命名实体，如 Milan、John Smith、McCormik Industries 以及 Paris，将它们归类为一组预定义的类别，如位置、机构、人物或其他。值得注意的一点是，这项任务是依赖于上下文的，比如 Milan 可以代表位置（城市），也可以代表机构（运动队），再比如 Paris 可以代表城市名也可以代表人物。

问题的典型输入是一个句子，比如：

John Smith, president of McCormik Industries visited his niece Paris in Milan, reporters say .

期望的输出如下：

[PER John Smith]，president of [ORG McCormik Industries] visited his niece [PER Paris] in [LOC Milan]，reporters say .

虽然 NER 是一个序列分割任务——它分配标记括号超过非重叠的句子跨度，但它通常被建模为序列标注任务，类似于词性标注。使用标注来解决分割任务一般都是用 BIO 标签[○]。每个单词都被分配了下列标签之一，如表 7.1 所示。

表 7.1　命名实体识别的 BIO 标签

标签	含义
O	不是命名实体的一部分
B-PER I-PER	人名的开始词 人名的继续词
B-LOC I-LOC	地名的开始词 地名的继续词
B-ORG I-ORG	机构的开始词 机构的继续词
B-MISC I-MISC	其他类别命名实体的开始词 其他类别命名实体的继续词

上述句子的标注结果如下：

John/B-PER Smith/I-PER，/O president/O of/O McCormik/B-ORG Industries/I-ORG visited/O his/O niece/O Paris/B-PER in/O Milan/B-LOC，/O reporters/O say/O . /O

从不重叠的分段到 BIO 标签和反过来的转换是直观的。

与词性标注相同，该任务是结构化的，因为不同单词的标注会相互作用（比如在连续的词上趋向保持相同的实体类型，如实体"John Smith Inc"被标注为 B-ORG I-ORG I-ORG 而不是 B-PER I-PER B-ORG）。然而，我们再次假设，使用独立的分类决策仍然可以相当好地接近标准答案。

为该任务设置的核心特征类似于词性标注任务中的特征，它依赖于距离焦点单词每侧长度为 2 的窗口中的单词。除了词性标注任务的特征对我们很有用之外（例如，-ville 是一个后缀，指示一个位置，Mc-是一个前缀，表示一个人），我们可能要通过单词周围的共现单词来确定目标词的身份，以及指示函数用以检查该词是否是预编译列表中的人物、位置和机构。分布式特征（如词簇或词向量）对 NER 任务也是非常有用的。对于 NER 任务中特征全面而综合的讨论请参见 Ratinov 和 Roth[2009]。

○　一些 BIO 的变种在相关文献中有阐述，一些变种的效果好于 BIO，具体参见 Lample 等人[2016]、Ratinov 和 Roth[2009]。

7.6　上下文中单词的语言特征：介词词义消歧

介词如 on、in、with 以及 for 等，用于将谓语与它的论元以及名词与它的前置修饰词连接起来。介词非常常见，也易引起歧义，如下面几个句子中的 for：

(1)　　a. We went there *for* lunch.

　　　　b. He paid *for* me.

　　　　c. We ate *for* two hours.

　　　　d. He would have left *for* home，but it started raining.

四个句子中的 for 表达着不同的含义：(a)目的；(b)受益者；(c)时间；(d)地点。

为了充分理解句子的含义，你应该知道句中介词的正确含义。介词消歧任务处理是从有限的语义集合中选择正确的意义分配给上下文中的介词。Schneideret 等人[2015，2016]提出了一个统一的涵盖了许多介词的语义集合，并提供了一个小规模的在线评论的标注语料库，其中涵盖 4250 个介词并注释其语义⊖。

哪些是介词语义消歧任务中较好的特征集合？本文的特征集合是受 Hovy 等人[2010]工作的启发。

显然，介词本身是一个有用的特征(比如介词 in 的语义分布不同于介词 with 或 about 的语义分布)。此外，我们可以在目标词的上下文中查找特征。一般认为，从富含信息的角度来说，一个固定的围绕介词的窗口是不理想的。例如，考虑以下句子。

(2)　　a. He liked the round object *from* the very first time he saw it.

　　　　b. He saved the round object *from* him the very first time they saw it.

这两个例子中的 from 表达不同的语义，但大多词的窗口信息并不具很大的信息量，甚至有误导性。我们需要一个更好的机制来选择信息量较大的上下文。一种方法是使用启发式规则，例如"左边的第一个动词"和"右边的第一个名词"。这些将捕获一个三元组<liked，from，time>以及<saved，from，him>，其中确实包含了介词语义的本质。在语言学方面，我们说，这种启发式能够帮助我们捕捉介词的调控器和对象。通过知道介词的语义以及它的调控器和对象，并使用关于单词的细粒度语义的推理过程，我们可以在许多情况下推断介词的语义。提取对象和调控器的启发式规则要求使用词性标注工具，以识别名词和动词。但不难想象，针对一些例子，这种机制也会失败。我们可以用更多的规则

⊖　该任务更早的语义清单和标注的语料库也是可用的。见 Litkowski 和 Hargraves[2005，2007]、Srikumar 和 Roth[2013a]。

来改进启发式，但是更健壮的方法是使用依存分析器：从语法树中可以轻松地获取调控器和对象信息，从而减少了对复杂启发式规则的需要：

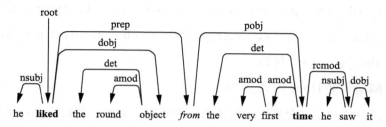

当然，用于生成树的分析器也可能是错误的。为了鲁棒性，我们可以同时查看从解析器中提取的调控器和对象，以及使用启发式提取的调控器和对象，并将这四个作为特征来源（也就是，parse_gov=X，parse_obj=Y，heur_gov=Z，heur_obj=W），让学习过程决定哪一来源更加可靠以及如何权衡它们。

在提取了调控器和对象（也许还有与调控器和对象相邻的词）之后，我们可以利用它们作为进一步特征提取的基础。对于每个项目，我们可以提取以下信息：

- 单词确切的字面形式
- 单词的词元
- 单词的词性
- 单词的前缀与后缀（对程度、数量、顺序的指示，如 ultra-、poly-、post-，以及代理与非代理动词的区别）
- 词簇以及词的分布式向量表示

如果我们允许外部词汇资源的使用，并且不介意扩大特征空间，Hovy 等人[2010]发现使用基于 WordNet 的特征也很有用。对于每个调控器和对象，我们可以提取许多 WordNet 指示器，例如：

- 单词是否具有 WordNet 词项
- 单词第一个同义词集合的上位词
- 单词所有同义词集合的上位词
- 单词第一个同义词集合的同义词
- 单词所有同义词集合的同义词
- 单词定义的所有词项
- 单词的超语义（super-senses，在 WordNet 中也被称为编纂文件，在 WordNet 中的等级是相对较高的，表明概念，如作为动物，作为身体的一部分，是一种情感，作为食物，等等）

● 其他指示器的变种

这样的处理过程可能为介词构建数十或上百的核心特征，比如，hyper ＿ 1st ＿ syn ＿ gov＝a，hyper ＿ all ＿ syn ＿ gov＝a，hyper ＿ all ＿ syn ＿ gov＝b，hyper ＿ all ＿ syn ＿ gov＝c，…，hyper ＿ 1st ＿ syn ＿ obj＝x，hyper ＿ all ＿ syn ＿ obj＝y，…，term ＿ in ＿ def ＿ gov＝q，term ＿ in ＿ def ＿ gov＝w，等等。

进一步了解请参见 Hovy 等人[2010]。

介词语义消歧任务是一个高层次的语义分类问题。为此，我们需要一组无法从字面中轻易推断出来的特征，并且可以利用从语言预处理（即词性标注和句法分析）以及手工编纂的语义词汇资源中选择的信息片段。

7.7　上下文中单词的关系：弧分解分析

在依存任务中，给定一个句子，需要返回一个语法依存树，如图 7.1 中的树。每个词语都被分配了一个父词语，除了句子中主词语的根结点是"root"结点。

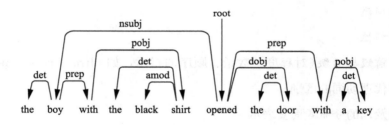

图 7.1　依存树

关于依存分析任务的更多信息，以及其语言学基础和解决方案，请参见 Kübler 等人[2008]。

对任务建模的一种方法是弧分解（arc-factored）法[McDonald et al.，2005]，其中每个可能的n^2 个词-词关系（arc）被分配一个独立的分数，然后我们搜索得到一个最大化总体分数的有效的树。分数通过训练好的打分函数 ARCSCORE(h，m，$sent$）分配，接收给定的句子以及句子中分配的候选词对 h 和 m（h 是候选头词的索引，m 是候选修饰词的索引）。训练打分函数以使其与搜索程序一同很好地工作将在第 19 章中讨论。在这里，我们主要讨论打分函数中用到的特征。

给定一个句子的 n 个单词$w_{1,n}$及其对应的词性$p_{1,n}$，$sent＝(w_1，w_2，…，w_n，p_1，p_2，…，p_n)$。当寻找词$w_h$与$w_m$之间的弧时，我们可以利用如下的信息。

我们开始于最普通的猜测：

- 头词的字面形式以及词性。

- 修饰词的字面形式以及词性(一些词几乎不可能是头词或者修饰词，无论它们与谁连接。比如，限定词("the"，"a")通常是修饰词，而不会是头词)。

- 与头词在同一窗口(窗口大小为 2)中的单词与词性，以及其位置。

- 与修饰词在同一窗口(窗口大小为 2)中的单词与词性，以及其位置。(需要窗口信息来给单词提供一些上下文。在不同的上下文中，单词的行为不同。)

我们使用词性以及单词本身的字面形式。单词本身的字面形式给我们提供了非常具体的信息(例如，对于"吃"，蛋糕是一个很好的候选对象)，而词性提供更低级的语法信息以得到更好的泛化性能(例如，限定词和形容词对名词来说是好的修饰词，而名词对动词来说是很好的修饰词)。由于依存树的训练语料库的规模通常相当有限，使用词簇或预训练的词嵌入等分布信息来补充或替换单词可能是一个好主意，这将使类似的词具有泛化性，对于没有被训练数据很好覆盖的词也是有用的。

我们不看单词的前缀和后缀，因为它们与依存分析任务没有直接关系。单词的词缀确实带有重要的句法信息(这个词可能是名词吗？是一个过去式动词？)，这些信息已经通过词性标签提供给我们。如果我们在解析时没有获取词性标注特征(例如，如果解析器同时负责解析和分配词性标签)，那么最好也包括后缀信息。

当然，如果使用线性分类器，我们也需要注意特征组合，例如"头词候选词是 X 和修饰词候选词是 Y，头词词性是 Z，在修饰词之前的词是 W"。实际上，基于线性模型的依存分析器具有数百个这样的特征组合是很常见的。

除了这些常用的特征，也可以考虑如下特征。

- 词 w_h 与 w_m 在句子中的距离 $dist = |h-m|$。相比于其他特征，距离更能代表一个依存关系。

- 单词之间的方向。在英语中，假设 w_m 是限定词("the")，w_h 是一个名词("boy")，如果 $m<h$，那么这之间很有可能具有弧，如果 $m>h$ 则不太可能。

- 头词和修饰词之间的所有词(词性标签)。此信息很有用，因为它暗示了可能矛盾的附属信息。

例如，位于 w_m 的限定词很可能修饰位于 $w_{h>m}$ 的名词，但如果这两个词之间也有一个限定词位于 $w_k(m<k<h)$，则上述结论不太可能成立。请注意，头词和修饰词之间的字数可能是无界的(不同实例之间不同)，因此我们需要一种方法来对可变数量的特征进行编码，如词袋方法。

从文本特征到输入

我们在第 2 章和第 4 章讨论了以特征向量为输入的分类器,但没有深入到那些特征向量的细节。在第 6 章和第 7 章讨论了作为不同自然语言任务的核心特征的信息源。本章将讨论如何将一系列核心特征转换成分类器可接收的特征向量的细节。

回想在第 2 章和第 4 章的可训练模型(线性模型、对数线性模型或者多层感知机),这些模型是以 d_{in} 维向量 x 为输入,返回 d_{out} 维输出向量的参数化函数 $f(x)$。通常这些函数作为分类器,给出输入 x 属于 d_{out} 个类别中的一个或多个类别的程度,函数可以很简单(如线性模型),也可以很复杂(如神经网络),在本章我们主要关注输入 x。

8.1 编码分类特征

处理自然语言时用到的大部分特征是离散、分类特征,比如单词、字母和词性。我们如何将这样的分类数据编码成便于统计分类器使用的形式呢?我们将讨论独热(one-hot)编码和稠密嵌入向量两种方案,及两种方案间的权衡和关系。

8.1.1 独热编码

在形如 $f(x)=xW+b$ 的线性和对数线性模型中,很容易想到指示函数,每个可能的特征都用单独一维表示。举例来说,当用词袋模型表示包含 40 000 项的词表时,x 将会是一个 40 000 维的向量,其中第 23 227 维对应单词 dog,第 12 425 维对应单词 cat。一篇包含 20 个词的文档将由非常稀疏的 40 000 维向量表示,其中至多 20 维包含非零值。相应地矩阵 W 有 40 000 行,每行对应词表中一个单词。如果核心特征为包含位置信息的大小为 5 的窗口(以目标词为中心,两边各 2 个单词)和一个包含 40 000 词的词表(也就是说,形式为 word-2=dog 和 word0=sofa 的特征),x 将会是一个只包含 5 个非零值的 200 000 维向量,其中 19 234 维对应 word-2=dog,143 167 维对应 word0=sofa。这种方法即为 one-hot 编码,因为每一维对应一个单独特征,可以把结果特征向量想象为高维指示向量(其中只有一维值为 1,其余维均为 0)的组合。

8.1.2 稠密编码(特征嵌入)

从稀疏输入的线性模型到深度非线性模型的最大概念跨越可能就是不再以独热(one-hot)中的一维来表示各个特征,转而使用稠密向量表示,也就是每个核心特征都被嵌入到 d 维空间中,并用空间中的一个向量表示$^\ominus$。通常空间维度 d 都远小于特征数目,比如大小为40 000的词表中的每一项(编码为 40 000 维独热向量)都可以用 100 或 200 维的向量表示。嵌入向量(每个核心特征的向量表示)作为网络的参数与函数 f 中的其他参数一起被训练。图 8.1 展示了特征表示的两种方式。

基于前馈神经网络的 NLP 分类系统的一般结构如:

1)抽取一组和预测输出类别相关的核心语言学特征 $f_1, \cdots, f_k$。

2)对于每一个感兴趣的特征 f_i,检索出相应的向量 $v(f_i)$。

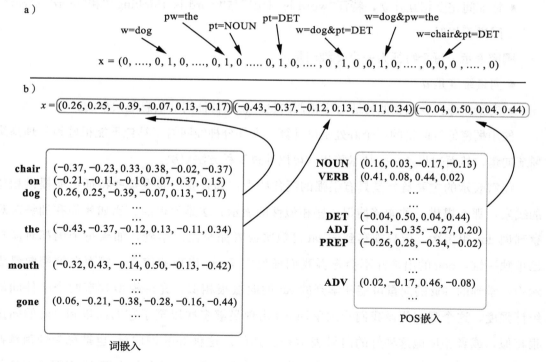

图 8.1 稀疏与稠密特征表示。表示信息的两种编码:当前词为"dog";前一词为"the";前一词性为"DET"。a)稀疏特征向量:每一维表示一个特征,特征组合接收它们各自的维度,特征值是二项的,维度非常高。b)基于嵌入的稠密特征向量:每个核心特征使用一个向量表示,每个特征对应若干输入向量条目,没有显示编码特征组合,维度低,通过嵌入表进行特征到向量映射

$\ominus$ 不同特征类型可能被嵌入到不同的空间中,比如用 100 维空间嵌入词特征,用 20 维嵌入词性特征。

3)将特征向量组合成(拼接、相加或者两者组合)输入向量 x。

4)将 x 输入到非线性分类器中(前馈神经网络)。

对输入来说,从线性分类器到深度分类器的最大变化是从每个特征用单独一维的稀疏表示到把每个特征映射到一个向量的稠密表示,另外一个区别是我们基本上只需要抽取核心特征而不需要做特征组合,我们将简略地阐明这两个变化。

8.1.3　稠密向量与独热表示

使用向量代替单独标识符来表示特征的益处是什么?我们要一直用稠密向量表示特征吗?我们考虑下面两种表示方法。

独热(one-hot)表示　每个特征有单独一维。

- 独热向量维度与不同特征的数目相同。
- 特征间完全相互独立,特征"word is'dog'"与"word is'thinking'"和"word is'cat'"同样不相似。

稠密表示　每个特征为一个 d 维向量。

- 向量维度是 d。
- 模型训练会导致相似特征对应相似向量,相似特征间的信息是共享的。

使用稠密低维向量的一个好处是可计算:大部分神经网络工具包不能很好地处理高维稀疏向量,然而这只是一个技术障碍,可以通过工程方法解决。

稠密表示的主要益处是具有很强的泛化能力:如果我们假设某些特征可能提供相似的线索,那么提供一种能够捕捉这些相似性的表示方法是值得的。比如我们在训练时观察到词 dog 很多次,但只观察到词 cat 可数次或者完全没观察到,如果每个词都对应自己单独一维,dog 的出现并不会告诉我们任何关于 cat 出现的信息,然而在稠密向量表示中,学到的 dog 的向量可能和学到的 cat 的向量很相似,允许模型共享两个事件间的统计强度,这个观点假设我们看到单词 cat 出现足够多次以至于它的向量和 dog 的向量很相似,或者相反地这种好的向量表示是已知的。这种好的词向量(也被称为预训练嵌入)能够通过基于分布假设的算法在大规模文本语料上得到,比如将在第 10 章深入讨论的算法。

在缺乏同一类别下区分度大的特征并且不同特征间没有相互关系的情况下,我们可能使用独热表示。但是如果同一组的不同特征间有相互关系(如词性标签,我们相信不同的动词变化 VB 和 VBZ 在任务中可能起相似的作用),那么让网络弄清相互关系并且通过共享参数获得一些统计强度是值得的。在特征空间相对较小并且训练数据比较充足或者我们不希望共享不同词间的统计信息时，使用 one-hot 表示会取得结果上的提升，然而目前这仍是一个没有定论的研究问题，并且没有非常有力的证据来支持正反两方面。大量的工作（由 Chen 和 Manning[2014]、Collobert 和 Weston[2008]、Collobert 等人[2011]倡导）鼓励使用稠密可训练的嵌入向量来表示所有特征。使用稀疏向量编码的神经网络结构可以参考 Johnson 和 Zhang[2015]的工作。

8.2 组合稠密向量

每个特征对应一个稠密向量，需要用某种方式将不同的向量组合起来，主要有拼接、相加（或者平均）和同时使用拼接与相加。

8.2.1 基于窗口的特征

考虑以位置 i 为中心词，两边各包含 k 个单词的窗口，设窗口大小 $k=2$，我们要编码在位置 $i-2$，$i-1$，$i+1$ 和 $i+2$ 上的词，窗口内的词为 a，b，c 和 d，对应的词向量为 a，b，c 和 d。如果我们不关心窗口内词的相对位置，可以通过求和的方式对窗口编码：$a+b+c+d$。如果我们关心相对位置，可以使用拼接的方式 $[a；b；c；d]$，尽管同一个词不管其在窗口中的什么位置都会用相同的向量表示，但词的位置信息可以在拼接位置中反映出来[⊖]。

我们有时可能不太关心词的顺序，但相比于离中心较远的词，我们更加注重距中心较近的词，这时可以使用加权求和的方式进行编码，比如 $\frac{1}{2}a+b+c+\frac{1}{2}d$。

同时也可以组合多种不同的编码方式，假如我们关心特征是出现在中心词前还是中心词后，但不关心窗口内的词距中心词的距离，这时可以采用拼接和相加组合的编码方式：$[(a+b)；(c+d)]$。

注意 当描述以拼接向量 x、y 和 z 作为输入的网络层时，有些作者使用显式拼接（$[x；y；z]W+b$），有些使用仿射变换（$xU+yV+zW+b$），如果仿射变换中的参数矩阵 U，V，W 互不相同[⊖]，那么两种描述方式是等价的。

⊖ 或者对于每个词/位置设置分开的嵌入，比如 a^1 和 a^{-2} 分别表示词 a 出现在相对位置 +1 和 −2 时的向量。使用这种嵌入方法的话，那么求和方式也对位置信息敏感：$a^{-2}+b^{-1}+c^{+1}+d^{+2}$，但这会导致同一个词的不同位置实例之间不共享信息，使用在外部语料上训练好词向量也会比较困难。

⊖ 矩阵应该是不同的，意味着对其中一个的改变不会影响其他的矩阵，当然矩阵碰巧共享相同的值也是可以的。

8.2.2 可变特征数目：连续词袋

前馈神经网络使用固定维度的输入，这样能够很容易地与抽取固定数目特征的抽取函数相适应，每个特征用一个向量表示，通过拼接组合向量，这种方法中输入向量的每个区域对应一个不同特征。但有时不能预先确定特征的数目（如在文本分类任务中，通常句子中的每个词都是一个特征），因此我们需要使用固定大小的向量表示任意数量的特征。一种方案是使用叫作连续词袋（CBOW）的方法表示[Mikolov et al., 2013b]。CBOW 和传统的不考虑顺序信息的词袋表示非常相似，通过相加或者平均的方式组合特征的嵌入向量⊖：

$$\text{CBOW}(f_1, \cdots, f_k) = \frac{1}{k} \sum_{i=1}^{k} v(f_i) \tag{8.1}$$

加权 CBOW 是 CBOW 的一种简单变换，为不同的向量赋予不同的权重：

$$\text{WCBOW}(f_1, \cdots, f_k) = \frac{1}{\sum_{i=1}^{k} a_i} \sum_{i=1}^{k} a_i v(f_i) \tag{8.2}$$

每个特征 f_i 都有对应的权重 a_i，表明特征的相对重要性。比如在文本分类任务中，特征 f_i 可能对应文本中的一个词，相关的权重 a_i 可以是这个词的 tf-idf 值。

8.3 独热和稠密向量间的关系

使用稠密向量表示特征是神经网络框架的必要部分，使用稀疏和稠密特征表示的区别也必然比之前更加微妙。事实上，在训练神经网络时，使用稀疏独热向量作为输入，意味着使网络的第一层从训练数据中学习特征的稠密嵌入向量。

使用稠密向量时，每个分类特征值 f_i 被映射为稠密的 d 维向量 $v(f_i)$，通过嵌入层或查找层来进行映射。对于包含 $|V|$ 个词的词表，每个词用 d 维向量嵌入，所有词的向量的集合可以看作一个 $|V| \times d$ 的嵌入矩阵 E，矩阵的每一行对应一个嵌入的特征。f_i 为特征 f_i 的 $|V|$ 维独热表示向量，除一维对应第 i 个特征的值，其余维均为 0，乘法操作 $f_i E$ 会选择 E 的对应行，因此 $v(f_i)$ 通过 E 和 f_i 来定义：

$$v(f_i) = f_i E \tag{8.3}$$

相似地，

⊖ 注意如果 $v(f_i)$ 不是稠密特征表示而是独热向量，CBOW（式(8.1)）和 WCBOW（式(8.2)）会变为传统（加权）的词袋表示，和使用二值指示特征对应不同词的稀疏特征向量表示等价。

$$\text{CBOW}(f_1, \cdots, f_k) = \sum_{i=1}^{k}(\boldsymbol{f_i E}) = \left(\sum_{i=1}^{k} \boldsymbol{f_i}\right)\boldsymbol{E} \tag{8.4}$$

那么网络的输入可以看作独热向量的集合。尽管这非常优雅且具有明确的数学定义，一种高效的实现包括一个基于哈希的数据结构来将特征映射到它们对应的嵌入向量，不需要通过独热表示。

考虑一个接收传统稀疏表示作为输入向量的网络，并且不包含嵌入层，假设可获得的特征集合为 V，我们有 k 个特征 $f_1, \cdots, f_k$，$f_i \in V$，网络的输入为：

$$\boldsymbol{x} = \sum_{i=1}^{k} \boldsymbol{f_i} \qquad \boldsymbol{x} \in \mathbb{N}_{+}^{|V|} \tag{8.5}$$

网络的第一层（忽略非线性激活函数）为：

$$\boldsymbol{xW} + \boldsymbol{b} = \left(\sum_{i=1}^{k} \boldsymbol{f_i}\right)\boldsymbol{W} + \boldsymbol{b} \tag{8.6}$$

$$\boldsymbol{W} \in \mathbb{R}^{|V| \times d}, \quad \boldsymbol{b} \in \mathbb{R}^{d}$$

该层从 $\boldsymbol{W}$ 选择输入 $\boldsymbol{x}$ 中的特征对应的行并求和，然后加上一个偏置项，这和输出特征的 CBOW 表示的嵌入层非常相似，矩阵 $\boldsymbol{W}$ 作为嵌入矩阵。区别在于该层引入偏置项，并且嵌入层一般不经过非线性激活函数，而是直接传递到第一层。另一个区别是在这种情景下，每个特征必须接受一个单独的向量（$\boldsymbol{W}$ 中的行），而嵌入层则更加灵活，允许如"前一个词是 dog"和"后一个词是 dog"的特征来共享相同的向量。不过这些区别都很小并且很微妙，当遇到多层前馈神经网络时，稠密和稀疏输入之间的区别会比起初看起来的更小。

8.4　杂项

8.4.1　距离与位置特征

一个句子中两个词的线性距离可能作为一个提供信息的特征，比如在事件抽取任务[⊖]中，给定一个触发词和一个候选元素词，需要预测元素词是否为该触发词所代表的事件的一个元素。相似地，在共指消解任务中（如果前面有提及的实体，判断代词 he 或者 she 指代的具体内容），可能会给定一组代词和候选，预测它们是否为共指关系。触发词和元素之间的距离（或相对位置）对于这类预测任务是一个非常强的信号。在传统 NLP 情景下，通

⊖　事件抽取任务从预先定义好的事件类别中识别事件，如识别"购买"事件或"恐怖袭击"事件。每个事件类型可以被不同事件触发词（通常是动词）触发，并且有若干个槽（元素）需要填充（如谁进行购买？购买什么物品？买了多少？）。

常将距离分配到若干组(如1，2，3，4，5—10，10+)中，并且为每一组赋予一个 one-hot 向量。在神经网络框架中，输入不是由二值指示特征组成，看上去为距离特征分配一个单独入口很自然，入口的数值即为距离值，然而实际上并没有采用这种方式，反而将距离特征采用与其他特征类型相似的方式编码：每一组关联到一个 d 维向量，这些距离嵌入向量作为网络参数进行训练[dos Santos et al.，2015，Nguyen and Grishman，2015，Zeng et al.，2014，Zhu et al.，2015a]。

8.4.2 补齐、未登录词和词丢弃

补齐 有时你的特征抽取器会寻找一些不存在的东西，比如从句法树中抽取特征时，可能需要找到一个词的最左依存结点，但可能有的词左侧没有任何依存结点。或者你可能抽取当前词右侧的一些词，但当前词却在序列的末端，距当前词右侧两个位置已经越过序列边界。这种情况下该怎么处理呢？当使用词袋特征方法(如相加)时，可以直接忽略。当使用拼接方法时，可以用零向量进行填充。这两种方法从技术角度看没有问题，但对于某些问题来说可能只是次优解，也许知道左侧没有修饰成分是有益的。推荐的做法是添加一个特殊符号(补齐符号)到嵌入词表中，并且在上述情况中使用相应的补齐向量。根据要处理的问题不同，在不同情况下可能会使用不同的补齐向量(比如左侧修饰缺失向量与右侧修饰缺失向量不同)。这样的补齐对预测的准确性是很重要的，并且非常常用。但在很多的研究论文中并没有阐明补齐的使用，或者快速地搪塞过去。

未登录词 另外一种特征向量缺失的情况是词表外的条目，在抽取左侧词时，观测到的词是变化的，但是这个词不是训练时词表中的一部分，所以没有对应的嵌入向量。这与补齐不同，因为条目是存在的，但是却无法进行映射。解决方法是相似的，保留一个特殊符号 UNK 表示未知记号来应对这种情况。同样对于不同的词表可能会使用不同的未知符号，但不管怎样，都不建议共享补齐和未登录向量，因为它们代表两种不同的情况。

词签名 处理未登录词的另一种技术是将词的形式回退到词签名。使用 UNK 符号表示未登录词是将所有未登陆词回退到同样的签名，但是根据要解决的问题的不同，可能使用更加细粒度的策略，比如用* —ing* 符号代替以 ing 结尾的未登录词，以* —ed* 符号代替以 ed 结尾的未登录词，以* un—* 代替以 un 开头的未登录词，用* NUM* 符号代替所有数字等。映射列表是手工构建的，以反映回退模式。这种方法实际中很常用，但很少在深度学习论文中阐明。另外也有让模型自动学习回退行为的方法，不需要人工定义回退模式(参见 10.5.5 关于子词单元讨论的部分)，但多数情况下这种做法有些过头，而且硬编码模式同样有效并且计算效率更高。

词丢弃 为未登录词保留一个特殊的嵌入向量并不够，如果训练集中的所有特征都有对应的嵌入向量，未登录词的情况在训练时便不会出现：未登录词向量便不会被更新，模型也不会学到如何处理遇到未登录词的情况，这与在测试时用一个随机向量表示未登录词等价，模型需要在训练时学习处理未登录词。一种方法是用未登录符号替换训练集中所有或部分低频特征(比如在预处理时用 * unknown * 替换频率低于一定阈值的词)。这是一种可行的方案，但缺点是会丢失一些训练数据，被替换的低频词不会接收任何反馈信号。更好的方案是使用词丢弃：在训练集中抽取特征时，用未登录符号随机替换单词。这种替换应基于词频：低频词相较高频词更可能被未登录符号代替。随机替换应在运行时决定，曾经被丢弃的词在下次出现时(比如说在训练数据的不同迭代间)不一定会再次被丢弃。目前没有确定的公式来决定丢弃的比率，我们组的工作使用 $\frac{\alpha}{\#(w)+\alpha}$ 作为比率，其中 α 是用于控制丢弃激进程度的参数。

使用词丢弃进行正则化 除了更好地适应未登录词之外，词丢弃可能也会有助于避免过拟合和通过让模型不过分依赖任何当前词来提高鲁棒性[Iyyer et al. , 2015]。当采用这种方式时，词丢弃应同样频繁地应用于高频词。事实上，Iyyer 等[2015]建议使用概率为 p 的伯努利实验来进行词丢弃，而不考虑词频。当词丢弃被用作正则化方法时，在某些情况下你可能不希望用未登录符号来代替丢弃的词，比如使用词袋模型来表示一篇文档，并且超过四分之一的词被丢弃，使用未登录词符号代替丢弃词得到的特征表示不太可能在测试时出现，因为未登录词不太可能这么集中地出现。

8.4.3 特征组合

对于神经网络来说，特征抽取阶段只抽取核心特征。对照传统的基于线性模型的 NLP 系统，特征设计者不仅需要人工指定感兴趣的核心特征，同时要指定特征间的交互(如除引入"词为 X"，"词性为 Y"的特征外，还有组合特征表示"词为 X 并且词性为 Y"，甚至"词为 X，词性为 Y 且前一词为 Z")。组合特征在线性模型中非常关键，因为会引入更多的维度到输入中，将输入转换到更加线性可分的空间中。另一方面，可能的组合空间非常大，特征设计者必须花费很多时间来设计出一组有效的特征组合，非线性神经网络模型的一个优势是人们只需要定义核心特征，由神经网络结构定义的非线性分类器被期望去寻找具有指示性的特征组合，减轻对特征组合工程的需求。

如在 3.3 节中讨论过的，核方法[Shawe-Taylor and Cristianini, 2004]或具体的多项式核[Kudo and Matsumoto, 2003]也允许特征设计者只指定核心特征，将特征组合留给学习算法。与神经网络模型相比，核方法是凸的，确保优化问题有具体解，但是核方法的分类计算复杂度随训练数据规模线性增加，使得在实际用途中速度过慢，并且不适合在大规模数据上进行训练。另一方面，神经网络的分类计算复杂度随网络规模线性增加，与训练数据大小无关⊖。

8.4.4　向量共享

假如你有若干共享相同词表的特征，如进行词性标注时，我们可能有一组建模前一词的特征集合和建模后一词的特征集合，当构建分类器的输入时，我们会将前一词的向量表示和后一词的向量表示进行拼接，然后分类器便能够区分两个不同的指示器并进行区别对待。但是两个特征应该共享相同的变量吗？dog 作为前一词时的向量应该与 dog 作为后一词时的向量相同吗？或者我们应该赋予它们两个不同的向量？这个（基本上）还是一个经验问题，如果你认为同一词出现在不同位置时具有不同的含义（如词 X 出现在之前位置时与词 Y 具有相似的含义，但 X 在下一个位置时却与 Z 含义相近），那么使用两个不同的词表并且为每个特征类型赋予一组不同的向量会更好一些。但是如果你觉得单词在两个位置时的含义很接近，那么对于不同的特征类型使用共享的词表也许会带来额外的收益。

8.4.5　维度

我们应该为每个特征分配多少维？遗憾的是，没有理论界限甚至确定的最佳事件来回答这个问题。但维度显然应随类别的数量增加而增长（相比词性嵌入的维度，你可能想要赋予词嵌入更高的维度），但是多少维才足够呢？在目前的研究中，词嵌入向量的维度可以在 50 到几百之间，在某些极端的情况下可能达到上千维。既然向量的维度直接影响内存需求和处理时间，经验方法是对几个不同大小的维度进行实验，然后在速度和任务准确性之间取得一个良好的平衡。

8.4.6　嵌入的词表

为每一个词赋予一个嵌入矩阵是什么意思呢？我们显然不能为所有词建立关联，需要限制在一个确定的词表范围内。这个词表通常是基于训练集的，或者使用用于训练预训练嵌入的训练集的词表。建议在词表中加入一个选定的 UNK 符号，为不在词表中的所有词

⊖　当然，在训练时仍需要在整个数据集上进行训练，有时需要重复多次训练，这导致训练时间随数据规模线性增加。但是，在训练或测试时，每个样本的处理只需固定时间（对于给定的网络），而核分类器中，每个样例的处理时间随数据规模线性增加。

赋予一个特殊的向量。

8.4.7 网络的输出

对于具有 k 个类别的多分类问题，网络的输出是一个 k 维向量，每一维表示一个输出类别的强度。与传统的线性模型一样，输出仍然为离散集合的标量打分。但是如我们在第 4 章中见到的，一个 $d \times k$ 维矩阵被关联到输出层，这个矩阵的列可以被当作输出类别的 d 维嵌入，k 个类别的向量表示之间的相似性指示了模型学到的输出类别间的相似性。

历史注记　Bengio 等[2003]关于神经语言模型的工作使通过稠密向量表示词并作为神经网络输入的方法变得流行起来，这种方法由 Collobert、Weston 及同事[Collobert and Weston，2008，Collobert et al.，2011][⊖]的开创性工作引入 NLP 任务中。使用嵌入进行表示不局限于词，Chen 和 Manning[2014]使得这种方法应用于任意特征变得流行。

8.5　例子：词性标注

词性标注任务(7.4 节)是对于一个包含 n 个词(w_1，w_2，$\cdots$，w_n)的句子和一个词位置 i，需要预测 w_i 的标签。假设我们从左到右地对词进行标注，可以看到之前词的预测标签 $\hat{p}_1$，$\cdots$，$\hat{p}_{i-1}$，具体的核心特征在 7.4 节给出，我们在这里讨论如何将它们编码为输入向量。我们需要一个特征函数 $x = \varphi(s, i)$，以由词组成的句子、之前的标注结果和位置 i 作为输入，返回一个特征向量 x，假设函数 $suf(w, k)$ 返回单词 w 的 k 个字母后缀，函数 $pref(w, k)$ 相似地返回前缀。

我们以三个布尔问题开始：单词是否为大写，单词是否包含连字符，单词是否包含数字。最自然的编码方式是为每一个特征关联一维，如果词 w_i 符合条件则值为 1，否则为 0 [⊖]，将这些信息放入与第 i 个词相关的三维向量 c_i 中。

下面我们需要对窗口中不同位置的词、前缀、后缀和词性标签编码，为每个词 w_i 关联一个嵌入向量 $v_w(w_i) \in \mathbb{R}^{d_w}$。相似地，为 2 字母后缀 $suf(w_i, 2)$ 关联嵌入向量 $v_s(suf(w_i, 2))$，为 3 字母后缀 $suf(w_i, 3)$ 关联嵌入向量 $v_s(suf(w_i, 3))$，$v_s(\cdot) \in \mathbb{R}^{d_s}$。用 $v_p(\cdot) \in \mathbb{R}^{d_p}$ 以同样方式处理前缀。最后每个词性标签得到一个嵌入 $v_t(p_i) \in \mathbb{R}^{d_t}$。每个

⊖　Bengio、Collobert、Weston 和同事们的工作使这些方法流行开来，但他们并不是最先使用这些方法的人。更早的使用稠密连续空间向量来表示词并作为神经网络输入的工作有 Lee 等[1992]以及 Forcada 和 Ñeco [1997]。相似地，连续空间语言模型已经被 Schwenk 等[2006]应用到机器翻译上。

⊖　不符合条件时赋予值−1 也是可行的方案。

位置 i 被关联到一个包含相关词信息的向量 v_i（词形，前缀，后缀，布尔特征）：

$$v_i = \left[c_i; v_w(w_i); v_s(suf(w_i, 2)); v_s(suf(w_i, 3)); v_p(pref(w_i, 2)); v_p(pref(w_i, 3))\right]$$

$$v_i \in \mathbb{R}^{3+d_w+2d_s+2d_p}$$

我们的输入向量 x 通过如下向量的拼接得到：

$$x = \phi(s, i) = \left[v_{i-2}; v_{i-1}; v_i; v_{i+1}; v_{i+2}; v_t(p_{i-1}); v_t(p_{i-2})\right]$$

$$x \in \mathbb{R}^{5(3+d_w+2d_s+2d_p)+2d_t}$$

讨论   注意每个位置的词共享相同的嵌入向量，在创建 v_i 和 v_{i-1} 时我们从相同的嵌入表中进行读取，向量 v_i 不包含相对位置信息。但是通过向量拼接，通过每个 v 在向量 x 中的相对位置编码位置信息，这就允许我们共享不同位置词之间的信息（词 dog 的向量在词出现在相对位置 -2 和相对位置 $+1$ 时均被更新），但出现在不同的相对位置时会被模型区别对待，因为会与网络中第一层矩阵的不同部分相乘。

一种替代方法是将每一个单词-位置对与它的词嵌入关联起来，我们将会有 5 个词嵌入表 v_{w-2}、v_{w-1}、v_{w0}、v_{w+1} 和 v_{w+2}，而不是单独的一个表 v_w，对于每个相关的词的位置都使用一个合适的嵌入表。这种方法基本上会增加模型中参数的数目（我们需要学习 5 倍的词嵌入向量），也不会允许不同的词之间的共享。在计算资源方面也会更加浪费，因为在之前的方法中我们计算一次句子中的每个词的向量 v_i，然后当查找不同的位置 i 时复用它们。然而，在替代方法中，对于我们查找的每个位置 i 的向量 v_i 需要重复计算。最终，使用预训练的词向量可能变得很困难，因为预训练的词向量没有相关的位置信息。然而，如果我们需要，该替代方法允许我们将每个词的位置看成完全独立于其他词的位置。⊖

另一个需要考虑的要点是字母大写。Dog 和 dog 应该获得不同的词嵌入吗？尽管对于词性标注来说大写是一个非常重要的线索，在我们的实例中词 w_i 的大写状态已经编码在布尔特征 c_i 中。因此在创建或查询词嵌入表之前建议小写化词表中的所有词。

最终，前缀-2 和前缀-3 特征是相互冗余的（一个包含另一个），后缀也有类似情形。我们真的同时需要二者吗？我们可以让它们共享信息吗？实际上，我们可以使用字母嵌入来代替后缀嵌入，使用一个由单词结尾的 3 个字母拼接而成的向量代替 2 个后缀嵌入。在16.2.1 节，我们将会看到一种替代方法，该方法使用字符级循环神经网络（RNN）来获取前缀、后缀和各种其他词形的特性。

⊖   值得注意的是，在数学上，即使这最后一个优势并不是真正的优势——当用作神经网络的输入时，使用位置为 -1 时第一层可以潜在地使用词嵌入的某些维度，而使用不同的维度，当被用于位置 $+2$ 时，这种方法能够像其他替代方法一样达到同样的分割效果。因此，至少在理论上，原始方法与替代方法表现一样。

8.6 例子：弧分解分析

在弧分解分析任务中(7.7 节)，给定由 n 个词组成的句子 $w_{1:n}$，及其词性 $p_{1:n}$，需要我们去预测句法树。这里，我们着眼于给词 w_h 和词 w_m 之间一个单独的决策进行打分的特征，其中 w_h 是候选头词，w_m 是候选修饰词。

7.7 节中给出了一系列具体的核心特征，这里我们主要讨论将它们作为一个输入向量进行编码。我们定义了一个特征函数 $x = \varphi(h, m, sent)$ 来获取一个句子，它由单词、词性、头词(h)与修饰词(m)的位置等组成。

首先，我们需要考虑头词、它的词性以及头词周围大小为 5 的窗口中的单词和词性（一边 2 个词）。我们将词表中的每个词 w 对应于一个词嵌入向量 $v_w(w) \in \mathbb{R}^{d_w}$，类似地，我们将每个词性标签 p 对应于一个词嵌入向量 $v_t(p) \in \mathbb{R}^{d_t}$。我们定义一个词在第 i 个位置的向量表示为 $v_i = [v_w(w_i); v_t(p_i)] \in \mathbb{R}^{d_w+d_t}$，由词向量与词性向量拼接而得到。

之后，我们使用 h 来代表头词，用 m 来表示修饰词：

$$h = [v_{h-2}; v_{h-1}; v_h; v_{h+1}; v_{h+2}]$$
$$m = [v_{m-2}; v_{m-1}; v_m; v_{m+1}; v_{m+2}]$$

这需要我们考虑第一块特征中的元素。注意到，类似于词性标注的特征，这种编码关注每个上下文单词的位置。如果不考虑位置，我们可以使用 $h' = [v_h; (v_{h-2} + v_{h-1} + v_{h+1} + v_{h+2})]$ 来表示头词。这将所有上下文的单词放到一个词袋中，损失了词语的位置信息。但是，将中心词与上下文拼接起来，仍然保留了它们的区别。

接下来转向距离和方向特征。尽管我们可以指派一个单独的数值型维度来代表距离，更常见的方法是将距离分到 k 个离散的箱中（例如 1，2，3，4—7，8—10，11＋），每个箱都用一个 d_d 维的词嵌入表示。方向是一个布尔型特征，我们可以用它自身的维度来表示方向⊖。我们将分箱的距离向量与布尔型的方向特征拼接起来得到向量 d。

最终，我们需要表示头词与修饰词以及它们的词性标签。它们的数目是没有限制的，而且在不同实例中也有所变化，因此我们不能使用拼接连接。幸运的是，我们不关心介于中间项的相对位置，因此可以使用词袋模型编码。具体来讲，我们用一个向量 c 来表示上下文单词，c 定义为词与词性向量的平均值：

⊖ 虽然维度的编码非常自然，Pei 等[2015]在他们的解析器中使用了一种不同的方法。也许受距离信息重要性的启发，他们选择不将它标记为输入特征，而是使用两个不同的打分函数，一个用于计算从左到右的弧，另一个用于计算从右到左的弧。这种方法强化了方向信息，然而也增加了模型中的参数数目。

$$c = \sum_{i=h}^{m} v_i$$

注意到，这个求和可能获取到头词与修饰词之间元素的个数，使得距离特征变得冗余。

我们最终的决策的表示可以用来打分，x 的编码可通过不同元素的拼接得到。

$$x = \varphi(h, m, sent) = [h; m; c; d]$$

其中，

$$v_i = [v_w(w_i); v_t(p_i)]$$

$$h = [v_{h-2}; v_{h-1}; v_h; v_{h+1}; v_{h+2}]$$

$$m = [v_{m-2}; v_{m-1}; v_m; v_{m+1}; v_{m+2}]$$

$$c = \sum_{i=h}^{m} v_i$$

$$d = 分箱的距离嵌入；方向指标$$

需要注意的是，我们如何使用简单拼接把基于窗口的位置特征与词袋特征合并起来。位于 x 顶层的神经网络可以推断不同窗口中的元素的特征组合和转移，其与处理词袋表示中的不同元素是一样的。创建 x 的表示的过程——词嵌入表、词性标签和分箱的距离，以及不同的拼接与求和，也是神经网络的一部分。这体现在计算图的构建过程中，参数和网络一起训练。

特征网络的创建甚至会更加复杂。例如，如果我们相信词与它的词性的交互以及在上下文窗口内的交互比不同实体元素之间的交互更重要，我们可以通过进一步创建特征编码过程中的非线性变换来反映该事实，用 $v'_i = g(v_i W^v + b^v)$ 来代替 v_i，用 $h' = g([v'_{h-2}; v'_{h-1}; v'_h; v'_{h+1}; v'_{h+2}] W^h + b^h)$ 来代替 h，设置 $x = [h'; m'; c; d]$。

语言模型

9.1 语言模型任务

语言模型是给一个句子分配概率的任务(看到"The lazy dog barked loudly"这个句子的概率是多大呢?)。除了给每个词序列分配概率,语言模型也对给定单词(或一个词序列)在一个词序列之后的可能性分配概率(单词"barked"在已见序列"the lazy dog"之后的概率是多大)。⊖

语言模型任务的完美表现是预测序列中的下一个单词具有与人类参与者所需的相同或更低的猜测数目,这是人类智能的体现⊖,并且不太可能在不久的将来被实现。即使没有获得人类级别的水平,语言模型在现实世界中的应用中也是一个决定性的组件。例如机器翻译和自动语音识别,其中系统会产生一些翻译或转写,之后将通过语言模型进行打分。出于这些原因,语言模型在自然语言处理、人工智能、机器学习研究中扮演了主要角色。

正式来讲,语言模型就是给任何词序列 $w_{1:n}$ 分配一个概率,也就是 $P(w_{1:n})$。通过概率的链式法则可以写成如下形式:

$$P(w_{1:n}) = P(w_1)P(w_2 \mid w_1)P(w_3 \mid w_{1:2})P(w_4 \mid w_{1:3})\cdots P(w_n \mid w_{1:n-1}) \quad (9.1)$$

这是一系列的词预测任务,其中预测的每个词都取决于其前面的词。当建模一个单词时,基于它的前文建模一个词比分配给整个句子一个概率值更加容易处理,公式中的最后一项取决于前 $n-1$ 个词,这使得建模整个句子变得十分困难。由于这个原因,语言模型

⊖ 我们注意到,分配一个词在一个序列之后的概率 $p(w_i \mid w_1, w_2, \cdots, w_{i-1})$ 与给任意词序列分配概率 $p(w_1, w_2, \cdots, w_k)$ 的能力是等价的,因为一个可以导出另一个。假设我们建模序列概率,那么一个词的条件概率可以写成两个序列的概率的分数:

$$p(w_i \mid w_1, w_2, \cdots, w_{i-1}) = \frac{p(w_1, w_2, \cdots, w_{i-1}, w_i)}{p(w_1, w_2, \cdots, w_{i-1})}$$

另外,如果可以建模一个词在一个序列之后的条件概率,我们可以通过链式法则将序列概率写成条件概率乘积的形式:

$$p(w_1, \cdots, w_k) = p(w_1 \mid \langle s \rangle) \times p(w_2 \mid \langle s \rangle, w_1) \times p(w_3 \mid \langle s \rangle, w_1, w_2) \times \cdots \times p(w_k \mid \langle s \rangle, w_1, \cdots, w_{k-1})$$

其中的 $\langle s \rangle$ 是一个代表序列开始的特殊符号。

⊖ 事实上,任何问题都可以作为下一个字的猜测任务,例如,the answer to question x is _____。即使不考虑这种病态的例子,预测文本中下一个词也需要语言中句法和语义规则的知识以及世界上海量的知识。

使用马尔可夫假设(Markov-Assumption)，该假设规定未来的状态和现在给定的状态是无关的。形式上，一个 k 阶马尔可夫假设假设序列中下一个词只依赖于其前 k 个词：

$$P(w_{i+1} \mid w_{1,i}) \approx P(w_{i+1} \mid w_{i-k,i})$$

句子概率的估计就变成

$$P(w_{1,n}) \approx \prod_{i=1}^{n} P(w_i \mid w_{i-k,i-1}) \tag{9.2}$$

其中 w_{-k+1}，$\cdots$，w_0 被定义为特殊的补齐符号。

我们接下来的任务就是根据给定的大量文本准确地估算出 $P(w_{i+1} \mid w_{i-k,i})$。

尽管 k 阶马尔可夫假设对于任意 k 都明显错误(句子可以具有任意长度的依赖性，作为一个简单的例子，考虑句子的第一个单词与最后一个单词之间的强烈依赖关系是什么?)，这导致强大的语言建模结果依旧使用相对小的数值 k，这也是数十年来语言模型的主导方法。这一章讨论了 k 阶语言模型。在第 14 章，我们讨论了未使用马尔可夫假设的语言建模技术。

9.2 语言模型评估：困惑度

有几种评价语言建模的度量。以应用为中心的度量方法通过在更高级别的任务中的性能来进行评价。例如，当将翻译系统中的语言模型组件从 A 替换为 B 后，测量翻译质量提高的程度。

一个更直观的评估语言模型的方法是对于未见的句子使用困惑度(perplexity)。困惑度是一种信息论测度，用来测量一个概率模型预测样本的好坏，困惑度越低越好。给定一个包含 n 个词的文本语料 w_1，$\cdots$，w_n(n 可以数以百万计)和一个基于词语历史的用于为词语分配概率的语言模型函数 LM，LM 在这个语料的困惑度是：

$$2^{-\frac{1}{n}\sum_{i=1}^{n}\log_2 \mathrm{LM}(w_i \mid w_{1,i-1})}$$

好的语言模型(例如，可以反映真实语言的使用)将会为语料中的样例分配更高的概率，也会有更低的困惑度值。

困惑度度量是一个评价语言模型质量的良好指标⊖。困惑度是与语料有关的——两种语言模型只有在使用相同评价语料的情况下才可以比较困惑度。

⊖ 一个需要着重注意的是，困惑度分数的提高不会引起外在的、任务质量分数的提高。从这种意义上讲，困惑度度量适合对比不同语言模型，因为它有能力学会序列中的规律，但它不是一个很好的用于去评估语言理解或者语言处理任务的度量。

9.3　语言模型的传统方法

语言模型的传统方法假设 k 阶马尔可夫性质，$P(w_{i+1}=m \mid w_{1,i}) \approx P(w_{i+1}=m \mid w_{i-k,i})$。语言模型的任务是提供一个对 $\hat{p}(w_{i+1}=m \mid w_{i-k,i})$ 的良好估计。这个估计通常由语料统计得到。让 $\sharp(w_{i,j})$ 代表 $w_{i,j}$ 在语料中出现的数目。$\hat{p}(w_{i+1}=m \mid w_{i-k,i})$ 的最大似然估计（MLE）是：

$$\hat{p}_{\mathrm{MLE}}(w_{i+1}=m \mid w_{i-k,i}) = \frac{\sharp(w_{i-k,i+1})}{\sharp(w_{i-k,i})}$$

尽管这个方法有效，但是它有一大不足：如果序列 $w_{i-k,i+1}$ 从未在语料中观察到（即 $\sharp(w_{i-k,i+1})=0$），模型分配的概率也会是 0，这就会因为计算句子概率时的乘法属性从而导致整个语料的 0-概率分配。0 概率会造成非常大的困惑度，这是一种很糟糕的情况。0 概率事件很普遍：一个只考虑前 2 个词的三元文法语言模型，10 000 词的词表（非常小）。我们将有 $10\,000^3=10^{12}$ 种可能的三个连续的词的序列，很明显它们中的许多不会在语料中被观测到，例如 10^{10} 个。虽然很多情况并没有出现，因为它们没有意义，但是许多有意义的其他情况也没有出现在语料中。

一种避免 0-概率事件的方法是使用平滑技术，确保为每个可能的情况都分配一个概率（可能非常小）。最简单的一种方法是添加平滑技术，也叫作加 add-α 平滑[Chen and Gooodman，1999，Goodman，2001，Lidstone，1920]. 它假设每个事件除了语料中观测的情况外，至少还发生 α 次。这个估计就变成了：

$$\hat{p}_{\mathrm{add}-\alpha}(w_{i+1}=m \mid w_{i-k,i} = \frac{\sharp(w_{i-k,i+1})+\alpha}{\sharp(w_{i-k,i})+\alpha \mid V \mid}$$

其中，$\mid V \mid$ 是词表大小，$0<\alpha\leqslant 1.$ 此外还有很多更复杂的平滑技术。

另外一类流行的方法是使用退避（back-off）：如果没有观测到 k 元文法，那么就基于 $(k-1)$ 元文法计算一个估计值。这类方法中的代表性例子是贾里尼克插值平滑（Jelinek Mercer interpolated smoothing）[Chen and Goodman，1999，Jelinek and Mercer，1980]：

$$\hat{p}_{\mathrm{int}}(w_{i+1}=m \mid w_{i-k,i}) = \lambda_{w_{i-k,i}} \frac{\sharp(w_{i-k,i+1})}{\sharp(w_{i-k,i})} + (1-\lambda_{w_{i-k,i}}) \, \hat{p}_{\mathrm{int}}(w_{i+1}=m \mid w_{i-(k-1),i})$$

为了优化性能，$\lambda_{w_{i-k,i}}$ 应该依赖于 $w_{i-k,i}$ 的上下文：对待稀疏上下文的处理应该与处理频繁上下文不同。

当前最佳的非神经网络语言模型技术使用了改进的 Knerser Ney 平滑技术[Chen and Goodman，1996]，这是 Knerser 和 Ney 提出的平滑技术的变种。详情可见 Chen 和 Goodman[1996]以及 Goodman[2001]。

9.3.1　延伸阅读

语言模型是一个很大的话题，已经研究了数十年。可以从 Michael Collins 的上课笔记中找到这个任务的很好的正式描述和困惑度背后的动机[⊖]。平滑技术的良好概述和经验评估可以在 Chen 和 Goodman[1999]以及 Goodman[2001]的工作中找到。另外，可以在 Mikolov 博士论文（Mikolov[2012]）中的背景章节找到传统语言模型技术的综述。对于最前沿非神经网络语言模型的介绍可以查看 Pelemans 等[2016]。

9.3.2　传统语言模型的限制

基于最大似然估计（MLE）的语言模型很容易训练，可扩展到大规模语料，实际应用中表现良好。然而，它有几个重要的缺点。

平滑技术错综复杂而且需要回退到低阶。它需要假设一个固定的必须人工设计的退避规则，这使得它对于特定上下文很难增加"创造性"（例如，如果想要基于前 k 个词并且基于文本类型设置条件，退避法是应该首先抛弃前第 k 个词还是类型变量?）。退避法的序列本质也使得它无法面向更大的 n 元文法以便获取更长距离的依赖关系：为了获取一个词和其前面 10 个词的依赖关系，需要在文本中观察到一个相关的 11 元文法。实际上，这种情况很少发生，并且这种模型放弃了长历史。一种更好的观点是从插入词进行回退，例如，允许 n 元文法中有一些"洞"。然而，在保留合适的生成概率框架时，这些变得难以定义。[⊖]

将基于最大似然估计的语言模型应用于一个规模更大的 n 元文法是一个固有的问题。自然语言的本质和词表中大量的词意味着统计 n 元文法将变得稀疏。词表 V 上可能的 n 元文法的数目是 $|V|^n$：语言模型阶数增加 1 将会导致数目增加 $|V|$ 折。尽管不是所有理论上的 n 元文法都有效或出现于文本中，但随着 n 元文法大小增加 1，语料中观察到的事件至少会倍增。这使得这种方法很难在更大的上下文条件语境中有效。

最终，基于最大似然估计的语言模型缺乏对上下文的泛化。观察到 black car（黑汽车）和 blue car（蓝汽车）并不会影响我们估计出现 red car（红汽车）的概率，如果我们之前没有观测到它。[⊜]

⊖　http：//www.cs.columbia.edu/~mcollins/lm-spring2013.pdf。
⊖　尽管看到一系列在语言模型（例如，A. Bilmes 和 Kirchhoff[2003]）和在最大熵对数线性语言模型的工作，该工作开始于 Rosenfeld[1996]，以及最新的工作 Pelemans 等[2016]。
⊜　基于类的语言模型[Brown et al.，1992]试图通过分布式算法进行词聚类来解决这个问题，以导出词类代替或作为单词的附属成为条件。

9.4 神经语言模型

非线性神经网络语言模型可以解决一些传统语言模型中的问题：它可以在增加上下文规模的同时参数仅呈线性增长，缓解了手工设计退避规则的需要，支持不同上下文的泛化性能。

本节介绍的这种形式的模型由 Bengio 等[2003]推广。

神经网络的输入是 k 元文法 $w_{1:k}$，输出是下一个词的概率分布。k 个上下文词 $w_{1:k}$ 被当作一个单词窗口：每个词 w 和词嵌入 $v(w) \in \mathbb{R}^{d_w}$ 对应，输入向量 x 是 k 个词的串联拼接。

$$x = [v(w_1); v(w_2); \cdots; v(w_k)]$$

输入的 x 之后被传给一个拥有一个或多个隐层的多层感知器（MLP）：

$$\hat{y} = P(w_i \mid w_{1,k}) = \text{LM}(w_{1,k}) = \text{softmax}(hW^2 + b^2)$$
$$h = g(xW^1 + b^1)$$
$$x = [v(w_1); v(w_2); \cdots; v(w_k)]$$
$$v(w) = E_{[w]}$$

(9.3)

V 是一个有限的词表，包括针对未登录单词的唯一标识 UNK，句子开头的补齐符号 ⟨s⟩，以及序列结尾的标识 ⟨/s⟩。词表的大小 | V | 在 10 000 到 1 000 000 词之间，常见规模大概在 70 000 左右。

训练 训练样本是语料中的 k 元文法，其中的前 $k-1$ 个词被用作特征，最后一个单词被用作分类的目标标签。概念上，模型使用交叉熵损失函数训练。使用交叉熵损失函数效果很好，但需要使用昂贵的 softmax 操作，这对于非常大的词表可能是难以承受的，可以使用替代的损失函数或近似方法（见下文）。

内存和计算效率 k 个输入单词中的每个单词都为 x 添加了 d_w 维，从 k 个词变到 $k+1$ 个词将会增加权重矩阵 W^1 的维度，维度从 $k \cdot d_w \times d_{\text{hid}}$ 增加到了 $(k+1) \cdot d_w \times d_{\text{hid}}$，和基于统计的传统方法的多项式增加相比，这在参数数量上是很小的线性增加，可能是因为特征组合在隐层中计算。增加 k 的阶数将会提高 d_{hid} 的维度，但是相比于传统方法参数数目仅仅需要些许增加。增加额外的非线性层可以获取更复杂的交互信息，而且计算上代价也相对"便宜"。

 一种相似的模型早在 1988 年由 Nakamura 和 Shikano 提出，他们的工作是使用神经网络进行词类预测。

词表中的每个词都对应于一个 d_w 维度的向量（$\boldsymbol{E}$ 中的一列）和一个 d_hid 维度的向量（$\boldsymbol{W}^2$ 中的一行）。因此，一个新的词表项将会导致参数的数目线性增加，比传统方法要好很多。然而，尽管输入词表（矩阵 $\boldsymbol{E}$）仅需要查表操作，而且词表的增大也不会影响计算速度，但是输出词表将极大地影响计算时间：输出层的 softmax 函数需要与矩阵 $\boldsymbol{W}^2 \in \mathbb{R}^{d_\text{hid} \times |V|}$ 进行高昂的矩阵-向量乘法，接着是 $|V|$ 阶幂运算。这个运算控制了执行时间，也使得基于大规模词典的语言模型变得不可行。

大规模输出空间　使用具有大规模输出空间的神经概率语言模型（即有效地在整个词表上计算 softmax）在训练时间和测试时间上都是不可行的。高效处理大规模输出空间是一个有意义的研究课题。现有的一些解决方案如下。

层次化 softmax[Morin and Benjio，2005]允许计算 $O(\log|V|)$ 中单个词的概率而不是 $O(|V|)$。这可以通过将 softmax 的计算构建成遍历树的形式得到，每个词的概率作为树的枝干被选择的乘积。如果有人对单个单词的概率感兴趣（而不是获得所有词的分布），这种方法在训练和测试时间上都有优势。

自归一化方法，例如噪声对比估计（NCE）[Mnih and Teh，2012，Vaswani et al.，2013]或者在训练目标中增加归一化项[Devlin et al.，2014]。NCE 方法通过使用一系列二分类问题替换交叉熵目标函数提升了训练时间效率，需要评估对于 k 个随机词而不是整个词表的分配数值。这种方法也通过将模型推向产生"近似归一化"指数得分来提高测试时间的预测，使模型得分为一个单词出现概率的良好替代。Devlin 等[2014]的正则化项类似地提高了测试时间的效率，通过给训练目标增加了一项使得指数模型分数的和为 1，这样一来在测试阶段显式地求和变得不必要（这种方法没有提高训练时间效率）。随机方法在词表的一个小子集上近似估计了 softmax 的训练时间[Jean 等 2015]。

一个不错的综述和将这些方法与其他处理大输出词表的技术的对比可以参见 Chen 等[2016]。

另一类独立的工作是尝试使用字符级来回避问题，而不是词语级。

期望特性　如果把使用大规模输出词表导致的高昂代价放一边，模型还是有一些有吸引力的特性。相比于最佳的传统语言模型，例如 Knerser-Ney 平滑模型，这种方法获得了更好的困惑度，且扩展到更高阶的语言模型也变得更加可能。这能够实现是因为参数只和个别的词有关，而不是 k 元文法。此外，不同位置的单词共享参数，使得它们共享统计的优势。模型的隐层负责寻找信息词的组合，至少在理论上，可以学习到 k 元文法子集中有用的词：如果有必要的话，它可以学习一个小的后备 k 元文法，类似于传统语言模型采用一种上下文相关的方式。这种模型也可以学习到 skip-gram，也就是对于一些组合，模型

应该关注词 1、2、5，跳过 3、4 号词语。⊖

除了 k 元文法阶数的灵活性，模型另一个有吸引力的特性是，有能力跨越上下文去泛化。例如，在相似的上下文中观测到词语 blue(蓝色)、green(绿色)、red(红色)、black(黑色)等，模型会给 green car(绿色的车)分配一个合理的数值，尽管它可能没有在语料中观察到，但是因为观测到了 blue car(蓝色的车)和 red car(红色的车)。

这些特性的组合——只考虑条件上下文的一部分和生成未见上下文的的灵活性，以及内存与计算方面仅线性依赖于有影响的上下文规模，这些使得调节上下文的大小变得非常容易，不会因数据稀疏和计算效率而受损。

神经语言模型可以轻松融入较大而灵活的条件上下文并允许对上下文自由定义。例如，Devlin 等[2014]提出了一种机器翻译模型，其中下一个词的概率由已经生成的前 k 个词和在源语言中的 m 个词所决定，这 m 个词在翻译中的位置是给定的。这允许模型对特定主题的术语和源语言中的多词表达更加敏感，它实际上很大地提高了翻译成绩。

局限　这里提出的神经语言模型有以下局限：预测上下文中一个词的概率比使用传统语言模型代价更高，使用大规模词典和训练语料也变得难以接受。然而，它们确实更好地利用了数据，而且甚至能在相对较小的训练集上取得很有竞争力的困惑度。

相比于 Kneser-Ney 平滑语言模型，当神经语言模型应用于机器翻译系统，它不是总会提升翻译质量。然而，当传统语言模型与神经语言模型结合时，翻译质量确实会提高。模型之间似乎在互相补充：神经语言模型对于未见的事件泛化性能更好，但是有时这种泛化会损失性能，而刚性的传统方法会更好一些。举个例子，考虑到之前颜色例子的对立面：一个模型被用于给句子 red horse(红马)分配概率。传统模型将会给它一个很低的数值，因为即使有的话，它的观测数目可能也比较少。另一方面，一个神经语言模型可能已经看到了 brown horse(棕马)、black horse(黑马)和 white horse(白马)，也独立地学习到了 black(黑色)、white(白色)、brown(棕色)和 red(红色)出现在相似上下文中。这样的模型将会分配给 red horse(红马)一个更高的概率，这并不是我们期望的。

9.5　使用语言模型进行生成

语言模型也可以用于生成句子。在给定文本集合上训练语言模型之后，可以使用以下过程根据其概率从模型生成("抽样")随机句子：预测基于起始符号的第一个词的概率分

⊖　这样的 skip-gram 被用于探索非神经语言模型，参见 Pelemans 等[2016]和其中的参考文献。

布,并根据预测分布绘制一个随机词。然后,预测基于第一个词的第二个词的概率分布,如此预测后面的概率分布,直到预测到序列结束的符号⟨/s⟩。使用 $k=3$ 已经产生了非常可靠的文本,而且随着 k 的增加,质量也会提高。

当从一个使用这种方式进行训练的语言模型中进行解码(生成一个句子)的时候,可以在每个步骤中选择得分最高的预测(单词),或者根据预测分布随机采样出一个字。另一个选择是使用 beam search 来查找具有全局高概率的序列(在每个步骤均选择最高预测可能导致次优的总体概率,因为该过程可能"使自己陷入困境"从而导致后面是低概率事件的前缀。这被称作是标签偏置问题,Andor 等人[2016]和 Lafferty 等人[2001]有深入的讨论)。

从多项式分布抽样　一个具有 $|V|$ 个元素的多项式分布对于每一个 $0 < i \leqslant |V|$ 都有一个概率值 $p_i \geqslant 0$ 与之相关,使得 $\sum_{i=1}^{|V|} p_i = 1$。为了根据其概率从多项式分布中采样出一个随机项,可以使用以下算法:

---

1. $i \leftarrow 0$
2. $s \sim U[0,1]$
3. **while** $s \geqslant 0$ **do**
4. 　　$i \leftarrow i+1$　　　　　　　　　▷0 到 1 之间的均匀随机数
5. 　　$s \leftarrow s - p_i$
6. **return** i

这是一个朴素的算法,其计算复杂度在词汇大小上是线性的,即 $O(|V|)$。使用大量的词汇可能会导致速度很慢。使用对概率降序排序的峰值分布,平均时间将更快。alias 方法[Kronmal and Peterson,Jr.,1979]是从使用大词汇表的任意多项式分布中进行抽样的有效算法,在线性时间的预处理之后将可能在 $O(1)$ 时间内进行抽样。

9.6　副产品:词的表示

语言模型可以在原始文档上进行训练:对于训练一个 k 阶的语言模型来说,只需要从连续的文本中提取 $(k+1)$ 元组,然后将第 $(k+1)$ 个词看作是监督信号。如此,我们可以为它们创造几乎无限的训练数据。

考虑到矩阵 W^2 刚好出现在最后的 softmax 之前。矩阵中的每一列都是一个 d_{hid} 维的向量，这个向量与词表中的一项相关。在计算最后分数的时候，矩阵 W^2 中的每一列都会乘以文本表示 h，通过这种方式可以得到相关词项的分数。直观地，这应该导致在相似的上下文中出现具有相似向量的单词。根据分布假设，出现在相似语境中的词具有相似的含义，具有相似意义的词将具有相似的向量。可以对词嵌入矩阵 E 的行进行类似的论证。作为语言建模过程的副产品，我们还在矩阵 E 和 W^2 的行和列中学习有用的词表示。

在下一章中，我们将进一步探讨从原始文本中学习有用的词表示这一主题。

预训练的词表示

神经网络方法的一个主要组成部分是使用词嵌入——将每个特征表示为低维空间中的向量。但是这些向量来自哪里？本章对常见方法进行了调研。

10.1 随机初始化

当有足够的有监督训练数据可用时，可以将特征嵌入看作与其他模型参数相同：将词嵌入向量初始化为随机值，使用网络训练过程将它们调整为"好"的向量。

必须注意执行随机初始化的方式。高效 Word2Vec 实现[Mikolov et al.，2013，a]的方法是在 $\left[-\frac{1}{2d}, \frac{1}{2d}\right]$ 范围内均匀采样随机数字来初始化词向量，其中 d 是维度数。另外一个选项是使用 xavier 初始化(参见 5.2.2 节)，使用从 $\left[-\frac{\sqrt{6}}{\sqrt{d}}, \frac{\sqrt{6}}{\sqrt{d}}\right]$ 中均匀采样的值来初始化词向量。

在实践过程中，人们经常使用随机初始化方法来初始化常见特征的词嵌入向量，例如词性标签或单个字母，同时使用某种形式的有监督或无监督的预训练来初始化潜在的稀有特征，例如个别单词的特征。然后可以在网络训练过程中将预先训练的向量视为固定的，或者更常见的将它们看作像随机初始化的向量一样处理，并进一步调整到适用于当前的任务。

10.2 有监督的特定任务的预训练

如果我们对任务 A 感兴趣而只有数量有限的标注数据(例如句法解析)，但是对于一个辅助任务 B(比如词性标注)，我们有更多的标注数据，那么我们可能需要预训练词向量，以便它们作为任务 B 的预测器能够表现良好，然后使用经过训练的向量训练任务 A。在任务 A 中，我们可以将预先训练的向量视为固定的，或者在任务 A 中进一步调整它们。另一种选择是为两个目标共同训练，在第 20 章可以获得更多的细节。

10.3 无监督的预训练

常见的情况是，我们没有足够数量的注释数据的辅助任务（或者也许我们想帮助引导辅助任务训练更好的向量）。在这种情况下，我们诉诸"无监督"辅助任务，可以对大量未注释的文本进行训练。

训练词向量的技术本质上是有监督学习的技术，不是对我们关心的任务进行监督，而是从原始文本创建几乎无限数量的有监督训练实例，并希望我们创建的任务将匹配（或足够接近）我们关心的最终任务。[⊖]

无监督方法背后的关键思想是，人们希望"相似"词的词嵌入向量是相似的。虽然词的相似性很难定义，而且通常与任务相关，但目前的方法来源于分布假设[Harris，1954]，表明出现在相似的上下文中的词是相似的。不同的方法都创建了有监督的训练实例，其目标是从上下文预测词，或者根据词预测上下文。

在第 9 章的最后一节中，我们看到了语言模型如何将词向量作为训练的副产品。实际上，语言建模可以被视为一种"无监督"的方法，基于前 k 个词的上下文来预测词。历史上，Collobert 和 Weston[Collobert and Weston，2008，Collobert et al.，2011]的算法以及下面将要描述的 Word2Vec 算法家族[Mikolov et al.，2013b，a]都受到了语言模型的这种特性的启发。Word2Vec 算法被设计用来表现与语言模型具有相同的副作用，它们使用更有效和更灵活的框架。由 Pennington 等人[2014]提出的 GloVe 算法遵循相似的目标。这些算法也与另一个在 NLP 和 IR 社区中进化的、基于矩阵分解[Levy and Goldberg，2014]的算法家族深度相关。词嵌入算法将在 10.4 节中讨论。

在大量未标注数据上训练词嵌入的一个重要优点是它为未出现在有监督训练集中的词提供向量表示。理想情况下，这些词的表示将与训练集中出现的相关词相似，从而使模型能够更好地泛化到未知事件。因此，我们希望由无监督的算法学习到的词向量之间的相似性能够捕获到类似的相似性，这些相似性对于网络有目的地执行预期任务是有用的。

可以说，辅助问题的选择（正在预测的是什么，基于什么样的上下文）对结果向量的影响要比用于训练它们的学习方法来得更加大。10.5 节对不同的辅助问题选择进行了调研。

由无监督训练算法导出的词嵌入在 NLP 中的应用远超出使用它们初始化神经网络模

⊖ 从原始文本创建辅助问题的解释启发于 Ando 和 Zhang[2005a，b]。

型的词嵌入层。这些在第 11 章中讨论。

使用预训练的词嵌入

当使用预训练的词嵌入时，应该采取一些选择。第一个选择是关于预处理：是否应该使用预先训练的词向量，还是每个向量应该归一化为单位长度？这个问题依赖于任务。对于许多词嵌入算法，词向量的范数与词的频率相关。将词长度归一化可以去除频率信息。这可能是一个理想的统一或不幸的信息丢失。

第二个选择是在这个任务上对预训练的向量进行微调。考虑一个与词表 V 中的词相关的嵌入矩阵 $E \in \mathbb{R}^{|V| \times d}$，其中词具有 d 维向量。一个常见的方法是将 E 视为模型参数，并将其与网络的其余部分一起进行更改。虽然这样做很好，但是对于出现在训练数据中的词而言，它们具有潜在的不利影响，改变了出现在训练数据中词的表示而不是原始预训练向量 E 中与其接近的其他的词。这可能会伤害我们旨在从预训练过程中获得的泛化属性。另一种方法是将预训练向量 E 固定。这保持了泛化，但是阻止模型适应给定任务的表示。一个中间立场是保持 E 固定，但使用一个额外的矩阵 $T \in \mathbb{R}^{d \times d}$。我们关注变换矩阵 $E' = ET$ 的行而不是关注 E 的行。变换矩阵 T 被调整为网络的一部分，允许微调预训练的向量的某些方面用于该任务。然而，任务特定的变化以线性变换的形式呈现，适用于所有词，而不仅仅是训练中看到的部分样例。这种方法的缺点是无法改变某些词的表示而不改变其他词的表示（例如，如果热和冷被非常相似的向量所表示，则线性变换 T 可能很难分离它们）。另一个选择是保持 E 固定，但使用一个额外的矩阵 $\Delta \in \mathbb{R}^{|V| \times d}$，然后使词嵌入矩阵等于 $E' = E + \Delta$ 或者 $E' = ET + \Delta$。将 Δ 矩阵初始化为 0 并用网络进行训练，允许学习对特定词的叠加变化。对 Δ 加上强烈的正则化惩罚将鼓励微调后的表示接近原有的表示。[⊖]

10.4 词嵌入算法

神经网络社区倾向于从分布式表示[Hinton et al.，1987]的角度思考。与局部表示相反（其中实体被表示为离散符号，并且实体之间的交互被编码为形成图形的符号之间的一组离散关系），在分布式表示中，每个实体被表示为值的向量（"激活的模式"），并且实体的含义及其与其他实体的关系由向量中的激活以及不同向量之间的相似性来捕获。在语言

⊖ 注意，基于梯度训练的所有更新都是相加的，因此没有正则化，那么在训练过程中更新 E，保持 E 固定但更新 Δ，$E + \Delta$ 将导致相同的最终词嵌入。只有应用正则化时，这些方法才有所不同。

处理的上下文中，这意味着不应将词（和句子）映射到离散维度，而是映射到共享的低维空间，其中每个单词将与 d 维向量相关联，词将被其与其他单词的关系和其向量中的激活值所捕获。

自然语言处理社区倾向于从分布语义的角度思考，其中一个词的含义可以从其在语料库中的分布中导出，即从其被使用的语境的总和中导出。在相似上下文中出现的词倾向于具有相似的含义。

这两种表示词的方法——在复杂算法的上下文中学习的激活模式以及与其他词或句法结构的共现模式作为度量，都会产生看似非常不同的单词表示方式，从而导致不同的算法家族和思路。

在 10.4.1 节中我们将会探索对词表示的分布式方法，在 10.4.2 节中将会探索分布式方法。在 10.4.3 节中将会结合这两种方法，并且表明，在大多数情况下，当前最先进的分布式词表示使用分布式信号来进行大部分的困难的工作，而且这两个算法家族有深层次的联系。

10.4.1 分布式假设和词表示

关于语言和词义的分布式假设表明，在相同上下文中出现的词倾向于具有相似的含义 [Harris，1954]。这个思想因为 Firth[1957] 的话 "you shall know a word by the company it keeps" 而出名。直觉地，当人们遇到一个未知词的句子，例如在句子 Marco saw a hairy little wampinuk crouching behind a tree 中的词 wampimuk，他们根据它发生的上下文推断出这个词的含义。这个想法导致了分布式语义学领域的产生：一个对"根据词语在大型文本语料库中的分布特性量化语言学术语之间的语义相似性"感兴趣的研究领域。关于分布式假设的语言和哲学基础的讨论参见 Sahlgren[2008]。

词-上下文矩阵

在 NLP 中，长期的研究⊖使用词-上下文矩阵来捕获词的分布属性，其中每行 i 表示一个单词，每列 j 表示词出现处的语言学上下文，矩阵项 $M_{[i,j]}$ 为在大语料库中量化得到的词与上下文之间的关联强度。换句话说，每个词被表示为高维空间中的稀疏向量，对其出现的上下文的加权词袋进行编码。上下文的不同定义以及度量词与上下文之间关联的不同方法产生不同的词表示。可以使用不同的距离函数来度量词向量之间的距离，这些距离用于表示词之间的语义距离。

⊖ 参考 Turney 和 Pantel[2010] 以及 Baroni 和 Lenci[2010] 的调研结果。

更正式地，定义 V_w 表示一组词（词表）和 V_c 表示可能上下文的集合。我们假设每个词和每个上下文都被索引，使得 w_i 是词表中的第 i 个词，而 c_j 是上下文表中的第 j 个词。矩阵 $M^f \in \mathbb{R}^{|V_w| \times |V_c|}$ 是词-上下文矩阵，由 $M^f_{[i,j]} = f(w_i, c_j)$ 定义得到，f 是词与上下文之间的相关性强度的度量。

相似性度量

一旦词被表示为向量，就可以通过计算相应向量之间的相似度来计算词之间的相似度。一个常见和有效的措施是余弦相似度，测量向量之间角度的余弦：

$$\text{sim}_{\cos}(\boldsymbol{u}, \boldsymbol{v}) = \frac{\boldsymbol{u} \cdot \boldsymbol{v}}{\|\boldsymbol{u}\|_2 \|\boldsymbol{v}\|_2} = \frac{\sum_i \boldsymbol{u}_{[i]} \cdot \boldsymbol{v}_{[i]}}{\sqrt{\sum_i (\boldsymbol{u}_{[i]})^2} \sqrt{\sum_i (\boldsymbol{v}_{[i]})^2}} \tag{10.1}$$

另一个流行的度量方式是广义 Jaccard 相似度，定义如下⊖：

$$\text{sim}_{\text{Jacaard}}(\boldsymbol{u}, \boldsymbol{v}) = \frac{\sum_i \min(\boldsymbol{u}_{[i]}, \boldsymbol{v}_{[i]})}{\sum_i \max(\boldsymbol{u}_{[i]}, \boldsymbol{v}_{[i]})} \tag{10.2}$$

词-上下文权重和 PMI

函数 f 通常基于来自大规模语料库的计数。使用 $\#(w,c)$ 表示语料库 D 中词 w 在上下文 c 中出现的次数，令 $|D|$ 等于语料库的大小（$|D| = \sum_{w' \in V_w, c' \in V_c} \#(w', c')$）。很直观地定义 $f(w,c) = \#(w,c)$，或者 $f(w,c) = P(w,c) = \frac{\#(w,c)}{|D|}$。然而，在非常常见的上下文中对词-上下文对赋予高的权重会带来不好的影响（例如，考虑一个单词的上下文是先前的单词。对于诸如 cat 的事件，the cat 和 a cat 可以获得高于 cute cat 和 small cat 的分数，即使后者的信息量更多）。为了抵消这种影响，最好定义 f 以利用给定单词的上下文——相比于其他词，与给定词经常共现的上下文。捕获这种行为的一种有效指标是点互信息（PMI）：一对离散输出 x 和 y 之间的信息理论关联度量，定义为

$$\text{PMI}(x, y) = \log \frac{P(x, y)}{P(x)P(y)} \tag{10.3}$$

在我们的例子中，$\text{PMI}(w, c)$ 通过计算它们的联合概率（它们在一起的频率）与它们的边界概率（它们单独出现的频率）之间的比率的对数来测量词 w 和上下文 c 之间的关联。PMI 可以通过考虑语料库中实际的观察次数来估算：

$$f(w, c) = \text{PMI}(w, c) = \log \frac{\#(w,c) \cdot |D|}{\#(w) \cdot \#(c)} \tag{10.4}$$

⊖ 把 $\boldsymbol{u}$ 和 $\boldsymbol{v}$ 看作是一个集合的时候，Jacaard 相似度定义为 $\frac{|\boldsymbol{u} \cap \boldsymbol{v}|}{|\boldsymbol{u} \cup \boldsymbol{v}|}$。

其中 $\#(w) = \sum_{c' \in V_C} \#(w,c')$ 和 $\#(c) = \sum_{w' \in V_W} \#(w',c)$ 是语料库中的 w 和 c 的频率。Church 和 Hanks[1990]在 NLP 中首先使用 PMI 作为相关性的度量，PMI 被广泛应用于词相似度和分布式语义任务上[Dagan et al.，1994，Turney，2001，Turney and Pantel，2010]。

使用 PMI 矩阵是有一些计算挑战的。M^{PMI} 的行包含许多在语料库中从未观察到的词-上下文对$(w，c)$的条目，这会导致 $PMI(w，c) = \log 0 = -\infty$。一个常见的解决方案是使用正 PMI(PPMI)度量，其中所有负值都被 0 替换：⊖

$$PPMI(w,c) = \max(PMI(w,c),0) \tag{10.5}$$

系统地对比词-上下文相似性矩阵中对条目的各种加权方案表明，PMI 和正 PMI(PPMI)度量为大多数的词相似性任务提供最好的结果[Bullinaria and Levy，2007，Kiela and Clark，2014]。

PMI 的缺点是它倾向于为稀有事件赋予高值。例如，如果两个事件只发生一次，但一起发生，则它们将接收到高 PMI 值。因此，建议在使用 PMI 度量之前应用计数阈值，或者可以降低罕见事件的影响。

通过矩阵因式分解进行降维

将词表示为其出现的上下文的显式集合的潜在障碍是数据稀疏性——矩阵 M 中的某些条目可能不正确，因为我们没有观察到足够的数据点。另外，显式词向量具有非常高的维度(取决于上下文的定义，可能的上下文的数量可以是数十万甚至数百万)。

通过使用诸如奇异值分解(SVD)的降维技术来考虑数据的低阶表示，可以缓解这两个问题。SVD 通过分解矩阵 $M \in \mathbb{R}^{|V_W| \times |V_C|}$ 为两个窄矩阵来工作：一个是 $W \in \mathbb{R}^{|V_W| \times d}$ 词矩阵，一个是 $C \in \mathbb{R}^{|V_C| \times d}$ 的上下文矩阵，如此 $WC^T = M' \in \mathbb{R}^{|V_W| \times |V_C|}$ 是 M 最好的 d 阶近似，也就是说没有别的 d 阶矩阵具有一个 L_2 距离比 M' 与 M 的 L_2 距离更近。

基于数据中的鲁棒模式，低阶表示 M' 可以被视为 M 的"平滑"版本，其中一些测量是"固定的"。例如，如果某个上下文中的词似乎是相互定位的，那么将词添加到它们没有出现过的上下文中是有效果的。

此外，矩阵 W 允许将每个词表示为密集的 d 维向量，而不是稀疏 $|V_C|$-维，其中 $d \ll |V_C|$(典型的选择是 $50 < d < 300$)，使得 d 维向量捕获原始矩阵中最重要的变化方

⊖ 在表示词的时候，有一些直觉是需要忽视负面价值的：人类很容易想到正相关(例如"加拿大"和"雪")，但发现负相关("加拿大"和"沙漠")更难。这表明，两个词的感知相似性受到它们所共享的正相关上下文的影响，而不是它们共享的负相关上下文。因此，放弃负相关的上下文并将其标记为"不知情"(0)，直觉上是成立的。一个显著的例外存在于语法相似性的例子中，例如，所有的动词之前都不太可能出现限定词，过去时态动词之前也不太可能出现"be"动词和情态词。

向。然后，可以基于密集的 d 维向量而不是稀疏高维的向量计算相似度。

SVD 的数学运算 奇异值分解（SVD）是一种代数技术，一个 $m \times n$ 实或复矩阵 M 被分解为三个矩阵：

$$M = UDV$$

其中 U 是一个 $m \times m$ 的实或复矩阵，D 是一个 $m \times n$ 的实或复矩阵，V 是一个 $n \times n$ 的矩阵。矩阵 U 和 V^T 是正交的，这意味着它们的行是单位长度的并且彼此正交。矩阵 D 是对角矩阵，其中对角线上的元素是 M 的奇异值，按照递减的顺序排列。

因式分解是精确的。在机器学习等其他领域，SVD 有很多用途。对于本文，SVD 用于降维——找到高维空间数据的低维表示，并保留原始数据中的大部分信息。

考虑 $U\widetilde{D}V$ 这个乘式，其中 $\widetilde{D}$ 是 D 的一个版本，不过对角线的前 k 个元素被替换为 0。我们现在可以将 U 的前 k 行和 V 的前 k 列之外的所有数据清零，反正它们将在乘法运算的时候被清零。删除行和列会使我们有三个矩阵：$\widetilde{U}(m \times k)$、$\widetilde{D}(k \times k$，对角的)以及 $\widetilde{V}(k \times n)$。乘积为：

$$M' = \widetilde{U}\,\widetilde{D}\,\widetilde{V}$$

是一个秩为 k 的 $(m \times n)$ 的矩阵。

矩阵 M' 是薄矩阵的内积（$\widetilde{U}$ 和 $\widetilde{V}$，k 远小于 m 和 n），可以看成 M 的低秩近似。

根据 Eckart-Young 理论[Eckart and Young, 1936]，M' 是 M 在 L_2 距离下的最优 k-秩近似。M' 是下式的最小化：

$$M' = \underset{X \in \mathbb{R}^{m \times n}}{\operatorname{argmin}} \| X - M \|_2 \qquad \text{s.t. } X \text{秩为} k$$

在这种意义上，矩阵 M' 可以被认为是 M 的平滑版本，它在数据中仅使用 k 个最有影响力的方向。

近似行距离 $E = \widetilde{U}\widetilde{D}$ 的低维行是原始矩阵 M 的高维行的低阶近似，计算 E 的行之间的点积在某种意义上等价于计算重构矩阵 M' 的行之间的点积。即 $E_{[i]} \cdot E_{[j]} = M'_{[i]} \cdot M'_{[j]}$。

为了知道原因，考虑 $m \times m$ 的矩阵 $S^E = EE^T$。这个矩阵中的一个条目 $[i, j]$ 等于 E 中的行 i 和 j 之间的内积：$S^E_{[i,j]} = E_{[i]} \cdot E_{[j]}$。相似地，$S^{M'} = M'M'^T$。

我们将会展示 $S^E = S^{M'}$。回想一下 $\widetilde{V}\widetilde{V}^T = I$，这是因为 $\widetilde{V}$ 是正交化的。现在

$$S^{M'} = M'M'^T = (\widetilde{U}\,\widetilde{D}\,\widetilde{V})(\widetilde{U}\,\widetilde{D}\,\widetilde{V})^T = (\widetilde{U}\,\widetilde{D}\,\widetilde{V})(\widetilde{U}^T\,\widetilde{D}^T\,\widetilde{V}^T)$$

$$= (\widetilde{U}\,\widetilde{D})(\widetilde{V}\,\widetilde{V}^T)(\widetilde{D}^T\,\widetilde{U}^T) = (\widetilde{U}\,\widetilde{D})(\widetilde{U}\,\widetilde{D})^T = EE^T = S^E$$

因此我们可以使用 E 的行而不是 M' 的高维行（当然也不是 M 的高维行。使用相似的论断，我们可以使用 $(\widetilde{D}\widetilde{V})^{\mathrm{T}}$ 的行而不是 M' 的列）。

当使用 SVD 计算词相似度时，M 的行对应于词，M 的列对应上下文，由 E 的行组成的向量是词的低维表示。在实践中，最好是不用 $E=\widetilde{U}\widetilde{D}$，而是使用更为"平衡"的版本 $E=\widetilde{U}\sqrt{\widetilde{D}}$，甚至于完全忽略掉单个值 $\widetilde{D}$，而使用 $E=\widetilde{U}$。

10.4.2　从神经语言模型到分布式表示

与上述所谓的基于计数的方法相比，神经网络社区主张使用分布式来表示词义。在分布式表示中，每个单词与 $\mathbb{R}^d$ 中的向量相关联，其中相对于某些任务的词的"含义"能够被向量的不同维度以及被其他单词的维度所捕获。不同于每个维度对应于词所出现的特定上下文的显式分布表示，分布式表示中的维度是不可解释的，并且具体维度不一定对应于特定概念。表示的分布性质意味着某一特定方面的意义可以通过（分布在）许多维度的组合来捕获，并且给定的维度可能有助于捕捉意义的几个方面。[⊖]

考虑第 9 章等式(9.3)中的语言建模网络。一个词的上下文是其前面的字母的 k 元组。每个词与向量相关联，并且使用非线性变换将其级联编码为一个 d_{hid} 维向量 h。然后将向量 h 乘以矩阵 W^2，其中每列对应一个字，并且 W^2 中的 h 和列之间的交互确定给定上下文的不同词的概率。W^2 的列（以及词嵌入矩阵 E 的行）是分布式的词表示：训练过程决定了词嵌入的理想值，这样就为上下文中的 k 元组生成了一个概率，能够捕捉到和 W^2 列相关的词的含义。

Collobert 和 Weston

方程(9.3)中的网络设计是语言模型任务驱动的，提出两个重要需求：需要对词生成概率分布，并且需要以概率链法则组合的上下文为条件来产生句子级概率估计。产生概率分布需要费时地计算一个包含输出词汇表中所有单词的归一化项，同时根据链式法则限制，需要将上下文切分为前 k 元组。

如果我们只关心所产生的表示，两个限制都可以松弛，正如 Collobert 和 Weston[2008]在一个模型中所做的那样，该模型被 Bengio 等[2009]进一步深入阐述。Collobert 和 Weston 介绍的第一个变化是将前 k 元（左边的词）的词的上下文改变为词周围窗口（即计

⊖　我们注意到，在许多方面，显式的分布式表示也是"分布式的"：一个词的意义的不同方面被词所在的上下文组所捕获，并且给定的上下文可以对意义的不同方面做出贡献。此外，在对词-上下文矩阵进行降维之后，维度不再容易解释。

算 $P(w_3 \mid w_1w_2\square w_4w_5)$ 而不是 $P(w_5 \mid w_1w_2w_3w_4\square)$）。对其他类型固定上下文长度 $c_{1:k}$ 的泛化是直接的。

Collobert 和 Weston 介绍的第二个变化是放弃概率输出要求。他们的模型只是针对每个词打分数，而不是计算给定上下文的目标词概率分布，这使得正确词的得分高于不正确词。这消除了在输出词汇表上昂贵归一化计算的需要，使计算时间与输出词汇大小无关。这不仅使得网络在训练和使用时更快，而且使其扩展到几乎无限的词汇（增加词汇量的代价是线性增加内存占用）。

令 w 为目标词，$c_{1:k}$ 为上下文的有序列表，$v_w(w)$ 和 $v_c(c)$ 嵌入函数是将词和上下文索引映射到 d_{emb} 维向量（从现在起，我们假设词和上下文向量具有相同数量的维度）。Collobert 和 Weston 的模型通过将嵌入词和上下文拼接成向量 x，计算词-上下文对的得分 $s(w, c_{1:k})$，该向量被送到具有一个隐层的 MLP 中，每个输出即为分配给词-上下文组合的分数：

$$s(w, c_{1:k}) = g(xU) \cdot v$$
$$x = [v_c(c_1); \cdots; v_c(c_k); v_w(w)] \qquad (10.6)$$
$$U \in \mathbb{R}^{(k+1)d_{\text{emb}} \times d_{\text{h}}} \quad v \in \mathbb{R}^{d_h}$$

网络基于边缘的排序损失来训练，以至少 1 的边界来使正确的词-上下文对 $(w, c_{1:k})$ 得分高于不正确的词-上下文对 $(w', c_{1:k})$。

给定词-上下文对的损失函数为 $L(w, c_{1:k})$：

$$L(w, c, w') = \max(0, 1 - (s(w, c_{1:k}) - s(w', c_{1:k}))) \qquad (10.7)$$

这里 w' 是单词表的随机词。训练过程重复地从语料库中读取词-上下文对，并且对于每个样本中的随机词 w' 使用 w' 计算损失 $L(w, c, w')$，并更新参数 U、v 以及词和上下文词嵌入，以此来最小化损失。

接下来要描述的是 Word2Vec 算法的核心，使用随机采样的词来产生不正确的词-上下文负例以此优化算法。

Word2Vec

广为流行的 Word2Vec 算法由 Tomáš Mikolov 及其同事在一系列论文中提出[Mikolov et al.，2013b，a]。和 Collobert 和 Weston 的算法一样，Word2Vec 也是以神经语言模型为基础，并且修改了模型来产生更快的结果。textscWord2Vec 不是个单一的算法：它是一个软件包，实现两个不同的上下文表示（CBOW 和 skip-gram）和两个不同的优化目标（负采样和层次 Softmax）。这里，我们将关注负采样目标（NS）。

和 Collobert 和 Weston 的算法一样，Word2Vec 的 NS 变体通过训练网络来从"坏"的词-上下文对中区分出"好"的词-上下文对。然而，Word2Vec 用概率目标代替了基于边缘的排序目标。考虑正确的词-上下文对集合 D，以及不正确的词-上下文对集合 $\overline{D}$。该算法的目标是估计来自正确集合 D 的词-上下文对的概率 $P(D=1 \mid w, c)$。对于来自 D 的对，其得分概率应该高(1)，对于来自 $\overline{D}$ 的对，其得分应该低(0)。概率约束规定 $P(D=1 \mid w, c)=1-P(D=0 \mid w, c)$。将概率函数建模为 $s(w, c)$：

$$P(D = 1 \mid w, c) = \frac{1}{1 + e^{-s(w,c)}} \tag{10.8}$$

算法的语料库目标是最大化数据 $D \cup \overline{D}$ 的对数似然函数。

$$\mathcal{L}(\Theta; D, \overline{D}) = \sum_{(w,c) \in D} \log P(D = 1 \mid w, c) + \sum_{(w,c) \in \overline{D}} \log P(D = 0 \mid w, c) \tag{10.9}$$

正例集 D 是从语料库中生成的。负例集 $\overline{D}$ 可以用很多种方法生成。在 Word2Vec 中，通过以下步骤来生成负例：对于每个好的词-上下文对 $(w, c) \in D$，采样 k 个词 $w_{1:k}$，并将 (w_i, c) 中的每一个作为负例加到 $\overline{D}$。这会导致负例数 $\overline{D}$ 比 D 大 k 倍。负采样中的数 k 是算法的一个参数。

可以根据基于语料库的频率 $\dfrac{\#(w)}{\sum_{w'} \#(w')}$ 对负例词 w 进行采样，或者如 Word2Vec 实现中做的那样，采用平滑版本，其在归一化之前将计数提高到幂数的 3/4：$\dfrac{\#(w)^{0.75}}{\sum_{w'} \#(w')^{0.75}}$。第二个版本更加重视了频率较少的词，并且在实践中带来了更好的词相似度。

CBOW 除了将目标从基于边缘方式改为概率方式外，Word2Vec 还大大简化了词-上下文得分函数 $s(w, c)$。对于多词的上下文 $c_{1:k}$，Word2Vec 的 CBOW 变体将上下文向量 c 定义为上下文组成的词嵌入向量的累和：$c = \sum_{i=1}^{k} c_i$。然后将得分定义为简单的 $s(w, c) = w \cdot c$，从而得到：

$$P(D = 1 \mid w, c_{1:k}) = \frac{1}{1 + e^{-(w \cdot c_1 + w \cdot c_2 + \cdots + w \cdot c_k)}}$$

CBOW 变体丢失上下文成分之间的顺序信息。作为回报，它允许使用变长的上下文。然而，对于具有限制长度的上下文，CBOW 仍然可以通过将相对位置作为内容成分的一部分来保留顺序信息，即通过将不同的词嵌入向量分配给不同相对位置中的上下文成分。

skip-gram Word2Vec 变体的 skip-gram 在打分上甚至进一步分离了上下文成分之间的依赖关系。对于 k 个元素的上下文 $c_{1:k}$，skip-gram 变体假设上下文中的元素 c_i 和其他元素相独立，基本上将它们视为不同的上下文，即一个词-上下文对 $(w, c_{1:k})$ 在语料 D 中表

示成不同的 k 个上下文：$(w,c_1),\cdots,(w,c_k)$。得分函数 $S(w,c)$ 的定义和 CBOW 一样，但是现在每个上下文是一个单独的词嵌入向量：

$$P(D=1\mid w,c_i)=\frac{1}{1+\mathrm{e}^{-w\cdot c_i}}$$

$$P(D=1\mid w,c_{1,k})=\prod_{i=1}^{k}P(D=1\mid w,c_i)=\prod_{i=1}^{k}\frac{1}{1+\mathrm{e}^{-w\cdot c_i}} \qquad (10.10)$$

$$\log P(D=1\mid w,c_{1,k})=\sum_{i=1}^{k}\log\frac{1}{1+\mathrm{e}^{-w\cdot c_i}}$$

虽然在上下文元素间引入了强大的独立性假设，但是 skip-gram 变体在实践中非常有效，并且非常常用。

10.4.3 词语联系

分布式"基于计数"的方法和分布式"神经"方法都是基于分布假设，尝试基于它们出现的上下文之间的相似性来捕获词之间的相似性。事实上，Levy 和 Goldberg[2014]表明，这两个方法之间的关系比乍看之下更深。

Word2Vec 模型训练带来了两个词嵌入矩阵，$\boldsymbol{E^W}\in\mathbb{R}^{|V_W|\times d_{\mathrm{emb}}}$ 和 $\boldsymbol{E^c}\in\mathbb{R}^{|V_C|\times d_{\mathrm{emb}}}$ 分别代表词和上下文矩阵。上下文嵌入会在训练后被丢弃，但保留了词嵌入。然而，假设保留上下文嵌入矩阵 $\boldsymbol{E^c}$ 并考虑乘积 $\boldsymbol{E^W}\times\boldsymbol{E^{c\mathrm{T}}}=\boldsymbol{M'}\in\mathbb{R}^{|V_W|\times|V_C|}$。这样看来，Word2Vec 正在对隐含的词-上下文矩阵 $\boldsymbol{M'}$ 进行分解。矩阵 $\boldsymbol{M'}$ 的元素有什么呢？一个条目 $\boldsymbol{M'}_{[w,c]}$ 代表了词和上下文嵌入向量 $\boldsymbol{w}\cdot\boldsymbol{c}$ 的点乘。Levy 和 Goldberg 表明，将 skip-gram 的上下文和 k 个负样本的负采样目标相组合，通过设置 $\boldsymbol{w}\cdot\boldsymbol{c}=\boldsymbol{M'}_{[w,c]}=\mathrm{PMI}(w,c)-\log k$ 进行全局目标最小化。也就是说，Word2Vec 是隐含地分解与词-上下文 PMI 矩阵密切相关的矩阵！值得注意的是，它没有明确地构造矩阵 $\boldsymbol{M'}$。$\ominus$

上述的分析假设了负例是根据词在语料库中的频率 $P(w)=\dfrac{\#(w)}{\sum_{w'}\#(w')}$ 来采样的。回想一下，Word2Vec 从修正后的分布 $P^{0.75}(w)=\dfrac{\#(w)^{0.75}}{\sum_{w'}\#(w')^{0.75}}$ 来实现采样替代的。在该抽样方案下，最优值变为 $\mathrm{PMI}^{0.75}(w,c)-\log k=\log\dfrac{P(w,c)}{P^{0.75}(w)P(c)}-\log k$。实际上，在构建

$\ominus$ 如果最优化的赋值被满足，那么带有负采样的 skip-gram(SGNS)策略和跨词-上下文矩阵的 SVD 策略是一样的。当然，w 和 c 的低维度 d_{emb} 使之不可能对所有的 w 和 c 对都满足 $w\cdot c=\mathrm{PMI}(w,c)-\log k$，并且，优化过程试图去寻找最优的解决方案，最优化赋值的每一次推导的花费均考虑在内。这就是 SGNS 和 SVD 在目标上的区别，SVD 为每次推导设置一个二项式的惩罚项，而 SGNS 使用更加复杂的惩罚项。

稀疏和显式分布向量时，使用修正后的 PMI 也改善了该设置中的相似性。

Word2Vec 算法在实践中非常有效，并且具有高度的可扩展性，允许在数小时内在超过数十亿字的文本上训练出庞大的词汇表的词表示，而这只需适度的内存要求。Word2Vec 的 SGNS 变体与词-上下文矩阵分解的关联将神经方法和传统的"基于计数"方法联系在一起，这表明在"分布式"表示研究中吸取的教训可以迁移到"分布式"算法上，反之亦然，而在更深层的意义上，两个算法家族是对等的。

10.4.4 其他算法

还存在许多 Word2Vec 算法的变体，这其中没有一个可以令人信服地产生定性或定量更优的词表示。本节将会列出一些流行的算法。

NCE Mnih 和 Kavukcuoglu[2013]的噪声对比估计（NCE）方法与 Word2Vec 的变体 SGNS 非常相似，但它不像式（10.10）建模 $P(D=1 \mid w, c_i)$，其模型为：

$$P(D=1 \mid w,c_i) = \frac{e^{-w \cdot c_i}}{e^{-w \cdot c_i} + k \times q(w)} \tag{10.11}$$

$$P(D=0 \mid w,c_i) = \frac{k \times q(w)}{e^{-w \cdot c_i} + k \times q(w)} \tag{10.12}$$

这里 $q(w) = \frac{\#(w)}{\mid D \mid}$ 是语料库中被观察到的词 w 的一元组频率。该算法基于噪声对比概率估计建模技术[Gutmann and Hyvärinen, 2010]。根据 Levy 和 Goldberg[2014]的模型，这个目标相当于将矩阵项为对数条件概率 $\log P(w \mid c) - \log k$ 的词-上下文矩阵进行因式分解。

GloVe GloVe 算法[Pennington et al., 2014]构建了一个显式的词-上下文矩阵，并且训练了词和上下文向量 *w* 和 *c*，试图满足：

$$\boldsymbol{w} \cdot \boldsymbol{c} + \boldsymbol{b}_{[w]} + \boldsymbol{b}_{[c]} = \log \#(w,c) \quad \forall (w,c) \in D \tag{10.13}$$

这里 $\boldsymbol{b}_{[w]}$ 和 $\boldsymbol{b}_{[c]}$ 是特定词和特定上下文的训练偏置。优化过程在略过计数为零的活动时关注观测到的词-上下文对。就矩阵分解而言，如果我们固定 $\boldsymbol{b}_{[w]} = \log \#(w)$ 和 $\boldsymbol{b}_{[c]} = \log \#(c)$，我们将会得到一个非常类似于将词-上下文 PMI 矩阵分解的目标，该矩阵以 $\log(\mid D \mid)$ 改变。然而，在 GloVe 中，这些参数是学习的而不是固定的，给予它更多自由度。优化目标是加权最小二乘法损失函数，给频繁词条正确地赋予更多权重。最后，当使用相同的词和上下文词典时，GloVe 模型将每个词表示为其对应的词和上下文嵌入向量的和。

10.5 上下文的选择

对预测词的上下文的选择对词向量结果及其编码的相似性具有很大的影响。

在大多数情况下，一个词的上下文被视为在其周围出现的其他词，或者在其周围的短窗口中，或是在同一句子、段落或文档中。在某些情况下，文本会被语法解析器自动解析，并且上下文将从自动解析树的句法邻域生成。有时候，词和上下文的定义也会改变成包括单词的一部分，例如前缀或后缀。

10.5.1 窗口方法

最常见的方法是滑动窗口方法，其通过观察序列 $2m+1$ 个单词来生成辅加任务。中间词称为焦点词（focus word），每侧的 m 个词为上下文（context）。接下来，要么创建单个任务，目标是基于所有上下文词（表示方法用 CBOW［Mikolov et al. 2013b］或者向量拼接［Collobert and Weston，2008］）来预测焦点词，要么创建 $2m$ 个不同的任务，每个任务将焦点词与不同的上下文词进行配对。由 Mikolov 等人［2013a］普及的 $2m$ 个任务方法被称为 skip-gram 模型。基于 skip-gram 的方法被证明具有鲁棒性，且训练很高效［Mikolov et al.，2013a，Pennington et al.，2014］，并且经常生成最好的结果。

窗口大小的影响　滑动窗口的大小对向量相似度结果有很大的影响。窗口较大易于产生更大的主题相似性（即，"dog""bark"和"leash"将被分组在一起，以及"walked""run"和"walking"也是如此），而较小的窗口易于产生更多的功能和句法相似性（即"Poodle""Pit-bull""Rottweiler"或"walk""running""approaching"被分为一组）。

窗口位置　当使用 CBOW 或 skip-gram 上下文表示时，窗口中的所有不同的上下文词同等重要。与焦点词近的上下文以及离它更远的上下文之间没有任何区别，同样，出现在焦点词之前的上下文词以及它之后出现的上下文单词也没有区别。通过使用位置上下文可以很简单地将这种信息包括进去：指示每个上下文词即是其与焦点词的相对位置（即上下文词是"the：+2"而不是"the"，表示词出现在焦点词右侧两个位置）。使用小窗口的位置上下文往往会产生更多的句法相似性，并且能将词性相同的词以及语义方面也存在功能相似性的词分组在一起。Ling 等［2015a］表明位置向量要比窗口向量更优越，当它们被用于初始化词性标注和依存句法分析网络时。

变体　许多基于窗口方法的变化方案是可行的。一些改变方案是在学习之前，可以进行词汇还原，文本归一化，过滤过短或过长的句子，或去除大小写（例如，预处理步骤可参见 dos Santos 和 Gatti[2014])。一些改变可能对部分语料库进行子采样，以一定的概率从带有常见或稀有焦点词的窗口中创建任务。窗口大小可以动态设置，每轮可以使用不同的窗口大小。一些改变可能会对窗口中的不同位置进行权衡，更多地侧重于预测正确紧密的词-上下文对，而不是距离较远的词-上下文对。这些选择中的每一个超参数可以在训练前手动设置，并且会影响结果向量。理想的情况下，这些会被调试以适应当前的任务。Word2Vec 实现的强大性能很大程度上得益于对这些超参数设定了很好的默认值。Levy 等人[2015]详细讨论了其中的部分超参数(和其他一些参数)。

10.5.2 句子、段落或文档

使用 skip−gram(或 CBOW)方法，可以将一个词的上下文视为和它在同一句子、段落或文档中出现的所有其他词。这相当于使用非常大的窗口，并且期望得到的是主题相似的词向量(词来自相同主题，即预期出现在同一文档中的词可能会得到相似的向量)。

10.5.3 句法窗口

一些研究工作用句法替代句子中的线性上下文[Bansal et al. ，2014，Levy and Goldberg，2014]。使用依存句法解析器自动解析文本，并将词的上下文视为解析树中邻近的词以及与之相关的句法关系。这种方法产生了高度的功能性相似度，其将词组合在一起，可以在句子中填补相同角色(例如，颜色、学校名称、动作动词)。分组也是基于句法的，将有共同拐点的词组合在一起[Levy and Goldberg，2014]。

上下文的效果　下表来自于 Levy 和 Goldberg[2014]，展示了当其使用大小窗口为 5 和 2(BoW5 和 BoW2)的词袋模型以及依存上下文(Deps)，且使用相同的底层语料库(维基百科)和相同的词嵌入算法(Word2Vec)时，与种子词最相似的前 5 个词。

注意到一些词(例如 batman)的诱导词相似度在某种意义上与语境无关，而对于其他词来说，有一个明显的趋势：更大的上下文窗口会带来更多的主题相似性(hogwars 与《哈利波特》中的其他术语很相似，图灵(Turing)与计算相关，dancing 与该词的其他变化相似)，而依存句法上下文关系会带来更多的功能相似性(hogwars 与其他虚构或非虚构学校相似，图灵(Turing)与其他科学家相似，dancing 与其他地面上的娱乐活动类似)。较小的上下文窗口则位于前两者间。

这些再次肯定了语境选择很大地影响了词的结果表示，并强调在使用"无监督"的词嵌入时，需要考虑上下文的选择方式。

预训练词表示			
目标词	BoW5	BoW2	Deps
batman	nightwing aquaman catwoman superman manhunter	superman superboy aquaman catwoman batgirl	superman superboy supergirl catwoman aquaman
hogwarts	dumbledore hallows half-blood malfoy snape	evernight sunnydale garderobe blandings collinwood	sunnydale collinwood calarts greendale millfield
turing	nondeterministic non-deterministic computability deterministic finite-state	non-deterministic finite-state nondeterministic buchi primality	pauling hotelling heting lessing hamming
florida	gainesville fla jacksonville tampa lauderdale	fla alabama gainesville tallahassee texas	texas louisiana georgia california carolina
object-oriented	aspect-oriented smalltalk event-driven prolog domain-specific	aspect-oriented event-driven objective-c data flow 4gl	event-driven domain-specific rule-based data-driven human-centered
dancing	singing dance dances dancers tap-dancing	singing dance dances breakdancing clowning	singing rapping breakdancing miming busking

10.5.4 多语种

另一种选择是使用多语种、基于翻译的上下文[Faruqui and Dyer，2014，Hermann and Blunsom，2014]。例如，给定一个大规模的可并行句子对齐文本，可以运行双语对齐模型，例如 IBM 模型 1 或模型 2(即使用 GIZA＋＋软件)，然后使用生成的对齐来推出词的上下文。这里，词的上下文实例是与其对齐的外语单词。这种对齐往往会导致同义词以得到相似的向量。一些研究者在句子对齐级别上研究，而不是依赖于词对齐[Gouws et al.，2015]或者使用所得到的词嵌入训练一个端到端机器翻译神经网络[Hill et al.，2014]。一种有吸引力的方法是将基于单语窗口的方法与多语言方法相结合，创建两种辅助任务。这可能产生类似于基于窗口的方法中形成的向量，但是减少了基于窗口的方法的某些不理想的效果，其中反义词（例如，热和冷，高和低）往往会得到相似的向量[Faruqui and Dyer，2014]。关于多语言词嵌入的进一步讨论和不同方法的比较，请参见 Levy 等 [2017]。

10.5.5 基于字符级别和子词的表示

一个有趣的研究是尝试从一个词的组成字符中生成向量表示。这种方法可能对于本质上为句法方面的任务特别有用，因为词中的字符模式与其句法功能密切相关。这些方法还具有产生非常小的模型的优点（字母中的每个字符只有一个向量，且只需存储少量的小矩阵），并且能够为可能遇到的每个词都提供嵌入向量。dos Santos 和 Gatti[2014]，dos Santos 和 Zadrozny[2014]，以及 Kim 等人[2015]使用卷积网络（参见第 13 章）在字符级别上建模词嵌入向量。Ling 等人[2015b]使用两个 RNN（LSTM）编码器（第 14 章）的最终状态的级联来作为词嵌入模型，其中一个编码器从左到右读取字符，另一个从右到左读取字符。两者都对词性标注任务产生了很好的结果。Ballesteros 等人[2015]的工作显示 Ling 等人[2015b]的两个 LSTM 编码器有利于表达依存分析中的形式丰富的语言单词。

从字符表示中生成词表示是由未登录词问题驱动的——当你遇到没有词嵌入向量的词时，你会做什么？在字符层次上工作在很大程度上减轻了这个问题，因为可能的字符的词汇量远远小于可能词汇的词汇量。然而，在字符级别上的工作是非常具有挑战性的，因为语言中的形式（字符）和函数（语法，语义）之间的关系相当松散。沉浸于字符级别的研究可能是一个不必要的困难约束。一些研究人员提出了一个中间方法：一个词表示为词本身的向量与构成它的子单元的向量的组合。子词嵌入有助于在具有相似形式的不同词之间共享信息，以及当该词未被观测到时允许后退到它的子词级别。同时，当有充足可用的观测词时，这个模型并不完全依赖于形式。Botha 和 Blunsom[2014]建议如果特定词向量存在，可以将单词的嵌入向量建模为特定词向量的和，构成它们的不同形态分量的向量（组件来自于 Morfessor[Creutz and Lagus，2007]，一种无监督的形态分割方法）。Gao 等人 [2014]建议不但要使用词本身形式作为核心特征，而且要将单词中每个三元组字看作为独特特征（因此是独特的词嵌入向量）。

另一种介于字符和词之间的事实是将词分解成大于字符的"有意义单位"，并且能自动从语料库中生成。这样的一种方法是使用 Sennrich 等人[2016a]在机器翻译的背景下引入的字节对编码（Bpe）[Gage，1994]，并被证明是非常有效的。在 Bpe 方法中，可以决定一个词汇表大小（例如 10 000），然后根据 Sennrich 等人[2016a]中的算法，查找可以表示语料库所有词汇的 10 000 个单元。

　　我们用字符词汇初始化符号词汇，并将每个词表示为字符序列，加上一个特殊的单词结尾符号"·"，这样可以在翻译后恢复原始的标记。我们迭代地计数所有符号对，并用新的符号 AB 替换最常见的（A，B）对。每个合并操作产生一个代表一个 n 元组字符的新符号。频繁的 n 元组字符（或整个字）最终被合并成一个单一符号，因此 Bpe 不需要候选表。最终符号词汇表大小等于初始词汇的大小加上合并操作的数量，后者是算法的唯一超参数。为了提高效率，我们不考虑跨字界限的对。因此，该算法可以在从文本中抽取的字典上运行，并且每个字按频率计算权重。

10.6　处理多字单元和字变形

　　就词的表示和词定义仍然有两个需充分探讨的问题。无监督词嵌入算法假设词对应于符号串（不含空格或标点符号的连续字符，请参见 6.1 节中的讨论）。这个定义经常被打破。

　　在英语中，我们有许多多符号串单元，如 New York 和 ice cream，以及像 Boston University或 Volga River 这样的更松弛的案例，我们可能想分配给它们单一向量。

　　在英语以外的许多语言中，丰富的形态学变形系统使有相同潜在概念的形式看起来不同。例如，在许多语言中，形容词被转换为数字和性别，导致词 yellow 描述了复数的男性名词，这与 yellow 描述一个单数的女性名词的形式不同。更糟的是，因为变形系统还规定了相邻词的形式（距离 yellow 的单数女性形式较近的名词本身为单数女性形式），同一词的不同变化往往不会相似。

　　虽然对这些问题没有好的解决方案，但是它们都可以通过对文本进行确定性预处理从而达到合理的程度，以至于更好地适应所想要的词语定义。

　　在多符号串单元的情况下，可以生成多符号串词条列表，并用文本替换单个实体（即用 New _ York 替换 New York 的出现）。Mikolov 等人[2013a]提出了一种基于 PMI 的方法，通过考虑词对的 PMI 并将超过某些预定阈值的词对 PMI 分数合并到一起，自动创建这样的列表。然后，该过程重复迭代将词对＋词合并成三元组，等等。接着，嵌入算法在预处理后的语料库上运行。这种粗略但有效的启发式作为 Word2Vec 软件包的一部分被实现了，允许为某些突出的多符号串词条生成词嵌入。⊖

　　⊖　对于查找信息词搭配的启发式的深入讨论，参见 Manning 和 Schütze[1999，Chapter 5]。

在变形的情况下，通过对语料预处理可以在很大程度上缓解上述问题，预处理包括对部分或全部词汇抽取词干，对词干嵌入而不是对其变形形式嵌入。

相关的预处理操作是对语料库进行词性标注，并用（word，POS）对替换词，例如，创建两种不同的记号类型 book$_{NOUN}$ 和 book$_{VERB}$，将分别生成不同词嵌入向量。关于形态学变化和词嵌入算法的相互作用的进一步讨论，参见 Avraham 和 Goldberg[2017]，以及 Cotterell 和 Schutze[2015]。

10.7 分布式方法的限制

分布式假设提供了一个吸引人的平台，根据词出现的上下文来表示词，从而获得词间的相似性。然而，在使用衍生出的表示时应该考虑其确实存在的固有限制。

相似性的定义 在分布式方法中相似性的定义是完全可操作的：词如果在相似的上下文中使用，则是相似的。但实际上，相似性有很多可思考之处，例如，考虑狗、猫和老虎这些词。一方面，猫比老虎更像狗，因为两者都是宠物。另一方面，猫可以被认为比狗更像虎，因为它们都是猫科动物。在某些使用情况下，某些事实可能优于其他事实，而有些事实被文本证明并不像其他事实一样强壮。分布式方法对它们导致的这种相似性提供很少的控制。这可以通过选择有条件的上下文在一定程度上进行控制（10.5 节），但它还远不是一个完美的解决方案。

害群之马 当使用文本作为条件上下文时，许多词的"琐碎"属性可能不会反映在文本中，因此信息不会被捕获以表示出来。原因是人们对语言的使用有明显的偏见，这来源于交流的效率限制：对比于新奇的信息，人更不太可能提及已知的信息。

因此，当人们谈论白羊时，他们很可能讨论的就是羊，而对于黑羊，他们更可能保留颜色这个信息并指明是黑羊。仅用文本数据训练的模型很可能会被这种情况误导。

反义词 反义词（好与坏，买与卖，热与冷）往往出现在相似的情境中（东西可能是热的也可能是冷的，购买的东西也经常被出售）。因此，基于分布式假设的模型趋向于认为反义词之间非常相似。

语料库偏好 无论情况如何，分布式方法反映了它们所基于的语料库的使用模式，而语料库又反映了现实世界中的人类的爱好（文化或其他）。事实上，Caliskan-Islam 等人[2016]发现分布式词向量编码"我们所寻求的心理学中记录的每个语言偏好"，包括种族和性别的传统观念（即欧裔美国人的名字更可能是某些愉悦的词汇，而非裔美国人的名字更可能是不愉悦的词汇；根据美国人口普查，可以根据职业名称的向量表示来预测妇女的职业比例）。与反义词案例一样，这种行为可能需要也可能不需要，这取决于用例：如果我们的任务是猜测一个角色的性别，按传统观念，护士是女性，而医生是男性，这些可能是算法的理想属性。然而，在其他许多情况下，我们也不理会这种偏见。无论如何，在使用分布式表示时，应考虑到这些诱导词相似性的趋势。进一步讨论参见 Caliskan-Islam 等人 [2016] 和 Bolukbasi 等人 [2016]。

语境缺乏 分布式方法聚合了大型语料库中术语出现的语境。结果是，词表示是独立于上下文的。在现实中，没有一个词的意思是上下文无关的。正如 Firth[1935] 所论证的，"一个词的完整含义总是具有语境意义，没有上下文语境的话，对词含义的研究没有意义"。这样的一个明显的表现就是多义词，一些话有明显的多重意义：bank 可以指一个金融机构或一个河堤，star 可以是一个抽象的形状、一个名人、一个天文实体等。对于所有形式都使用同一个向量是有问题的。除了多重意义问题外，词的含义也很依赖于上下文微妙的变化。

使用词嵌入

在第 10 章中我们讨论了从大量的未标记文本中得到词向量的算法。在专用的（dedicated）神经网络中，这些词向量对于初始化词向量矩阵是非常有用的。在神经网络之外，它们也有自身的实际用途。本章将讨论一部分词向量的用途。

符号 本章中我们假设为每一个词都分配一个整数的下标（index），并且使用 w 或 w_i 来表示一个词以及它的下标。$E_{[w]}$ 表示 E 中 w 所对应的行。我们有时会使用 w 和 w_i 来表示词 w 和 w_i 所对应的向量表示。

11.1 词向量的获取

从一个语料库中可以很容易地训练词嵌入向量，并且已有有效的训练算法实现。此外，人们也可以下载在大规模文本上面训练得到的预训练的词向量（请注意训练机制和底层语料库的差异对最终的表示有很大的影响，并且可用的预训练的表示可能不是特定应用情况下的最佳选择）。

本书写作时，Word2Vec 算法的高效实现已有可获取的单独的二进制文件⊖和 GenSim 的 python 包⊜。我们还可获取允许使用任意上下文信息的改进版二进制 Word2Vec ⊛。同时，还有一个 GloVe 模型的有效实现⊗。预训练的英文词向量可以从谷歌⊛和斯坦福⊛以及其他来源获得。英语外其他语言的预训练词向量可以从 Polyglot 项目中获得⊕。

11.2 词的相似度

给定预训练的词嵌入向量，除了将它们输入到神经网络中之外，主要的用途是利用向

⊖ https://code. google. com/archive/p/word2vec/。
⊜ https://radimrehurek. com/gensim/。
⊛ https://bitbucket. org/yoavgo/word2vecf。
⊗ http://nlp. stanford. edu/projects/glove/。
⊛ https://code. google. com/archive/p/word2vec/。
⊛ http://nlp. stanford. edu/projects/glove/。
⊕ http://polyglot. readthedocs. org。

量之间的相似度函数 $\text{sim}(u, v)$ 计算两个词之间的相似度。一种常用且有效的相似度计算函数是余弦相似度（cosine similarity），对应的是向量之间的夹角余弦：

$$\text{sim}_{\cos}(u, v) = \frac{u \cdot v}{\|u\|_2 \|v\|_2} \tag{11.1}$$

当 u 和 v 是单位向量（$\|u\|_2 = \|v\|_2 = 1$）时，余弦相似度变成了点积的形式 $\text{sim}_{\cos}(u, v) = u \cdot v = \sum_i u_{[i]} v_{[i]}$。点积的形式是非常便于计算的，而且令每一行都是单位长度，这是常见的嵌入矩阵正则化方式。从现在开始，我们假设嵌入矩阵 E 用这种方式进行正则化。

11.3 词聚类

词向量可以很容易地通过一些聚类算法如定义在欧式空间上的 K 均值方法进行聚类。聚类可以在使用离散特征的学习算法中作为特征参与学习，也可以在其他需要离散特征的系统（如信息检索系统）中作为特征。

11.4 寻找相似词

根据上文所述，使用行正则化嵌入矩阵，两个词 w_1 与 w_2 的余弦相似度由下式给出：

$$\text{sim}_{\cos}(w_1, w_2) = E_{[w_1]} \cdot E_{[w_2]} \tag{11.2}$$

通常我们需要找出与一个词相近的 k 个词，我们把 $w = E_{[w]}$ 当作词 w 对应的向量，则 w 与其他词的相似度可以由矩阵乘法 $s = Ew$ 计算。最终得到一个表示相似度的向量 s，$s_{[i]}$ 表示词 w 与词表中第 i 个词的相似度（E 中的第 i 行）。前 k 个最相似的词语可以通过寻找 s 中 k 个最高的值所对应的下标来提取。

在一个优化的现代科学计算库（如 numpy）中$^{\ominus}$，这种矩阵-向量运算可以在毫秒内执行嵌入矩阵与成百上千的向量的运算，因此可以很迅速地计算出相似度。

根据分布式方法得到的词相似度可以与其他形式的相似度进行结合。例如，我们可以基于拼写相似程度定义一种度量（共享相同字母的词语）。通过过滤与目标词语分布式相似度排名前 k 的列表得到拼写上也相似的词，我们可以找到该目标词语的拼写变形和常见拼写错误。

$\ominus$　http://www.numpy.org/。

一组词的相似度

我们也可能会希望找到与一组（group）词最相似的词语，这个需求通常在我们已经得到一个相关词列表并希望对词表进行扩充时出现（如已知 4 个国家的列表，希望扩充出更多的国名，或在已经确定一个基因名称列表的时候扩充其他的基因），另一种适用情景是当我们将相似度视为对于一个词的给定含义的相似度的时候，通过创造一个与该含义相关的词列表，可以将查询词的相似度与这个含义关联。

有许多在一组词中定义一个具体对象相似度的方法，这里我们定义的是词组中对象的平均相似度，例如，给定一组词 $w_{1,k}$，我们将这个词组与词 w 的相似度定义为 $\text{sim}(w, w_{1,k}) = \frac{1}{k} \sum_{i=1}^{k} \text{sim}_{\cos}(w, w_i)$。

得益于线性性质，计算一组词和其他多个词的平均余弦相似度，可以通过多个词的词向量矩阵和这组词的平均向量的单次矩阵-向量乘法完成。向量 s 中 $s_{[w]} = \text{sim}(w, w_{1,k})$ 可通过下式计算：

$$s = E(w_1 + w_2 + \cdots + w_k)/k \tag{11.3}$$

11.5 同中选异

对于给出一个词列表并找出不属于这个列表的某个词这个问题（即同中选异（odd-one-out）问题），可以通过计算每个词与词组平均相似度并返回一个最不相似的词来完成。

11.6 短文档相似度

有一些情况下我们需要考虑两个文档的相似程度。最好的选择无疑是使用特定的模型通过预训练词向量来得到结果，尤其是在处理短文档的时候（如网络查询、新闻标题、Twitter 回复等），这个想法是为了表示文档中成对词语的相似度总和。形式上说，考虑两个文档 $D_1 = w_1^1, w_2^1, \cdots, w_m^1$ 和 $D_2 = w_1^2, w_2^2, \cdots, w_n^2$，并将文档相似度定义为：

$$\text{sim}_{\text{doc}}(D_1, D_2) = \sum_{i=1}^{m} \sum_{j=1}^{n} \cos(w_i^1, w_j^2)$$

使用基本的线性代数方法，可以直观地看到，对于正则化的词向量，相似度函数可以通过文档的连续词袋表示的点积来计算：

$$\text{sim}_{\text{doc}}(D_1, D_2) = \left(\sum_{i=1}^{m} w_i^1 \right) \cdot \left(\sum_{j=1}^{n} w_j^2 \right)$$

考虑文档集合 $D_{1,k}$，矩阵 $\boldsymbol{D}$ 的第 i 行是文档 D_i 的连续词袋表示，这个新文档 $D' = w'_{1,n}$ 与文档集合中文档的相似度可以通过单次的矩阵-向量乘法获得：

$$s = \boldsymbol{D} \cdot \left(\sum_{i=1}^{n} \boldsymbol{w}'_i \right)$$

11.7 词的类比

Mikolov 及同事的一项有趣观察[Mikolov et al.，2013a，Mikolov et al.，2013]，极大地促进了词嵌入的普及，即一个人可以在词向量上执行"代数"，并得到有意义的结果。例如，对使用 Word2Vec 训练得到的词嵌入，使用 king 这个词的词向量，减去 man 的词向量，加上 woman 的词向量，得到与结果最相近的词语（在去除 king、man、woman 的情况下）是 queen。这就是说，在向量空间里面有 $w_{\text{king}} - w_{\text{man}} + w_{\text{woman}} \approx w_{\text{queen}}$ 成立。相似的结果也出现在了其他不同的语义关系上，例如 $w_{\text{France}} - w_{\text{Paris}} + w_{\text{London}} \approx w_{\text{England}}$，同样的情况也适用于许多其他的城市名和国家名。

这也引发了一个类比解决的任务，不同的词嵌入通过它们对于使用

$$\text{analogy}(m:w \rightarrow k:?) = \operatorname*{argmax}_{v \in \boldsymbol{V} \setminus \{m,w,k\}} \cos(v, k - m + w) \tag{11.4}$$

来回答形如"man：woman→king：?"的类比问题的解决能力进行评价。

Levy 和 Goldberg[2014]发现，对于正则化向量，解决等式(11.4)的极大化等价于解决等式(11.5)，即查找和 king 相似且和 man 相似但和 woman 不相似的词：

$$\text{analogy}(m:w \rightarrow k:?) = \operatorname*{argmax}_{v \in \boldsymbol{V} \setminus \{m,w,k\}} \cos(v, k) - \cos(v, m) + \cos(v, w) \tag{11.5}$$

Levy 和 Goldberg 将这种方法称为 3CosAdd。这种从向量空间中的词运算到词之间的相似度运算的转换在某种程度上有助于解释词嵌入"解决"类比的能力，也为哪种类比可以通过这种方法得到恢复提供了建议。它还强调了 3CosAdd 类比恢复方法的一个可能缺陷：由于目标的加和性质，和中某一项可能会控制表达式，使得其他词的信息被严重忽略。正如 Levy 和 Goldberg 提出的，这个问题可以通过转换乘法目标来解决(3CosMul)：

$$\text{analogy}(m:w \rightarrow k:?) = \operatorname*{argmax}_{v \in \boldsymbol{V} \setminus \{m,w,k\}} \frac{\cos(v, k)\cos(v, w)}{\cos(v, m) + \varepsilon} \tag{11.6}$$

尽管类比恢复任务在评价词嵌入方面颇受欢迎，但是词嵌入质量超出了其解决的特定任务在类比任务基准上的成功说明了什么还不是很明朗。

11.8 改装和映射

通常情况下，所产生的相似度并不能完全反映出我们在应用中预想的相似度。人们可

以想出或通过某种方式获得相对较大的词对相似度列表，反映出相比于词嵌入更好的期望的相似度，但覆盖性较差。Faruqui 等人[2015]提出的改装方法允许使用这样的数据来提高词嵌入矩阵的质量，Faruqui 等人[2015]展示了利用 WordNet 和 PPDB 的信息来提高预训练嵌入向量的方法的有效性(6.2.1 节)。

这种方法假设存在一个预训练词嵌入向量矩阵 E 和一个编码了词间二元相似度关系的图 g——图中的结点是词，如果它们是由边直接连接的，那么词就很相似。值得注意的是这里的图是一种一般化的表示，一个包含被认为彼此相似的词对的列表可以轻松地套用在该框架内。这种方法的机制是解决一个优化问题，搜索一个新的词嵌入矩阵 $\hat{E}$ 使得其每一行和 E 中对应行接近的同时也接近于其在图 g 中的邻居。具体的优化目标是：

$$\underset{\hat{E}}{\mathrm{argmin}} \sum_{i=1}^{n} \left(\alpha_i \parallel \hat{E}_{[w_i]} - E_{[w_i]} \parallel^2 + \sum_{(w_i,w_j) \in g} \beta_{ij} \parallel \hat{E}_{[w_i]} - \hat{E}_{[w_j]} \parallel^2 \right) \tag{11.7}$$

其中，α_i 和 β_{ij} 反映了一个词和它本身或其他单词相似的重要程度。实际上，α_i 通常都设为 1，β_{ij} 设为词 w_i 在图 G 中度的倒数(如果一个词同时有几个近邻，则对于其中每个词的影响都会较小)，在实际应用中这种方法的效果非常好。

一个相关问题是当一个词有两个嵌入矩阵该怎么办：一个是从一个小词表中得到的 $E^S \in \mathbb{R}^{|V_S| \times d_{emb}}$，另一个是从大词表中获得并单独训练的 $E^L \in \mathbb{R}^{|V_L| \times d_{emb}}$。因此二者是不相容的，有可能小词表中得到的矩阵是通过一个更昂贵的算法训练得到的(也许是一个更大、更复杂的网络)，大词表则是通过互联网下载得到的。一般都会在词表中有一些重复，如果想要用大矩阵 E^L 中的词向量来表示小词表 E^S 中无法得到的词，可以通过线性映射⊖的方法在两个嵌入空间中架起一个"桥梁"[Kiros et al.，2015，Mikolov et al.，2013]，训练目标是寻找一个映射矩阵 $M \in \mathbb{R}^{d_{emb} \times d_{emb}}$ 来将 E^L 中的列与 E^S 中的列相对应。具体的方法是解决以下优化问题：

$$\underset{M}{\mathrm{argmin}} \sum_{w \in V_S \cap V_L} \parallel E^L_{[w]} \cdot M - E^S_{[w]} \parallel \tag{11.8}$$

学习得到的矩阵可以用于映射 E^L 中无法与 E^S 相对应的列。Kiros 等人[2015]成功地使用这种方法提高基于 LSTM 的句子编码器的词表大小(Kiros 等人[2015]的句子编码模型会在 17.3 节讨论)。

另一个映射方法的小应用(鲁棒性不是很强)是 Mikolov 等人[2013]提出的，是基于两种语言之间已知的单词翻译的种子列表，通过矩阵映射的方法将 A 语言(如英语)中的嵌入

⊖ 当然，要想实现这个方法，首先要假设两个空间是可以线性对应的。线性映射方法在实际应用中也有很好的效果。

向量映射到 B 语言（如西班牙语）中。

11.9　实用性和陷阱

尽管有许多现成的、预训练得到的词向量可以下载和使用，我们仍然建议不要这样像黑盒方法一样盲目地下载和使用这些资源。还有很多其他的条件要考虑，如训练集的资源（并不一定只考虑大小，越大的数据集不一定越好，小的数据集可能更清晰、对于某些特定的领域更有针对性，或对于某些特定问题有更好的实用性），用于定义相似度分布的上下文内容，对结果有很大影响的超参数等，都是要考虑的问题。对所关注的相似度任务上的有标注的测试集，最好对多个设置进行试验，并选择在开发集上最有效的设置。可能的超参数以及它们如何影响所产生的相似度的讨论，具体参考 Levy 等人[2015]的工作。

当使用现成的词向量时，最好使用与源语料相同的切分词项的方法和文本规范化方法。

最后，由词向量引起的相似度问题是基于分布信号的，因此容易受到 10.7 节中所讨论的分布式相似度方法的所有限制的影响。当使用词向量时需要考虑这些限制。

案例分析：一种用于句子意义推理的前馈结构

在 11.6 节中我们介绍了将短文档中成对词语的相似度之和当作它们的相似度的基线方法。给定两个句子，第一个由词 w_1^1，$\cdots$，$w_{\ell_1}^1$ 组成，第二个由词 w_1^2，$\cdots$，$w_{\ell_2}^2$ 组成，每个词都与预训练过程中的对应词向量 $\boldsymbol{w}_{1:\ell_1}^1$，$\cdots$，$\boldsymbol{w}_{\ell_2}^2$ 关联，两个文档的相似度定义为：

$$\sum_{i=1}^{\ell_1} \sum_{j=1}^{\ell_2} \mathrm{sim}(\boldsymbol{w}_i^1, \boldsymbol{w}_j^2)$$

虽然这是一个很强的基线方法，但却是完全无监督的，在本章，我们会展示在有训练数据的情况下，文档相似分数可以有多大提升。我们会采用 Parikh 等人[2016]针对斯坦福自然语言推理(Stanford Natural Language Inference，SNLI)中语义推理任务提出的网络模型。不同于为 SNLI 任务提供一个强大的模型，这个模型说明了如何将到目前为止所描述的基本网络组件组合在不同的层中，从而形成一个复杂而又强大的网络，并针对某个任务进行联合训练。

12.1 自然语言推理与 SNLI 数据集

在自然语言推理任务即文本蕴含识别(RTE)中，会给出两个文本 s_1 和 s_2，需要确定 s_1 和 s_2 是蕴含(也就是可以通过 s_1 推断出 s_2)、矛盾(不可以同时为真)或中立(第二个既不与第一个相互矛盾，也无法通过第一个推理得到)。表 12.1 给出了不同情境下的例句。

表 12.1 自然语言推理(文本蕴含)任务。表中例子来自 SNLI 的开发集

	Two men on bicycles competing in a race.
Entail	People are riding bikes.
Neutral	Men are riding bicycles on the street.
Contradict	A few people are catching fish.
	Two doctors perform surgery on patient.
Entail	Doctors are performing surgery.
Neutral	Two doctors are performing surgery on a man.
Contradict	Two surgeons are having lunch.

蕴含任务是 Dagan 和 Glickman[2004]提出的，随后由一系列称为 PASCAL RTE 挑战的基准[Dagan et al.，2005]建立起来。这个任务非常有挑战性[⊖]，完美的解决需要对语言的理解达到人类级别。

对于该任务的深度讨论和非神经网络的解决方法，可以参考 Dagan、Roth、Sammons 和 Zanzotto 所著的书[Dagan et al.，2013]。

SNLI 是一个由 Bowman 等人[2015]提出的大数据集，其中包括57万人类手写的句子对，每对都由人工标注为蕴含、矛盾和中立。标注过程是在不给标注人员看图片的情况下，给他们看图片描述，让他们据此写出一个绝对正确的图片描述(蕴含)，一个可能正确的图片描述(中立)，一个肯定错误的图片描述(矛盾)。通过这种方式收集了57万个句子对之后，将这其中的10%展示给不同的标注者进行进一步的验证，并让他们将这些句子对分为蕴含、中立、矛盾三类，经过验证的句子最后成为测试集与验证集。表12.1来自 SNLI 数据集。

尽管这个数据集与之前的 RTE 挑战数据集相比较为简单，但数据集很大，并且非常琐碎难以区分(尤其是如何区分蕴含与中立事件)。SNLI 数据集是用于获取有意义的推理模型的常用数据集。需要注意的是该任务超出了仅仅是词对间的相似度。例如表12.1中的第二个句子：中立句与原始句的相似度比蕴含句与原始句相似度更高(就平均相似度而言)。我们需要强调一些相似度并减少其余相似度的能力，并且需要理解哪种相似度保留了原意(例如，在一个手术环境下的 man 到 patient)，哪种添加新的信息(如，patient 到 man)。网络结构就是设计用来帮助这种推理的。

12.2　文本相似网络

网络分几个阶段进行工作：第一阶段，我们的目标是计算句子对的相似度并且使其与任务相适应。两个词向量的相似度函数定义为：

$$\mathrm{sim}(w_1,w_2) = \mathrm{MLP}^{\mathrm{transform}}(w_1) \cdot \mathrm{MLP}^{\mathrm{transform}}(w_2) \tag{12.1}$$

$$\mathrm{MLP}^{\mathrm{transform}}(x) \in \mathbb{R}^{d_s} \quad w_1, w_2 \in \mathbb{R}^{d_{\mathrm{emb}}}$$

首先我们用训练好的非线性变换把每个词转化为词向量，然后取变换后向量的点积。

句子 a 中的每个词可以与句子 b 中的一些词相似，反之亦然。对于句子 a 中的每个词

⊖　此处描述的 SNLI 数据集聚焦于描述图片中的场景，比普遍的不受限的 RTE 任务要简单，完成后者可能会需要更复杂的推理步骤。一个不受限 RTE 任务中的蕴含对如下例：*About two weeks before the trial started，I was in Shapiro's office in Century City⇒Shapiro worked in Century City*。

w_i^a，我们计算一个 ℓ_b 维的向量作为这个词本身在 b 中的相似度，通过 softmax 正则化可以使所有相似度均为正值且和为 1，这称作该词的对齐向量：

$$\alpha_i^a = \mathrm{softmax}(\mathrm{sim}(w_i^a, w_1^b), \cdots, \mathrm{sim}(w_i^a, w_{\ell_b}^b)) \tag{12.2}$$

类似，可以在句子 b 中计算每个词的对齐向量：

$$\alpha_i^b = \mathrm{softmax}(\mathrm{sim}(w_1^a, w_i^b), \cdots, \mathrm{sim}(w_{\ell_a}^a, w_i^b))$$

$$\alpha_i^a \in \mathbb{N}^{\ell_b} \qquad \alpha_i^b \in \mathbb{N}^{\ell_a}$$

对于每个词 w_i^a 都计算一个 b 中与 w_i^a 对齐的词构成的加权和 $\overline{w_i^b}$，对 $\overline{w_j^a}$ 也进行类似的计算。

$$\overline{w_i^b} = \sum_{j=1}^{\ell_b} \alpha_{i[j]}^a w_j^b$$

$$\overline{w_i^a} = \sum_{j=1}^{\ell_a} \alpha_{i[j]}^b w_i^a \tag{12.3}$$

向量 $\overline{w_i^b}$ 捕获了通过 a 中的第 i 个词触发的句子 b 中的单词的加权混合。

一系列向量的这个加权和表示（其中的权重由等式（12.2）所示的得分使用 softmax 计算得出）通常称为"注意力机制"。这样命名基于以下事实：权重反映了目标序列中的每个项对给定源项的重要性——对于目标序列中的每个项，对于源项应给予多少注意力。我们会在第 17 章讨论条件生成模型时介绍注意力机制的细节。

w_i^a 和句子 b 中对应的触发混合项 $\overline{w_i^b}$ 之间的相似性对于 NLI 任务来说并不是必要相关的，我们尝试将每一个这样的对转化为聚焦于在该任务下的重要信息的向量表示 v_i^a，这个步骤是通过另一个前馈网络完成的：

$$v_i^a = \mathrm{MLP}^{\mathrm{pair}}([w_i^a; \overline{w_i^b}])$$

$$v_j^b = \mathrm{MLP}^{\mathrm{pair}}([w_j^b; \overline{w_j^a}]) \tag{12.4}$$

值得注意的是与式（12.1）中单独考虑每个项的相似度函数不同，这里的函数对于每个部分都是用不同的方法处理的。

最后，我们将向量结果加和并传递到一个 MLP 分类器中，用于预测两个句子的关系（蕴含、矛盾、中立）：

$$v^a = \sum_i v_i^a$$

$$v^b = \sum_j v_j^b \tag{12.5}$$

在 Parikh 等人[2016]的工作中，所有的 MLP 都有大小为 200 的两个隐层以及一个 ReLU 激活函数。整个过程由同一个计算图捕获，并且网络使用交叉熵损失并进行端对端训练，预训练得到的词向量不会随着剩余网络的变化而变化，并且依赖 $\text{MLP}^{\text{transform}}$ 进行迭代，在写本书的时候，这个结构是 SNLI 数据集上取得最好效果的网络。

为了对这个结构进行总结，转化网络学习了一个词级别对齐的相似度函数。将每个词转化到保留了词级别相似性的空间中。经过转化网络之后，两个词向量相近的词基本会指向同一个实体或事件。网络的目标是为了找到有助于蕴含的关键词，我们会从两个方向得到对齐结果：将 a 中的每个词对齐到 b 中多个词语，对 b 中的词语也会找多个在 a 中对齐的词。对齐结果是软对齐，表现为在一组成员上的权重而不是硬性决定，所以一个词可以参与许多对相似度。这个网络会很大概率地将 men 与 people 放在相邻的位置，men 和 two 放在相邻的位置，man 与 patient 放在相邻的位置，同样，perform 和 performing 也会有相似的形式。

这个配对网络接下来会使用 CBOW 加权表示法查看每个对齐的对（词＋组），并提取与该对相关的信息。这对蕴含预测任务有用吗？通过看句子中的每一个组成部分的来源，可能知道 patient 和 men 在一个方向上是蕴含关系，反之则不成立。

最终，决策网络从词对中聚合数据，并且据此提出决策。推断分为三个阶段：第一阶段根据相似度对齐找到较弱的局部证据，第二阶段查看带权重的多个词单元并加入方向性，第三阶段将所有局部证据整合成全局决策。

网络的详细信息将针对特定任务和数据集进行调整，并且不清楚它们是否会泛化到其他设置。本章的思想不是要引入一个特定的网络体系结构，而是要证明复杂的体系结构是可以设计的，而且有时值得这样做。本章值得留意的一个新组件是对软对齐权重 $\boldsymbol{\alpha}_i^a$（也称作注意力）的使用，为了计算元素 $\overline{w_i^a}$ 的权重和（式 12.3）。在第 17 章我们讨论使用 RNN 的基于注意力的条件生成网络的时候再讨论这个想法。

特殊的结构

在之前的章节中，我们讨论了有监督学习和前馈神经网络以及如何将它们用于语言任务中。前馈神经网络大体上来说是一种通用目的的分类结构——其中不包含任何为语言数据或序列数据而定制的部分。实际上，我们大多会将语言任务结构化以适应 MLP 框架。

在接下来的章节中，我们会探索一些专门处理语言数据的神经网络结构。具体地，我们将讨论一维卷积和池化(CNN)和循环神经网络(RNN)。CNN 专门用来识别文本中一个序列里的富信息 n 元语法和带槽 n 元语法，忽略它们的位置但考虑局部有序模式。RNN 用来捕捉序列内敏感模式和规则，它可以建模非马尔可夫依赖，观测一个焦点词周围的"无限窗口"，同时放大该窗口内富含信息量的序列模式。最后，我们会讨论序列生成模型和条件生成。

特征提取 本章探索的 CNN 和 RNN 结构主要用来进行特征提取。一个 CNN 或 RNN 网络不是一个单独的组件，而是用来生成一个向量(或一个向量序列)送到网络后续部分最终进行预测的网络。网络使用端到端的方式进行训练(预测部分和卷积/递归结构联合训练)，以便于网络的卷积或递归部分得到的向量可以捕获输入中对于给定预测任务有用的部分。在接下来的章节中，我们介绍基于 CNN 和 RNN 结构的特征提取。到目前为止，基于 RNN 的特征提取器的建立相比于 CNN 而言在基于文本的应用中要更为完善。然而，不同的结构有不同的优势和劣势，它们之间的平衡在未来也可能发生变化。两种结构都值得了解，它们的混合方法也有可能变得更受欢迎。第 16 和 17 章讨论了在不同 NLP 预测和生成结构中的基于 RNN 的特征提取器。这些章节中讨论的绝大部分也适用于卷积神经网络。

CNN 和 RNN 乐高积木 在学习 CNN 和 RNN 结构时，很重要的一点是将它们看成可以混合搭配来创造出需要的结构完成需要行为的"乐高积木"。

这种类似乐高积木的混合搭配得益于计算图机制和基于梯度的优化。它允许将神经网络结构如 MLP、CNN 和 RNN 看成组件或积木，以混合搭配从而创造出越来越大的结构——我们只需保证不同组件的输入和输出的维度能够匹配——计算图和基于梯度的训练完成其余的部分。

这使得我们可以使用多层 MLP、CNN 和 RNN 互联以及端到端的方式训练以创造更大的复杂网络结构。后续章节会讨论一些例子，但除此以外还有很多其他的可能，不同的任务可能受益于不同的结构。当学习一个新的结构时，不要考虑"它可以替换哪一个现有的组件?"或"我如何使用它解决一个任务"，而是"我该如何把它整合进我的组件库中并将它与其他组件结合实现一个想要的结果?"。

n 元语法探测器：卷积神经网络

有时我们感兴趣的是如何基于元素的有序集合(例如，句子内的词序列，文档中的句子序列等)来进行预测。例如，预测如下句子的情感(积极，消极，中立)。

- Part of the charm of Satin Rouge is that it avoids the obvious with humor and lightness.

- Still，this flick is fun and host to some truly excellent sequences.

句子中的一些词(charm，fun，excellent)含有丰富的情感信息，而其他的词(Still，host，flick，lightness，obvious，avoids)包含的信息可能较少，作为对情感的一个很好估计，信息丰富的线索词包含大量与位置无关的信息。我们希望将所有的词送入一个学习器中，让训练过程计算出重要线索。一个可能的解决方案是将一个 CBOW 表示送入一个全连接网络如 MLP 中。然而，CBOW 方法的一个负面作用是它彻底忽略了信息的顺序，对于句子"it was not good，it was actually quite bad"和"it was not bad，it was actually quite good"会给出完全相同的表示。尽管起到指示器作用的"not good"和"not bad"的全局位置不会对分类任务造成影响，但是词的局部顺序(词"not"恰好出现在词"bad"前)是非常重要的。类似地，基于文档的例子中"Montias pumps a lot of energy into his nuanced narative，and surrounds himself with a cast of quirky—but not stereotyped—street characters"，"not stereotyped"(积极指示器)和"not nuanced"(消极指示器)之间也存在着很大的区别。上述例子还仅仅只是简单的否定情况，此外还存在一些没有这么明显的模式，例如，第一个例子中的"avoids the obvious"与"obvious"或"avoids the charm"。简言之，使用 *n* 元语法相比于词袋能获取更多的信息。

一个简单的做法是使用二元词组(bi-gram)词嵌入或三元词组(tri-gram)词嵌入而不是词，然后在词嵌入处理后的 *n* 元语法上构建 CBOW 模型。尽管这样的结构的确非常有效，但却会导致词嵌入矩阵过大，无法用于较长的 *n* 元语法规模，而且会遇到数据稀疏性问题，因为不同 *n* 元语法间的统计特性没有得到共享("quite good"和"very good"的词嵌入彼此完全独立，因此如果学习器在训练过程中只观测到其中之一，那么它不会对另一个根据构成它的词的成分做任何的推理)。

CNN 结构　本章介绍卷积-池化(也叫作卷积神经网络或 CNN)结构，专门解决上述建模问题。卷积神经网络被设计用来在大规模结构中识别出具有指示性的局部预测器，将它们结合以生成一个固定大小的向量来表示该结构，捕获对当前预测任务信息最多的局部特征。例如，卷积神经网络可以识别出对当前任务具有预言性的 n 元语法，而不用预先为每一个可能的 n 元语法指定一个词嵌入向量。（在13.2节，我们讨论了另一种选择，可以使用无约束的 n 元语法词汇，同时保持词嵌入矩阵的约束。）卷积结构还允许有相似成分的 n 元语法分享预测行为，即使在预测过程中遇见未登录的特定的 n 元语法，卷积结构也能通过与其含有相似成分的 n 元语法使其共享类似的预测行为。

卷积结构可以扩展成层次化的卷积层，每一层有效地着眼于句子中更长的 n 元语法。这使得模型还可以对非连续 n 元语法敏感。这些将在13.3节中讨论。

如本书开篇中对本章的讨论，CNN 本质上是一种特征提取结构。它本身并不能独立构成一个有效的网络，而是应用在更大规模的网络之中，训练其在网络中联合运行以产生最终结果。CNN 层的作用是抽取出对于当前整体预测任务有用的有意义的子结构。

历史和术语　卷积-池化结构［LeCun and Bengio，1995］兴起于神经网络视觉领域并在目标检测上获得了巨大的成功［Krizhevsky et al.，2012］，其中目标检测指的是无视图片中目标的位置识别出预先定义类别（"猫"，"自行车"）。当应用在图像上时，该结构使用的是二维（网格）卷积。当应用在文本上时，我们主要关心的是一维（序列）卷积。卷积网络由 Collobert 等［2014］的开创性工作引入 NLP 领域，用于情感角色标注，接下来又被 Kalchbrenner 等［2014］和 Kim［2014］用来进行情感和问题类型分类。

由于源自计算机视觉领域，许多关于卷积神经网络的术语都是借鉴于计算机视觉和信号处理，包括滤波器、信道和感受野这些术语也常被用在文本处理的上下文中。我们会在介绍相关概念时再提到这些术语。

13.1　基础卷积+池化

用于语言任务的卷积和池化背后的主要思想是对一句话的 k 个词滑动窗口的每个实例应用一个非线性（习得的）函数⊖。该函数（也被称为"滤波器"）将 k 个词的窗口转换成一个实数值。使用多个这样的滤波器，得到 ℓ 维向量（每一维对应一个滤波器）捕获窗口内词的重要属性。然后，使用一个"池化"操作，将不同窗口得到的向量通过对 ℓ 维中每一维取最大值或平均值的方式，结合成一个 ℓ 维向量。这样做的目的在于聚焦句子中最重要的"特

　⊖　窗口大小 k 通常指卷积中的感受野。

征"，忽略它们的位置——每一个滤波器提取窗口中不同的指示器，池化操作则放大了重要的指示器。得到的 ℓ 维向量接下来将被送入网络中用于进一步的预测。训练过程中从网络回传的梯度则被用来调整滤波器函数的参数，使其强化数据中对网络任务更重要的部分。直观上看，大小为 k 的滑动窗口在序列上运行时，滤波器函数学习了如何识别信息量更丰富的 k 元语法。图 13.3 指出了在一个句子上卷积-池化的应用。

13.1.1　文本上的一维卷积

我们首先关注一维的卷积操作$^{\ominus}$。下一章将关注池化。

考虑一个词序列 $w_{1:n}=w_i$，$\cdots$，w_n 每一个对应着它们的 d_{emb} 维度的词向量 $E_{[w_i]}=w_i$。宽度为 k 的一维卷积在句子上移动一个大小为 k 的滑动窗口，对序列中的每个窗口使用同一个"滤波器"，其中的滤波器是一个与权重向量 u 的内积，其后又通常会使用一个非线性激活函数。定义操作符 $\oplus(w_{i,i+k-1})$ 为拼接向量 w_i，$\cdots$，w_{i+k-1}。第 i 个窗口的拼接向量即为 $x_i=\oplus(w_{i,i+k-1})=[w_i;\ w_{i+1};\ \cdots;\ w_{i+k-1}]$，$x_i\in\mathbb{R}^{k\cdot d_{emb}}$。

然后，我们将每一个窗口向量应用在滤波器上，得到标量值 p_i：

$$p_i = g(x_i \cdot u) \tag{13.1}$$

$$x_i = \oplus(w_{i,i+k-1}) \tag{13.2}$$

$$p_i \in \mathbb{R} \quad x_i \in \mathbb{R}^{k\cdot d_{emb}} \quad u \in \mathbb{R}^{k\cdot d_{emb}}$$

其中，g 是一个非线性激活函数。

通常我们会使用 ℓ 个不同的滤波器 u_1，$\cdots$，u_ℓ，将其排列成矩阵 U，并增加一个偏置向量 b：

$$p_i = g(x_i \cdot U + b) \tag{13.3}$$

$$p_i \in \mathbb{R}^\ell \quad x_i \in \mathbb{R}^{k\cdot d_{emb}} \quad U \in \mathbb{R}^{k\cdot d_{emb}\times\ell} \quad b \in \mathbb{R}^\ell$$

每一个向量 p_i 是代表（或总结）了第 i 个窗口的 ℓ 个值的集合。理想情况下，每一维捕捉了不同种类的指示性信息。

宽卷积与窄卷积　我们有多少个向量 p_i？对于窗口大小为 k 长度为 n 的句子，共有 $n-k+1$ 个序列开始位置，因此我们可以得到 $n-k+1$ 个向量 $p_{1:n-k+1}$。上述过程称为窄卷积。另一种选择是对句子两端填充 $k+1$ 个填充词，这样可以得到 $n+k+1$ 个向量 $p_{1:n+k+1}$。这称为宽卷积[Kalchbrenner et al.，2014]。我们用 m 表示得到的 $p_{1:n+k+1}$ 包含的向量的个数。

$\ominus$　这里的一维指的是卷积操作在一维输入如序列上进行，相对应地，二维卷积应用在图像上。

另一种卷积公式   在我们对序列卷积的描述中，n 个项 $w_{1:n}$ 构成的序列中的每一项对应着一个 d 维向量，这些向量被拼接形成了一个更大的 $1 \times d \cdot n$ 维的句子向量。窗口大小为 k 且有 l 个输出值的卷积神经网络基于一个 $k \cdot d \times l$ 的矩阵。该矩阵被用到 $1 \times d \cdot n$ 句子矩阵中 k 个词窗口对应的段上。每一次乘法会得到 l 个值。l 个值中的每一个都可以看成是一个 $k \cdot d \times 1$ 的向量（矩阵中的一行）和句子段的内积结果。

另一种（等价）公式在论文中也常被使用，该方法中 n 个向量在顶部互相堆叠，得到一个 $n \times d$ 的句子矩阵。然后，卷积操作使用 l 个不同的 $k \times d$ 矩阵（称为"核"或"滤波器"）在句子矩阵上滑动，并在核与对应的句子矩阵段上进行矩阵卷积。两个矩阵的卷积操作定义为对应元素相乘然后作和。l 个句子卷积核操作的每一个产生一个值，共计 l 个值。通过观测容易理解两种方法实质上是等价的，每一个核对应 $k \cdot d \times l$ 矩阵中的一行，与核进行卷积对应着与矩阵一行进行内积。

图 13.1 使用两种记法展示了窄卷积和宽卷积。

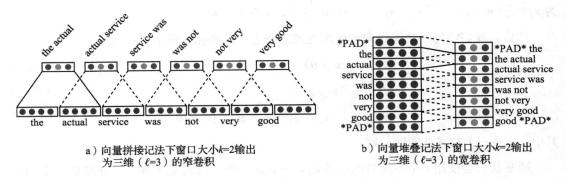

a）向量拼接记法下窗口大小 $k=2$ 输出为三维（$\ell=3$）的窄卷积

b）向量堆叠记法下窗口大小 $k=2$ 输出为三维（$\ell=3$）的宽卷积

图 13.1   向量拼接和向量堆叠下的窄卷积和宽卷积的输入输出

信道   在计算机视觉中，图片被表示成像素的集合，每个像素表示一个特定点的颜色强度。当使用 RGB 颜色方案时，每一个像素是三种强度值的结合——三种成分分别为红色、绿色和蓝色。因此这些信息被储存在三个不同的矩阵中。每个矩阵提供了图的一种不同的"视角"，通常称其为信道。在计算机视觉中对图片进行卷积时，通常对每个信道使用不同的滤波器集合，然后将得到的三个向量结合成一个向量。从不同的角度观测数据，文本处理也可以有多个信道。例如，一个信道可能是词序列，另一个信道是对应的词性序列。在词上进行卷积得到 m 个向量 $p^w_{1:m}$，在它的词性标签上进行卷积得到 m 个向量 $p^t_{1:m}$。这两种视角接下来可以通过加和 $p_i = p^w_i + p^t_i$ 或拼接 $p_i = [p^w_i; p^t_i]$ 进行结合。

总结   卷积层背后的主要想法是对序列中所有的 k 元语法应用同一个参数化的函数。这样构建了 m 个向量，每一个代表序列中一个特定 k 元语法。这种表示对于 k 元语法本身和其内部的词序敏感，但是对于一个序列中不同位置的同一个 k 元语法会得到相同的表示。

13.1.2　向量池化

在文本上进行卷积得到 m 个向量 $\boldsymbol{p}_{1:m}$，$\boldsymbol{p}_i \in \mathbb{R}^\ell$。然后这些向量被结合（池化）成一个向量 $\boldsymbol{c} \in \mathbb{R}^\ell$ 表示整个序列。理想情况下，向量 $\boldsymbol{c}$ 捕获了序列重要信息的实质内容。而需要编码进向量 $\boldsymbol{c}$ 的句子的重要信息的实质内容是任务相关的。例如，如果我们要进行情感分类，那么实质内容就是指示情感的最具有信息量的 n 元语法，而如果我们要进行主题分类，那么实质内容就是指示特定主题的最有信息量的 n 元语法。

在训练过程中，向量 $\boldsymbol{c}$ 被送给网络中后续的层中（例如 MLP），最终到达用于预测的输出层[一]。网络的训练程序根据预测任务计算损失，误差梯度通过所有的池化卷积和词嵌入层反向传播。训练程序调整卷积矩阵 $\boldsymbol{U}$、偏置向量 $\boldsymbol{b}$、后续网络和可选择性调整的词嵌入矩阵 $\boldsymbol{E}$，使得卷积和池化处理得到的向量 $\boldsymbol{c}$ 确实能够对当前的相关任务进行编码[二]。

max-pooling　最常见的池化操作是 max-pooling，对每一个维度取最大值。

$$c_{[j]} = \max_{1 < i \leqslant m} \boldsymbol{p}_{i[j]} \quad \forall_j \in [1, \ell] \tag{13.4}$$

$\boldsymbol{p}_{i[j]}$ 表示 $\boldsymbol{p}_i$ 的第 j 个元素。max-pooling 的作用是获取整个窗口位置中最显著的信息。理想情况下，每一个维度会"专门化"一个特定种类的预测器，最大化操作会选出每种类别下最重要的预测器。

图 13.2 提供了一个使用 max-pooling 操作的卷积池化处理的说明。

average-pooling　第二个常见的池化操作是 average-pooling——对每一个维度取均值而不是最大值：

$$c = \frac{1}{m} \sum_{i=1}^{m} \boldsymbol{p}_i \tag{13.5}$$

average-pooling 的一种理解是对句子中连续词袋（CBOW）而不是词进行卷积得到的表示。

k-max pooling　另外一种形式是由 Kalchbrenner 等人[2014]提出的 k-max pooling 操作，每一维度保留前 k 个而不是最大的，同时保留它们在文本中出现的顺序[三]。例如考虑

[一] 后续网络的输入可以是向量 $\boldsymbol{c}$ 本身，或是 $\boldsymbol{c}$ 和其他向量的结合。
[二] 除了对于预测有效，训练过程的一个副产品是参数集合 $\boldsymbol{W}$、$\boldsymbol{B}$ 和词嵌入矩阵 $\boldsymbol{E}$（还可以用来将任意长度的句子使用卷积池化结构编码成一个固定长度的向量，使得有着相同预测性信息的句子彼此接近）。
[三] 本章中我们使用 k 表示卷积窗口的大小。k-max pooling 中的 k 是不同且无关的值。在文献中我们使用字母 k 表示常量。

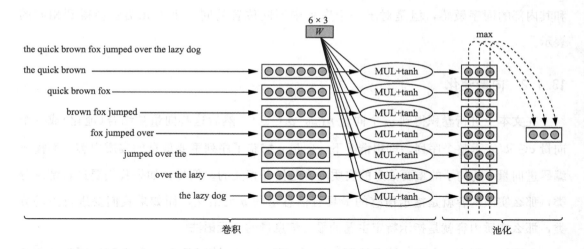

图 13.2　句子"the quick brown fox jumped over the lazy dog"的一维卷积＋池化。这是一个窗口大小为 3 的窄卷积（没有对句子进行填充）。每一个词被转换成了一个二维词嵌入（图中未展示）。然后，词嵌入拼接得到六维窗口表示。7 个窗口中的每一个经 6×3 滤波器（线性变换后按元素进行 tanh）转换，得到 7 个三维过滤后的表示。然后进行 max-pooling 操作，对每一维度取最大值，得到最终的三维池化向量

如下矩阵：

$$\begin{bmatrix} 1 & 2 & 3 \\ 9 & 6 & 5 \\ 2 & 3 & 1 \\ 7 & 8 & 1 \\ 3 & 4 & 1 \end{bmatrix}$$

在列向量上进行 1-max pooling 将得到 $[9 \quad 8 \quad 5]$，2-max pooling 会得到矩阵 $\begin{bmatrix} 9 & 6 & 3 \\ 7 & 8 & 5 \end{bmatrix}$，将其行向量拼接后得到 $[9 \quad 6 \quad 3 \quad 7 \quad 8 \quad 5]$。

k-max pooling　可以对许多分散在不同位置的 k 个最活跃的指示器进行池化。它保留了特征间的序关系，但是对于它们的具体位置不敏感。而且还能很好地识别出特征被显著激活的次数[Kalchbrenner et al.，2014]。

动态池化(dynamic pooling)　除了对整个序列使用一个单一的卷积操作，我们还希望根据对当前预测问题所在域的理解保留一些位置信息。为此，我们可以将向量 p_i 分成 r 组，对每组分别进行池化，然后将得到的 r 个 ℓ 维向量拼接 c_1，…，c_r。向量 p_i 的分组是根据领域知识划分的。例如，我们可能认为句子中先出现的词比后出现的词指示性更强。这样我们就可以将序列分成 r 个大小相同的区域，对每个区域分别进行 max-pooling。例如，Johnson 和 Zhang[2015]发现当把文档按主题分割时，20 个 average-pooling 区域能有

效地将起始句子(主题常在此引入)和其他分隔开来，而对于情感分类任务，对整个句子的一个单独的 max-pooling 操作是最优的(意味着句子中一个或两个强信号足以决定其情感，可以忽略它们的位置)。

类似地，在关系抽取类任务上，可能给定两个词，要求我们决策出它们之间的关系。我们可以认为，第一个词之前的词、第二词之后的词以及它们中间的词所提供的信息是不同的[Chen et al.，2015]。因此我们可以据此分割向量 p_i，对每组得到的窗口分别进行池化。

13.1.3 变体

除了使用单一的卷积层，还可以平行地使用多个卷积层。例如，我们可能有 4 个不同的卷积层，每一个的窗口大小为 2~5 不等，捕获序列中不同长度的 k 元语法。每一个卷积层的结果将被池化，然后将得到的向量拼接后送入接下来的处理中[Kim，2014]。

卷积结构不需要对句子做线性顺序的限定。例如 Ma 等人[2015]将卷积操作推广到了句法依存树上。在这里，每一个窗口围绕句法树中的一个结点，池化过程在不同的结点上进行。类似地，Liu 等人[2015]将卷积结构应用在了从句法树抽取出的依存路径上。Le 和 Zuidema[2015]提出对表示不同源的向量进行 max pooling 在 chart 解析器中会得到相同的 chart 项。

13.2 其他选择：特征哈希

用于文本的卷积神经网络是非常高效的连续 k 元语法特征探测器。然而，它们所需要的大量的矩阵乘法会导致不可忽视的计算开销。一个时间效率更高的选择是直接使用 k 元语法的词嵌入，然后使用 average-pooling 或 max-pooling 对 k 元语法进行池化(得到连续词袋 n 元语法表示)。该方法的一个缺点是需要为每一个可能的 k 元语法分配一个专门的词嵌入，由于训练数据集中的 k 元语法数量可能非常大，该方法会占用过高的存储空间。

解决该问题的一个方法是使用特征哈希，该方法兴起于线性模型[Ganchev and Dredze，2008，Shi et al.，2009，Weinberger et al.，2009]，最近被用到了神经网络中[Joulin et al.，2016]。特征哈希背后的思想是，我们不需要预先计算词汇-下标的映射。我们创建一个 N 行的词嵌入矩阵 E(N 应该足够大但不至于过高到百万千万)。在训练过程中的 k 元语法，我们使用哈希函数 h 将其指派给 E 中的一行，其中 h 确定性地将其映射到[1，N]中的一个数，$i = h(\text{k-gram}) \in [1, N]$。然后，我们就可以使用对应的行 $E_{[h(\text{k-gram})]}$ 作为词嵌入。这样，每一个 k 元语法会动态地分配一个行标，不需要显式存储

k-gram - 下标映射或为每一个 k 元语法分配专门的词嵌入。一些 k 元语法可能因为哈希冲突而共享同一个词向量(实际上，由于可能的 k 元语法空间远大于分配的词向量个数，哈希冲突是不可避免的)，但是由于大多数 k 元语法对任务提供的信息量有限，因此冲突通过训练过程后会得以缓解。如果考虑更细致的话，可以使用多个不同的哈希函数 $h_1, \cdots,$ h_r，每一个 k 元语法的表示为不同哈希函数哈希结果的和 $\left(\sum_{i=1}^{r} E_{[h_i(\text{k-gram})]} \right)$。这样，即使一个信息量丰富 k 元语法碰巧与另一个在一个哈希函数上冲突，它们依然可以通过其他没有发生冲突的哈希函数得到不同的表示。

这种哈希技巧(也称为哈希核)在实际应用中效果很好，可以得到非常高效的词袋模型。在考虑更复杂的方法或结构前，推荐使用该方法作为 go-to 基线方法。

13.3　层次化卷积

目前描述的一维卷积方法可以看作一个 n 元语法探测器。一个窗口大小为 k 的卷积层学习识别输入中具有指示性的 k 元语法。

这种方法可以扩展成层次化卷积层，卷积序列逐层相连。用 $\text{CONV}_\Theta^k(w_{1:n})$ 表示对序列 $w_{1:n}$ 中每个大小为 k 的窗口进行窗口为 k 参数为 Θ 的卷积的结果：

$$p_{1:m} = \text{CONV}_{U,b}^k(w_{1:n})$$

$$p_i = g\left(\bigoplus (w_{i:i+k-1}) \cdot U + b \right) \tag{13.6}$$

$$m = \begin{cases} n-k+1 & \text{窄卷积} \\ n+k+1 & \text{宽卷积} \end{cases}$$

我们可以顺利地将一层的输出送入另一层得到 r 层卷积层：

$$p_{1:m_1}^1 = \text{CONV}_{U^1,b^1}^{k_1}(w_{1:n})$$

$$p_{1:m_2}^2 = \text{CONV}_{U^2,b^2}^{k_2}(p_{1:m_1}^1)$$

$$\cdots \tag{13.7}$$

$$p_{1:m_r}^r = \text{CONV}_{U^r,b^r}^{k_r}(p_{1:m_{r-1}}^{r-1})$$

得到的向量 $p_{1:m_r}^r$ 捕获了句子中更有效的窗口("感受野")。对于窗口大小为 k 的 r 层，每个向量 p_i^r 对于包含 $r(k-1)+1$ 个词的窗口敏感⊖。同时，向量 p_i^r 还可以对于 $k+r-1$ 个词

⊖　第一个卷积层将每个序列的 k 个相邻的词向量转换成一个表示 k 元语法的向量。然后，第二个卷积层将 k 个连续的 k 元语法向量结合成一个向量，捕获包含 $k+(k-1)$ 个词的窗口信息，以此类推，直到第 r 个卷积层将捕获 $k+(r-1)(k-1)=r(k-1)+1$ 个词。

的带槽 *n* 元语法敏感，可以捕获诸如以下的模式"*not __ good*"或"*obvious __ predictable __ plot*"，其中__表示词语的短序列，也可以捕获槽可进一步指定的特殊模式（例如"a sequence of words that do not contain *not*"或"a sequence of words that are adverb-like"）⊖。图 13.3 展示一个 *k*＝2 的 2 层层次化卷积。

步长、膨胀和池化   目前为止的卷积操作应用在序列中的每 *k* 个词的窗口，例如，从下标 1，2，3⋯开始的窗口。也就是步长（stride）为 1。更大的步长也是可行的，例如，步长大小为 2 的卷积操作应用在从下标 1，3，5，⋯开始的窗口。更一般地，我们定义 $\mathrm{CONV}^{k,s}$ 为：

$$\boldsymbol{p}_{1:m}=\mathrm{CONV}^{k,s}_{U,b}(\boldsymbol{w}_{1:n})$$
$$\boldsymbol{p}_i=g(\oplus(\boldsymbol{w}_{1+(i-1)s:(s+k)i})\cdot \boldsymbol{U}+\boldsymbol{b})$$

(13.8)

其中，*s* 是步长的大小。这样会得到更短的卷积层输出序列。

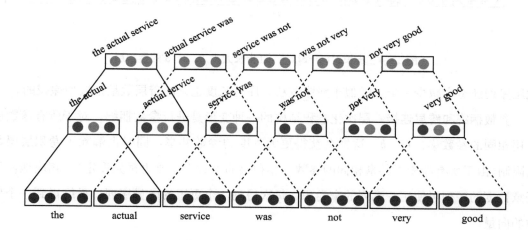

图 13.3   *k*＝2 的两层层次化卷积

在膨胀（d 卷积结构[Strubell et al.，2017，Yu and Koltun，2016]中，层次化卷积层的步长大小为 *k*－1（例如 $\mathrm{CONV}^{k,k-1}$）。这使得有效窗口的大小随着层数呈指数型增长。图 13.4 展示了不同步长长度的卷积层。图 13.5 展示了一个详细的卷积结构。

另一种膨胀（dilation）方法的选择是保持步长固定为 1，但是通过在每层间使用局部池化的方式来缩短序列长度，例如，连续的 *k* 元语法向量可以使用 max pooling 或 averaged-pooling 转换成一个单独的向量。尽管我们仅池化了每两个相邻的向量，层次化的卷积-池

⊖ 考虑序列 funny and appealing 上的一个窗口大小为 2 的两层卷积序列。第一层卷积将 funny and 和 and appealing 编码成向量，同时可能在结果向量中选择保留了等价的"funny __"和"__ appealing"。第二个卷积层即可将其结合成"funny __ appealing""funny __"或"__ appealing"。

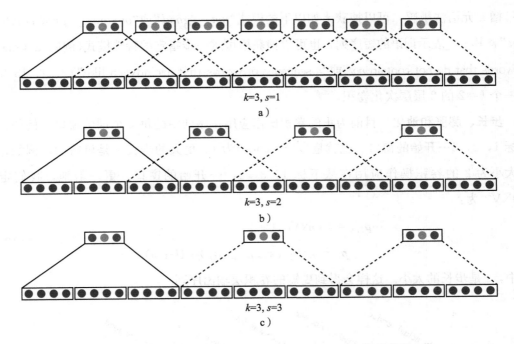

图 13.4 步长。(a—c)k＝3 且步长大小 1、2、3 的卷积层

化层序列还是会减少一半。类似于膨胀方法，序列长度也是随着层数呈指数型递减的。

参数捆绑和跨层连接 层次化卷积结构的一种变形是进行参数捆绑，对于所有参数层使用相同的参数集合 U，b。这样会获得更大程度的参数共享，同时也解除了卷积层层数的限制（由于所有卷积层共享相同的参数，卷积层的个数不需要再预先设定），相应地使得任意长度的序列可使用一系列的窄卷积，每次得到一个更短的向量序列，最终得到一个单独的向量。

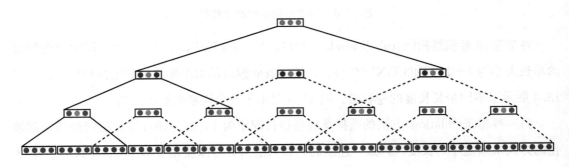

图 13.5 $k＝3$ 的三层膨胀层次化卷积

跨层连接(skip-connection)在深度结构的使用中通常是有效的：它的工作原理是送入第 i 层的向量不仅来自第 $i-1$ 层，同时还包括之前其他层的向量，使用拼接、平均或作和的方式与第 $i-1$ 层的向量结合。

扩展阅读 层次化和膨胀卷积池化结构在计算机视觉领域非常普遍，其中提出的各种包含许多不同步长的卷积池化的结合的深度结构得到了非常好的图片分类和目标识别结果[He et al.，2016，Krizhevsky et al.，2012，Simonyan and Zisserman，2015]。这些深度结构在 NLP 中的使用还处在初步阶段。Zhang 等人[2015]给出了用于文本分类的字符级层次化卷积的初步试验，Conneau 等人[2016]使用非常深度的卷积网络给出了更进一步的结果。Strubell 等人[2017]提供了用于序列标注任务的层次化和膨胀结构的很好的综述。Kalchbrenner 等人[2016]使用膨胀卷积作为编码器在编码器-解码器框架下(17.2 节)进行机器翻译。Xiao 和 Cho[2016]在字符序列上使用带有局部池化的层次化卷积来完成文档分类任务，然后将结果向量送入循环神经网络中。讨论完循环神经网络后，我们会在 16.2.2 节中回到这个例子上来。

循环神经网络：序列和栈建模

当我们处理语言数据时，一种普遍形式是处理序列，比如单词（字母的序列）、句子（单词的序列）和文档。我们已经看到，前馈网络通过向量拼接和向量相加的方式可以兼容任意的特征函数（CBOW）。尤其是 CBOW 的表示允许将任意长度的序列编码成特定维度的向量。然而，CBOW 的表示非常局限并且强制性地忽略了特征的序关系。卷积神经网络同样允许将序列编码成特定维度的向量。尽管卷积神经网络得到的表示由于对词序较敏感而优于 CBOW，但这种序敏感程度大多仅限于局部模式内，并没有考虑到模式间的顺序，从而使得这种表示与真正的序列存在较大差距⊖。

循环神经网络（RNN）［Elman，1990］可以将任意长度的序列表示成定长的向量，同时关注输入的结构化属性。循环神经网络，尤其是那些带有门结构如 LSTM 和 GRU 的各种 RNN 结构，在捕获线性输入的统计规律方面非常有效。甚至可以称其为深度学习对统计自然语言处理工具集的最大贡献。

本章将 RNN 描述成一种抽象形式：一个将序列输入翻译成定长向量的接口，其得到的定长向量可进一步接入到更大规模的网络中。不同的结构将 RNN 模块化的方式是不同的。在下一章中，我们将处理 RNN 抽象形式的具体实例，同时描述 Elman RNN（也被称为 Simple RNN）、长短期记忆（LSTM）和门限循环单元（GRU）。然后，在第 16 章中我们将考虑一些使用 RNN 建模 NLP 问题的示例。

在第 9 章，我们讨论了语言模型和马尔可夫假设。RNN 允许语言模型不依赖于马尔可夫假设，并将完整的句子历史（前面的所有单词）作为下一词的条件。这一特性为条件生成模型开辟了一条新的途径，即语言模型可以作为一个以某些其他信号作为条件的生成器。这些模型将在第 17 章进行更为深入的探讨。

14.1 RNN 抽象描述

我们使用 $x_{i:j}$ 来表示向量序列 $x_i，\cdots，x_j$。在高层抽象的角度来看，RNN 是一个将任

⊖ 但是，如 13.3 节介绍，层次化和膨胀卷积结构的确有可能捕获序列内部相对长距离的依赖。

意长度有序的 n 个 d_{in} 维向量 $x_{1:n} = x_1, x_2, \cdots, x_n (x_i \in \mathbb{R}^{d_{in}})$ 序列作为输入返回单个 d_{out} 维向量 $y_n \in \mathbb{R}^{d_{out}}$ 的函数。

$$y_n = \text{RNN}(x_{1:n}) \tag{14.1}$$

$$x_i \in \mathbb{R}^{d_{in}} \quad y_n \in \mathbb{R}^{d_{out}}$$

这隐式定义了每一个序列 $x_{1:n}$ 前缀 $(x_{1:i})$ 的输出向量 y_i。我们将返回输出向量序列的函数记为 RNN^*：

$$y_{1:n} = \text{RNN}^*(x_{1:n})$$

$$y_i = \text{RNN}(x_{1:i}) \tag{14.2}$$

$$x_i \in \mathbb{R}^{d_{in}} \quad y_n \in \mathbb{R}^{d_{out}}$$

输出向量 y_n 将被用来进行进一步的预测。例如，给定序列 $x_{1:n}$ 预测事件 e 条件概率的模型可以定义为 $p(e=j \mid x_{1:n}) = \text{softmax}(\text{RNN}(x_{1:n}) \cdot W + b)_{[j]}$，输出向量的第 j 个元素由 RNN 编码 $y_n = \text{RNN}(x_{1:n})$ 的线性变换后的 softmax 操作得出。RNN 函数给出了不借助于第 9 章介绍的传统地用来建模序列的马尔可夫假设却能使用完整历史 $x_1, \cdots, x_i$ 作为条件输入的框架。实际上，相比于基于 n 元语法的模型，基于 RNN 的语言模型能够达到更好的困惑度得分。

具体地讲，RNN 是依靠一个接收状态向量 s_{i-1} 作为输入返回新的状态向量 s_i 的函数 R 来递归定义的。然后使用一个简单的确定性函数 $O(\cdot)^{\ominus}$ 将状态向量 s_i 映射成输出向量 y_i。递归的基础是一个初始状态向量 s_0，同时它也是 RNN 的输入。简洁起见，我们通常省略初始状态 s_0，或假设它是一个零向量。

构建一个 RNN 很大程度上类似于构建一个前馈网络，必须指定输入 x_i 和输出 y_i 的维度。状态 s_i 的维度是输出维度的一个函数 $^{\ominus}$。

$$\text{RNN}^*(x_{1:n}; s_0) = y_{1:n}$$

$$y_i = O(s_i) \tag{14.3}$$

$$s_i = R(s_{i-1}, x_i)$$

$$x_i \in \mathbb{R}^{d_{in}}, y_i \in \mathbb{R}^{d_{out}}, s_i \in \mathbb{R}^{f(d_{out})}$$

其中函数 R 和 O 对于序列的所有位置都是相同的，而状态向量 s_i 则被保持并通过调用 R

$\ominus$ 函数 O 的使用在某种程度上来说并非标准设置，其作用是统一下一章中介绍的不同形式的 RNN 模型。对于 Simple RNN(Elman RNN) 和 GRU 结构，O 是一个恒等映射，对于 LSTM 结构来说 O 挑选状态的一个固定的子集。

$\ominus$ 尽管在 RNN 结构中状态维度可以独立于输出维度，但目前流行的结构，包括 Simple RNN、LSTM 和 GRU 没有遵循这一的灵活性。

来传递，以此使得 RNN 实现对状态计算过程的记录。

这种表示方法遵循了递归定义的形式，适用于任意长度的序列。然而，对于一个长度有限的输入序列（我们处理的所有输入序列均为有限长的），我们可以将递归形式展开，得到图 14.2 的结构。

有别于一般的图形化表示，我们加入了参数 θ 以强调其在所有的时间步中是相同的。不同的 R 和 O 的实例将得到不同的网络结构，同时根据它们训练时长和在基于梯度方法下的训练效率而表现出不同的特性。我们将在第 15 章中提供 R 和 O 的实例（Simple RNN、LSTM、GRU）的具体细节。在此之前，我们首先考虑抽象的 RNN 是如何工作的。

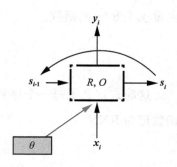

图 14.1 RNN 的图形化表示（递归形式）

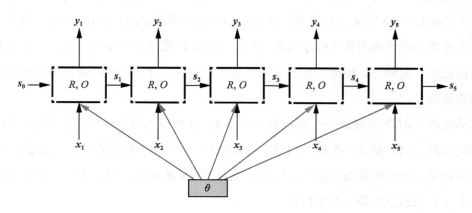

图 14.2 RNN 的图形化表示（展开形式）

首先，我们注意到 s_i（以及 y_i）的值基于全部的输入 $x_1, \cdots, x_i$。例如，将 $i=4$ 时的递归形式展开，我们得到：

$$
\begin{aligned}
s_4 &= R(s_3, x_4) \\
&= R(\overbrace{R(s_2, x_3)}^{s_3}, x_4) \\
&= R(R(\overbrace{R(s_1, x_2)}^{s_2}, x_3), x_4) \\
&= R(R(R(\overbrace{R(s_0, x_1)}^{s_1}, x_2), x_3), x_4)
\end{aligned}
\tag{14.4}
$$

因此，s_n 和 y_n 可以看作编码了全部的输入序列⊖。那么这种编码是有效的吗？这依赖于我

⊖ 注意，除非 R 是针对此而特殊设计的，否则输入序列的后来的元素比早期的更有可能对 s_n 产生巨大影响。

们对于有效性的定义。网络的训练过程就是设置 R 和 O 的参数使得状态可以为我们尝试解决的任务表达出有效的信息。

14.2　RNN 的训练

如图 14.2 所示，容易看出展开形式的 RNN 就是一个深度神经网络(或者说，一个带有少量复杂结点的非常大的计算图)，其中不同部分计算过程中的参数是共享的，不同层还可以附加额外的输入。为了训练一个 RNN 网络，所需要做的即为对给定的输入序列构建一个展开的计算图，为展开的图添加一个损失结点，然后使用反向(反向传播)算法计算关于该损失的梯度。这个过程在 RNN 的文献中被称为沿时间展开的反向传播(BPTT)[Werbos, 1990]⊖。

那么训练过程的目标函数如何设置呢？需要重点理解的是，RNN 本身不会做太多工作，而是作为一个可训练模块服务于更大的网络。最终的预测和损失的计算由更大的网络来完成，然后误差通过 RNN 来反向传播。这样，RNN 就学习了如何对输入序列中接下来的预测任务重要的属性进行编码。监督信号没有直接应用到 RNN 中，而是应用在更大的网络上。

一些常见的在更大的网络中使用 RNN 的结构如下文所示。

14.3　RNN 常见使用模式

14.3.1　接收器

一种选择是将监督信号仅置于最后的输出向量 y_n 上。从这个角度看，RNN 是作为一个接收器来进行训练的。我们观测最后一个状态，然后决策一个输出⊖。例如，考虑以下的情况，训练一个按字母逐个读入单词的 RNN，其最后的状态可以预测该单词的词性(该工作参考 Ling 等人[2015b])，这个 RNN 可以是一个读取句子的 RNN(基于最后一个状态

⊖　BPTT 算法的变形还包括每次只将 RNN 展开固定的次数：首先对输入 $x_{1,k}$ 展开 RNN 得到 $s_{1,k}$。计算损失并通过网络反向传播误差(回传 k 步)。然后对输入 $x_{k+1,2k}$ 展开，此时使用 s_k 作为初始状态，再一次反向传播 k 步的误差，以此类推。该策略是基于在 Simple RNN 变形中的一个观测现象：k 步之后的梯度往往会消失(对于足够大的 k)，其存在与否甚至可以忽略不计。使用上述算法则可以训练任意长的序列。对于 RNN 的变形如 LSTM 或 GRU 这些被专门用来缓解梯度消失问题的设计，固定长度展开的有效性有所减小，但仍被使用，例如在一本书上训练语言模型而不将其拆分至成句。一个类似的变形是在前向过程中将网络对整个序列展开，但每个位置只回传 k 步的梯度。

⊖　该术语借用自"Finite-State Acceptors"。但是，RNN 的状态数量可以是无限的，这使得其必须通过函数而不是查表的方式来完成状态到决策的映射。

决策该句子传达了积极还是消极的情感(该工作参考 Wang et al.〔2015b〕)),抑或一个读入单词序列的 RNN(决策其是否是一个合法的名词短语)。这些例子中的损失以函数 $y_n = O(s_n)$ 的形式定义。通常 RNN 的输出向量 y_n 会被送到一个全连接层或 MLP 中从而产生一个预测。然后误差梯度通过序列的其余部分反向传播(参见图 14.3)$^\ominus$。损失可以使用任意熟悉的形式:交叉熵、hinge 损失、边缘距离等。

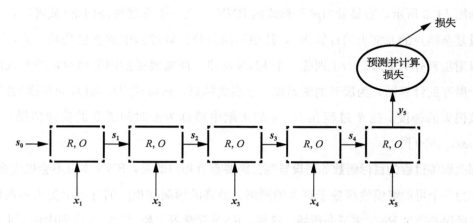

图 14.3　RNN 接收器训练图

14.3.2　编码器

类似于接收器的例子,编码器的监督仅使用了最后的输出向量 y_n。然而,不同于接收器的仅基于最后向量进行预测,此处的最终向量被当作序列信息的一个编码,和其他的信号共同作为附加信息来使用。例如,一个抽象文档总结系统可能会先在文档上运行 RNN,得到一个总结整个文档的向量 y_n。然后,同时使用 y_n 和其他的特征来选择需要包含在总结里的句子。

14.3.3　传感器

另外一个用途是将 RNN 作为一个传感器,对于每一个读取的输入产生一个输出 $\hat{t}_i$。使用这种建模方式,我们可以基于真实标签 t_i 为每一个输出 $\hat{t}_i$ 计算一个局部损失信号 $L_{\text{local}}(\hat{t}_i, t_i)$,对于展开序列损失即为 $L(\hat{t}_{1:n}, t_{1:n}) = \sum_{i=1}^{n} L_{\text{local}}(\hat{t}_i, t_i)$,或不使用加和而使用

$\ominus$　这种监督信号可能由于梯度消失的问题而难以训练长序列,尤其是 Simple RNN。通常来讲它还是一个较难的学习任务,因为在这个过程中我们没有告诉它该聚焦在输入的哪部分。但是,在许多情况下它的表现还是非常不错的。

其他的诸如平均或加权平均的形式（见图 14.4）。这种传感器的一个例子是序列标注器，我们使用 $x_{i:n}$ 作为一个句子的 n 个单词的特征表示，t_i 为根据单词 $1:i$ 预测的单词 i 的标签的输入。基于这种结构的 CCG super-tagger 可以得到非常好的 CCG super-tagging 结果[Xu et al.，2015]，当然，在大多数情况下基于双向 RNN（biRNN，见下文 14.4 节）的传感器是 tagging 问题的一个更好的选择。

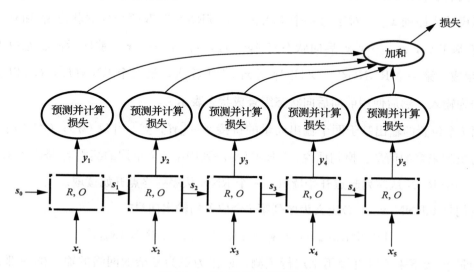

图 14.4　RNN 传感器训练图

一个非常自然的传感器应用案例是语言模型，即使用序列中的单词 $x_{1:i}$ 来预测第 $(i+1)$ 个单词的分布。基于 RNN 的语言模型相比于传统语言模型在困惑度上表现出了极大的提升[Jozefowicz et al.，2016，Mikolov，2012，Mikolov et al.，2010，Sundermeyer et al.，2012]。

使用 RNN 作为传感器使我们可以放宽传统语言模型和 HMM 标签器中的马尔可夫假设，给定整个预测历史作为条件输入。

RNN 传感器的一个特殊的情况是 RNN 生成器以及相关的条件生成（也被称作编码器-解码器）和带注意力机制的条件生成结构。这些将在第 17 章中进行讨论。

14. 4　双向 RNN

双向 RNN（biRNN）是 RNN 的一个有效的改进（通常也被称为 biRNN）[Graves，2008，Schuster and Paliwal，1997]⊖。考虑句子 x_1，$\cdots$，x_n 的序列标注任务。RNN 允许

⊖　当使用一些特殊的 RNN 结构如 LSTM 时，模型称为 biLSTM。

我们计算一个关于第 i 个单词的函数，计算过程基于历史信息——单词 $x_{1:i}$，包括该单词本身。然而，后继的单词对于预测可能同样是有效的，常见的滑动窗口方法中焦点词的分类基于窗口内的 k 个周围的词就是一个例证。非常类似于 RNN 放宽了马尔可夫假设，允许向后回顾任意长度的历史，biRNN 则放宽了固定窗口大小的假设，允许在序列内部向前或者向后看任意远的距离。

考虑输入序列 $x_{1:n}$。对于每一个输入位置，biRNN 获取两个独立状态 s_i^f 和 s_i^b。前向状态 s_i^f 基于 x_1，x_2，$\cdots$，x_i 后向状态 s_i^b 基于 x_n，x_{n-1}，$\cdots$，x_i。前向后向状态由不同的 RNN 生成。第一个 $\text{RNN}(R^f，O^f)$ 以序列 $x_{1:n}$ 作为输入，第二个 $\text{RNN}(R^b，O^b)$ 以逆向的序列作为输入。然后使用前向后向状态组合成状态表示 s_i。

第 i 个位置的输出基于两个输出向量的拼接 $y_i = [y_i^f；y_i^b] = [O^f(s_i^f)；O^b(s_i^b)]$，同时考虑历史和未来的信息。换句话说，biRNN 对序列中第 i 个单词的编码 y_i 是两个 RNN 的连接，一个 RNN 从序列起点开始读取，一个 RNN 从序列终点开始读取。

我们将 $\text{biRNN}(x_{1:n}，i)$ 定义为序列第 i 个位置的输出向量⊖。

$$\text{biRNN}(x_{1:n}，i) = y_i = [\text{RNN}^f(x_{1:i})；\text{RNN}^b(x_{n:i})] \tag{14.6}$$

向量 y_i 接下来可以直接用来进行预测，或作为更为复杂的网络的输入的一部分。尽管两个 RNN 各自独立运行，但第 i 个位置的误差的梯度会同时传播给前向和后向两个 RNN。在预测前先将向量 y_i 送入 MLP 中更会进一步混合前向和后向信号。biRNN 结构的图形化表示在图 14.5 中给出。

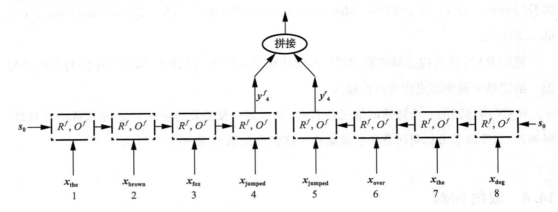

图 14.5　计算句子"the brown fox jumped over the dog"中单词 jumped 的 biRNN 表示

⊖　biRNN 向量可以如等式(14.6)所示，是两个 RNN 向量的简单拼接，也可以采用另一种线性变换的形式来降低其维度，通常会变换回单个 RNN 输入的维度：

$$\text{biRNN}(x_{1:n}，i) = y_i = [\text{RNN}^f(x_{1:i})；\text{RNN}^b(x_{n:i})]W \tag{14.5}$$

这种变形通常用在 14.5 节中讨论的多个 biRNN 在顶部依次堆叠的情况下。

请注意单词 jumped 对应的向量 y_4 是如何编码焦点向量 x_{jumped} 的不限长窗口（包括其本身）的。

类似于 RNN 的例子，我们使用 biRNN$^*(x_{1:n})$ 定义向量序列 $y_{1:n}$：

$$\text{biRNN}^*(x_{1:n}) = y_{i:n} = \text{biRNN}(x_{1:n}, 1), \cdots, \text{biRNN}(x_{1:n}, n) \tag{14.7}$$

n 个输出向量 $y_{i:n}$ 可以通过首先运行前向和后向 RNN 然后再将相关的输出拼接的方式在线性时间内高效地计算。该结构的描述参照图 14.6。

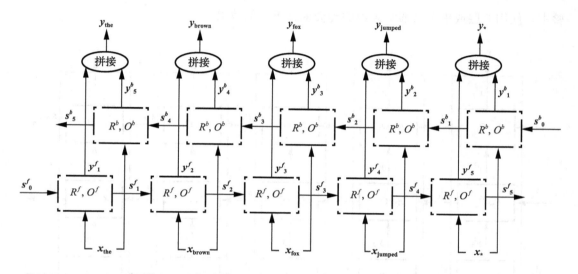

图 14.6 句子"the brown fox jumped"的 biRNN* 的计算

biRNN 在一个输入向量对应一个输出向量的标注任务中非常有效。同时它也可以作为一个通用可训练的特征提取模块，在需要使用给定单词的窗口的情况下使用。具体的应用示例将在第 16 章中给出。

NLP 中用于序列标注的 biRNN 的使用，是由 Irsoy 和 Cardie[2014]提出的。

14.5 堆叠 RNN

RNN 可以逐层堆叠（stacked）成网格[Hihi and Benjio，1996]。考虑 k 个 RNN，$\text{RNN}_1, \cdots, \text{RNN}_k$，第 j 个 RNN 拥有状态 $s^j_{1:n}$ 和输出 $y^j_{1:n}$。第一个 RNN 的输入是 $x_{1:n}$，第 j 个 RNN$(j \geqslant 2)$是其下方 RNN 的输出 $y^{j-1}_{1:n}$。整体结构的输出是最后一个 RNN 的输出 $y^k_{1:n}$。这种层次化结构通常称为 deep RNN $^\ominus$。一个三层 RNN 的可视化表示如图 14.7 所

$\ominus$ 文献中的术语 deep-biRNN 有两种不同的结构：第一个是，biRNN 的状态是两个 deep RNN 的拼接；第二个是，biRNN 的输出序列作为输入送入另一个中。我的研究团队发现第二个方法通常表现更好一些。

示。biRNN 可以按照类似的方式进行堆叠。

尽管在理论上更深度结构所带来的额外增益还不是很确切，但是在某些任务的观测经验中看，deep RNN 的确比浅层的表现更好。尤其是 Sutskever 等人[2014]提出的编码器-解码器框架下的 4 层深度结构在机器翻译上取得了关键性进展。Irsoy 和 Cardie[2014]也发现从单层 biRNN 到多层结构的转换能带来效果上的提升。许多其他的工作给出了使用层次化 RNN 结构的结果，但是没有显式地和单层 RNN 进行对比。在我的研究团队的试验中，使用 2 层或更多层通常来说的确会提升单层的效果。

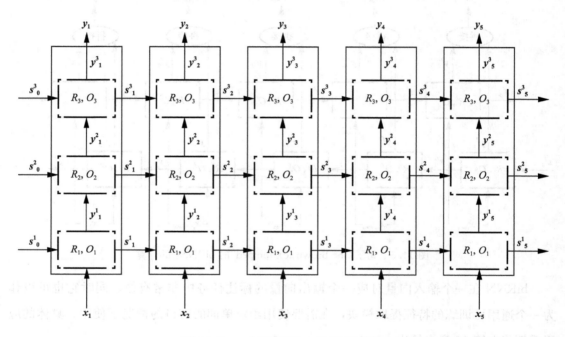

图 14.7　一个三层（"deep"）RNN 结构

14.6　用于表示栈的 RNN

一些语言处理算法，包括那些基于转移的分析[Nivre，2008]，需要对栈进行特征提取。RNN 框架可以用来提供对整个栈的固定大小的向量编码，而没有仅能查看栈顶 k 个元素的限制。

直观地看，栈本质上是一个序列，因此栈的状态可以通过将栈内元素送入 RNN 后得到的最终对整个栈的编码来表示。为了高效地完成这个计算过程（无需每次在栈改变时花费 $O(n)$ 的时间进行栈编码），RNN 的状态和栈状态被一同保存。如果栈是只入的话则情况相对简单：每当一个元素进入栈中，对应的向量 x 将和 RNN 状态 s_i 共同用来获取新的

状态 s_{i+1}。删除操作的处理更有挑战性，但是可以通过使用 persistent-stack 数据结构加以解决[Goldbery et al.，2013，Okasaki，1999]。persistent（持久的）或 immutable（不可变的）的数据结构在修改时维护它们自身的原版本。persitent-stack 结构使用一个链表的头指针来表示栈。空栈是一个空的链表。入栈操作会在链表追加一个元素，并返回新的头指针。删除操作返回当前头指针的父亲，但是链表保持不变。接下来的入栈操作则对当前结点增加一个子结点。按照这样的流程最终将得到一个树，根结点是一个空栈，根到每一个结点的路径代表了一个即时的栈的状态。图 14.8 给出了上述树的一个示例。同样的过程也可以应用在计算图的构建上，使用树结构而不是链式结构来创建一个 RNN。给定结点的反向传播的误差则会按序影响到所有参与该结点构建的元素。图 14.9 展示了对应于图 14.8 的最后一个状态的 stack-RNN 的计算图。这种建模方法由 Dyer 等人[2015]以及 Watanabe 和 Sumita[2015]各自独立提出，用于基于转移的依存分析。

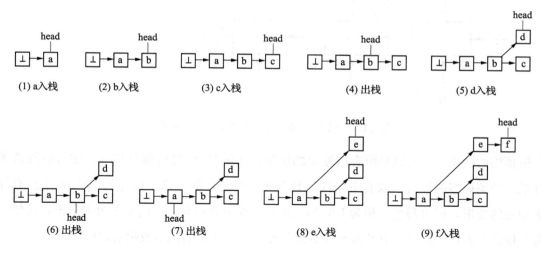

图 14.8　操作序列的 immutable-stack 的创建

14.7　文献阅读的注意事项

非常不幸的是，从阅读的学术论文的描述中推测出准确的模型形式往往是很有挑战性的。模型的许多方面是非标准化的，不同研究者使用的同一术语的所指可能也有些微差别。比如，RNN 的输入可以是独热向量（这种情况下词嵌入矩阵在 RNN 的内部）或者是词嵌入表示；输入序列可以使用开始字符或结束字符进行填充处理或不进行处理；RNN 的输出通常假定为一个向量，可以送入另外的层中经 softmax 后进行预测（如教程中的例子所述），一些论文假定 softmax 是 RNN 自身的一部分；在多层 RNN 中，"状态向量"可以

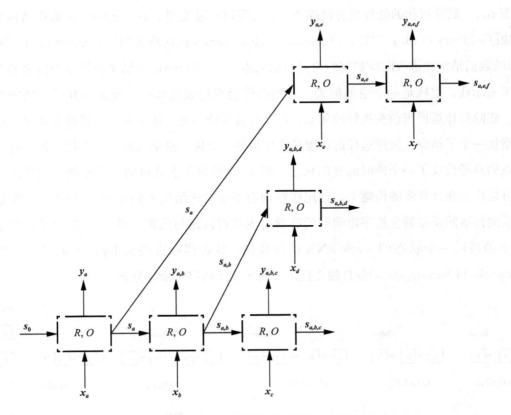

图 14.9   图 14.8 最终状态对应的 stack-RNN

是最顶层的输出，也可以是所有层输出的连接；在编码器-解码器框架下，作为解码器条件输入的编码器的输出可以有不同的诠释等等。另外，下一章中描述的 LSTM 结构有许多细微的变形，但也都统一称为 LSTM。这些选择中的一部分在论文中明确指出，其他的需要依靠读者认真阅读，有些甚至没有提及或隐含在含糊的图示或短语之中。

作为读者，在阅读和理解模型描述时要注意这些事项。作为作者，也需要注意这些：或者使用数学符号详细说明你的模型，或者引用一些可用的详细地描述了该模型的资源。如果在不了解细节的情况下使用了默认的软件包，明确指出这一情况并详述你所使用的是哪一个软件包。无论如何，不要仅仅依靠图示和自然语言文字来描述你的模型，这样往往不是很明确。

实际的循环神经网络结构

在描述了 RNN 抽象之后，我们现在可以讨论一些 RNN 的实例了。回忆一下，我们对一个递归函数 $s_i = R(x_i, s_{i-1})$ 感兴趣，这个函数通过 s_i 编码了序列 $x_{1,n}$。我们将要展示几个这种抽象的 RNN 结构的实例，并给出函数 R 和 O 的实际定义。将要介绍的结构包括简单循环神经网络(Simple RNN，S-RNN)、长短期记忆网络(Long Short-Term Memory，LSTM)和门限循环单元(Gated Recurrent Unit，GRU)。

15.1 作为 RNN 的 CBOW

选择加法函数作为一个特别简单的 R 的选择：

$$s_i = R_{\text{CBOW}}(x_i, s_{i-1}) = s_{i-1} + x_i$$

$$y_i = O_{\text{CBOW}}(s_i) = s_i \qquad\qquad (15.1)$$

$$s_i, y_i \in \mathbb{R}^{d_s}, x_i \in \mathbb{R}^{d_s}$$

根据式(15.1)的定义，我们得到了一个连续的词袋模型(continuous-bag-of-words model)：来自输入 $x_{1,n}$ 的状态是这些输入之和。在简单的同时，这种 RNN 的实例忽略了数据中序列的本质特点。在后文将要介绍的 Elman 提出的 RNN 中，加入了数据元素中序列顺序的依赖关系⊖。

15.2 简单 RNN

对序列中元素顺序敏感的最简单的 RNN 形式称为 Elman RNN 或者简单 RNN(Simple RNN，S-RNN)。S-RNN 由 Elman[1990]提出，并由 Mikolov[2012]用于探索在语言模型中的应用。S-RNN 有如下的基本形式：

$$s_i = R_{\text{SRNN}}(x_i, s_{i-1}) = g(s_{i-1}W^s + x_iW^x + b)$$

$$y_i = O_{\text{SRNN}}(s_i) = s_i \qquad\qquad (15.2)$$

⊖ 将 CBOW 视为 RNN 的一种代表性的形式并不是文献中的一贯观点。然而，我们发现它能够作为介绍 Elman RNN 的一个很好的基石。把简单的 CBOW 编码器作为同一框架下的一部分也是有用的，因为它能够担任如第 17 章中描述的那些受限生成网络中的编码器的角色。

$$s_i, y_i \in \mathbb{R}^{d_x}, x_i \in \mathbb{R}^{d_x}, W^x \in \mathbb{R}^{d_x \times d_s}, W^s \in \mathbb{R}^{d_s \times d_s}, b \in \mathbb{R}^{d_s}$$

式(15.2)的含义是，状态 s_{i-1} 和输入 x_i 分别线性变换，结果相加（连同一个偏置项），然后通过一个非线性的激活函数 g（通常是 tanh 或者 ReLU）。位置 i 的输出与这个位置的隐藏状态相同⊖。

与式(15.2)等价的一种书写方式如式(15.3)所示，本书中使用了这两种方式：

$$s_i = R_{\text{SRNN}}(x_i, s_{i-1}) = g([s_{i-1} ; x_i]W + b)$$
$$y_i = O_{\text{SRNN}}(s_i) = s_i \tag{15.3}$$
$$s_i, y_i \in \mathbb{R}^{d_s}, x_i \in \mathbb{R}^{d_x}, W \in \mathbb{R}^{(d_x + d_s) \times d_s}, b \in \mathbb{R}^{d_s}$$

S-RNN 仅仅比 CBOW 稍微复杂了一点，主要不同之处在于非线性的激活函数 g。然而，这个不同之处却至关重要，因为加入线性变换后跟随非线性变换的机制使得网络结构对于序列顺序敏感。实际上，S-RNN 在序列标注问题[Xu et al.，2015]以及语言模型上取得了很好的结果。想要全面了解如何在语言模型上使用 S-RNN，请参考 Mikolov[2012]的博士论文。

15.3 门结构

因为梯度消失的问题[Pascanu et al.，2012]，S-RNN 很难有效地训练。误差信号（梯度）在反向传播过程中到达序列的后面部分时迅速减少，以至于无法到达先前的输入信号的位置，这导致 S-RNN 难以捕捉到长距离依赖信息。因此，LSTM[Hochreiter and Schmidhuber，1997]和 GRU[Cho et al.，2014b]等基于门的结构被设计出来，用以解决这一问题。

考虑将 RNN 视为一个通用的计算工具，其中的状态 s_i 代表一个有限的记忆。每一种 R 函数的实现都会读入一个输入 x_{i+1} 以及当前的记忆 s_i，对它们进行某种操作，并将结果写入记忆得到新的记忆状态 s_{i+1}。从这种方式看来，S-RNN 的一个明显的问题在于记忆的获取是不受控制的。在每一步的计算过程中，整个记忆状态都被读入，并且整个记忆状态也被改写。

那么如何提供一种更加受控的记忆读写方式？考虑一个二进制的向量 $g \in \{0, 1\}^n$。这

⊖ 一些作者将位置 i 的输出视为对状态进行更为复杂的函数变化得到的结果，比如线性变换或者 MLP。在我们的观点里，输出的进一步转换没有被视为 RNN 的一部分，但是这些计算可以独立地运用于 RNN 结构的输出上。

样的一个向量使用 hadamard 乘积操作 $\boldsymbol{x} \odot \boldsymbol{g}^3$ ⊖，能够作为一个控制 n 维向量读写的门。考虑一个记忆 $\boldsymbol{s} \in \mathbb{R}^d$、输入 $\boldsymbol{x} \in \mathbb{R}^d$ 和门 $\boldsymbol{g} \in {0, 1}^d$，运算 $\boldsymbol{s}' \leftarrow \boldsymbol{g} \odot \boldsymbol{x} + (1-\boldsymbol{g}) \odot \boldsymbol{s}$ "读入" $\boldsymbol{x}$ 中被 $\boldsymbol{g}$ 中为 1 的值选中的那些入口，并把它们写入新的记忆 $\boldsymbol{s}'$ 中。然后那些没有被读入的位置通过使用门 $(1-\boldsymbol{g})$ 从记忆 $\boldsymbol{s}$ 中复制到新记忆 $\boldsymbol{s}'$ 中。图 15.1 展示了从输入的位置 2 和 5 更新记忆的过程。

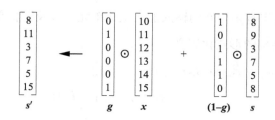

图 15.1　使用二进制门向量 $\boldsymbol{g}$ 控制记忆 $\boldsymbol{s}'$ 的读写

　　上述的门机制可以作为构建新 RNN 的基本模块：门向量能够控制记忆状态 s_i 读写。然而，我们仍然缺少了两个重要的(并且是相关的)组件：门不应该是静态的，而应该是由当前的记忆状态和输入共同控制，并且应该从输入状态和记忆中进行学习。这导致了一个问题，因为我们结构中的学习过程需要函数可微(由于误差反向传播算法)，而门中使用的二值 0-1 方式不是可微的⊖。

　　对于上述问题的一种解决方法就是使用一种软但是可微的门机制代替原来的硬性门机制。为了实现可微的门，我们不再限制 $\boldsymbol{g} \in \{0, 1\}^n$，而是允许使用任意实数值，即 $\boldsymbol{g}' \in \mathbb{R}^n$，这个实数值随后通过一个 sigmoid 函数 $\sigma(\boldsymbol{g}')$。这一操作将数值限定在了 (0，1) 区间内，并且大多数值都在接近边界的位置。当使用门 $\sigma(\boldsymbol{g}') \odot \boldsymbol{x}$ 的时候，经过 $\sigma(\boldsymbol{g}')$ 后 $\boldsymbol{x}$ 中那些数值接近 1 的下标被允许通过，而接近 0 的那些下标则被阻挡。门的取值可以通过输入和目前的记忆来决定，并且能够通过使用基于梯度下降的方式来训练一个性能令人满意的网络。

　　受控的门机制是下面将要定义的 LSTM 和 GRU 的结构的基础：在每个时间片上，可微的门机制决定哪一部分记忆会被写入，以及哪一部分会被覆盖(忘记)。这里相当抽象的描述将会在后续部分给出更直观的解释。

⊖　hadamard 乘积是对两个向量进行 element-wise 乘法(对应元素相乘)的别称：hadamard 乘积 $\boldsymbol{x} = \boldsymbol{u} \odot \boldsymbol{v}$ 等价于 $x_{[i]} = u_{[i]} \cdot v_{[i]}$。

⊖　理论上不使用可微的函数，而使用二值门借助强化学习技术也能够学习得到模型。然而，在编写本书的时候这些技术难以训练。强化学习技术也超出了本书的范围。

15.3.1　长短期记忆网络

长短期记忆网络(LSTM)结构[Hochreiter and Schmidhuber，1997]被设计用于解决梯度消失问题，并且是第一种引入门机制的结构。LSTM 结构明确地将状态向量 s_i 分解为两部分，一半称为"记忆单元"，另一半是运行记忆。记忆单元被设计用来保存跨时间的记忆以及梯度信息，同时受控于可微门组件——模拟逻辑门的平滑数学函数。在每一个输入状态上，一个门被用来决定有多少新的输入加入记忆单元，以及记忆单元中现有的多少记忆应该被忘记。LSTM 结构的形式化定义如下⊖：

$$s_j = R_{\mathrm{LSTM}}(s_{j-1}, x_j) = [c_j; h_j]$$

$$c_j = f \odot c_{j-1} + i \odot z$$

$$h_j = o \odot \tanh(c_j)$$

$$i = \sigma(x_j W^{xi} + h_{j-1} W^{hi})$$

$$f = \sigma(x_j W^{xf} + h_{j-1} W^{hf}) \tag{15.4}$$

$$o = \sigma(x_j W^{xo} + h_{j-1} W^{ho})$$

$$z = \tanh(x_j W^{xz} + h_{j-1} W^{hz})$$

$$y_j = O_{\mathrm{LSTM}}(s_j) = h_j$$

$$s_j \in \mathbb{R}^{2 \cdot d_h}, x_i \in \mathbb{R}^{d_x}, c_j, h_j, i, f, o, z \in \mathbb{R}^{d_h}, W^{xo} \in \mathbb{R}^{d_x \times d_h}, W^{ho} \in \mathbb{R}^{d_h \times d_h}$$

时刻 j 的状态由两个向量组成，分别是 c_j 和 h_j，c_j 是记忆组件，h_j 是隐藏状态组件。有三种门结构 i、f 和 o，分别控制输入、遗忘和输出。门的值由当前输入 x_j 和前一个状态 h_{j-1} 的线性组合通过一个 sigmoid 激活函数来得到。一个更新候选项 z 由 x_j 和 h_{j-1} 的线性组合通过一个 tanh 激活函数来得到。然后记忆 c_j 被更新：遗忘门控制有多少先前的记忆被保留($f \odot c_{j-1}$)，输入门控制有多少更新被保留($i \odot z$)。最后，h_j(y_j 的输出)由记忆 c_j 的内容通过一个 tanh 非线性激活函数并受输出门的控制来决定。这样的门机制能够使得与记忆 c_j 相关的梯度即使跨过了很长的时间距离仍然保留较高的值。

想更进一步了解 LSTM 结构请参考 Alex Graves[2008]的博士论文以及 Chris Olah 的描述⊖。如果想要了解使用 LSTM 构建字符级别的语言模型，请参考 Karpathy 等人[2015]。

⊖　这里介绍的 LSTM 有很多的变体。举个例子，遗忘门并不是 Hochreiter 和 Schmidhuber[1997]中提出的门结构，但却是对于 LSTM 至关重要的一个门。其他的变体包括"窥视孔连接"以及"gate-tying"。想要从总体上对 LSTM 的各种变体有一个了解，请参考 Greff 等[2015]。

⊖　http：//colah.github.io/posts/2015-08-Understanding-LSTMs/。

循环神经网络中的梯度消失问题及其解决办法　从直觉上来讲，RNN 可以被视为不同层之间共享相同参数的、非常深的前馈网络。对于 S-RNN[式(15.3)]，梯度包括了对于同一个矩阵 W 的重复的乘法，因而使得梯度非常容易消失或者爆炸。门机制在某种程度上通过避免对单一矩阵进行重复的乘法操作从而缓解了这一问题。

想更进一步了解 RNN 中的梯度消失和梯度爆炸问题，请参考 Bengio 等人[2016]中的 10.7 节。想要了解在 LSTM(和 GRU)中使用门结构的动机以及它们和解决 RNN 中梯度消失问题的关系，请参考 Cho[2015]课程笔记 4.2 和 4.3 节中的细节。

LSTM 是目前最为成功的一种循环神经网络结构，应用到许多序列建模任务上并取得了最好的结果。LSTM-RNN 的主要竞争对手是接下来要介绍的 GRU。

实践的考虑　在训练 LSTM 网络的时候，Jozefowicz 等人[2015]强烈建议将遗忘门的偏置项设置为接近 1 的值。

15.3.2　门限循环单元

LSTM 是一种很有效的结构，同时也十分复杂。结构的复杂性使得 LSTM 难以分析，同时计算代价也比较高。门限循环单元(Gated Recurrent Unit，GRU)在最近由 Cho 等人[2014b]提出，是一种 LSTM 的替代方案。Chung 等人[2014]紧随其后比较了 LSTM 和 GRU 在数个数据集(非文本)上的表现。

类似 LSTM，GRU 也基于门机制，但是总体上使用了更少的门并且没有单独的记忆组件。

$$s_j = R_{\text{GRU}}(s_{j-1}, x_j) = (1-z) \odot x_{j-1} + z \odot \widetilde{s_j}$$

$$z = \sigma(x_j W^{xz} + s_{j-1} W^{sz})$$

$$r = \sigma(x_j W^{xr} + s_{j-1} W^{sr})$$

$$\widetilde{s_j} = \tanh(x_j W^{xs} + (r \odot s_{j-1}) W^{sg}) \tag{15.5}$$

$$y_j = O_{\text{GRU}}(s_j) = s_j$$

$$s_j, \widetilde{s_j} \in \mathbb{R}^{d_s}, x_i \in \mathbb{R}^{d_x}, z, r \in \mathbb{R}^{d_s}, W^{xo} \in \mathbb{R}^{d_x \times d_s}, W^{so} \in \mathbb{R}^{d_s \times d_s}$$

其中一个门(r)用于控制前一个状态 s_{j-1} 的读写并计算一个提出的更新 $\widetilde{s_j}$。更新的状态 s_j(同时也作为输出 y_j)由前一状态 s_{j-1} 和更新 $\widetilde{s_j}$ 插值决定，插值过程的比例关系通过门 z 来控制⊖。

⊖　状态 S 在 GRU 中通常称为 h。

GRU 在建模语言以及机器翻译上已经显示出了有效解决问题的能力。然而,GRU、LSTM 和其他候选的 RNN 结构之间仍然没有明确的结论指出哪种结构更好,这也是一个活跃的研究主题。一些关于 GRU 和 LSTM 结构的经验性探索请参考 Jozefowicz 等人[2015]。

15.4 其他变体

非门结构的改进　LSTM 和 GRU 的门结构有助于减轻 S-RNN 中的梯度消失问题,并且允许 RNN 捕捉长距离依赖信息。一些学者对实现相同的优点但是结构更简单的形式进行了研究。

Mikolov 等人[2014]观察到矩阵乘法 $s_{i-1}W^s$ 加上 S-RNN 更新规则 R 中的非线性变换 g,导致了状态向量 s_i 在每个时间片承受了很大的变化,限制了其记住来自很长时间以前的信息。他们提出将状态向量 s_i 拆分成一个缓慢变化的组件 c_i("上下文单元")和一个快速变化的组件 h_i ⊖。缓慢变化的组件 c_i 根据当前输入和前一时刻的组件 $c_i = (1-\alpha)x_iW^{x1} + \alpha c_{i-1}(\alpha \in (0, 1))$的线性插值结果进行更新。这种更新方式使得 c_i 能够积累先前的输入。快速更新的组件 h_i 通过和 S-RNN 相似的方式进行更新,不同之处在于将 c_i 也考虑进去了⊖:$h_i = \sigma(x_iW^{x2} + h_{i-1}W^h + c_iW^c)$。最后,输出 y_i 是状态的缓慢变化部分和快速变化部分的连接:$y_i = [c_i; h_i]$。Mikolov 等人展示了在语言建模任务上这一结构能够获得与更为复杂的 LSTM 相当的困惑度指标。

Mikolov 等人的方法可以被解释为限制 S-RNN 中 c_i 对应的矩阵块 W^s 为多重单位矩阵(详情请参考 Mikolov 等人[2014])。Le 等人[2015]提出了一种更简单的方式:将 S-RNN 的激活函数设置为 ReLU,将偏置项 b 初始化为 0 并把矩阵 W^s 设置为单位矩阵。这导致了一个没有训练的 RNN 直接复制前一个状态到当前状态,加上当前输入 x_i 的影响,并把负值设为 0。在设置初始的偏置项朝向状态复制后,训练过程允许 W^s 自由改变。Le 等人展示了这种简单的改变使得 S-RNN 在使用相同数量的参数的前提下,能够在包括语言建模等数个任务上取得与 LSTM 相当的效果。

在可微门结构之外　门机制是将计算理论中的概念(记忆读写、逻辑门)应用到可微——因此可以运用梯度下降算法——的系统中的例子。有相当多的研究者对如何开发出

⊖ 我们没有使用 Mikolov 等[2014]中的符号表示,而是重新使用了介绍 LSTM 时的相关符号。
⊖ 与 S-RNN 的更新规则不同之处还有将非线性改为 sigmoid 函数以及不使用偏置项。然而,这些改变不是这项工作需要讨论的核心问题。

新的神经网络结构去模拟和实现更进一步的计算机制以及更好和更细粒度的控制感兴趣。其中的一个例子就是由[Grefenstette et al.，2015]提出的可微的栈结构，这个栈结构的出栈和入栈操作控制是通过端到端的可微网络来完成的，另一个例子是[Graves et al.，2014]提出的神经网络图灵机，这一例子允许读写内容可寻址的记忆，同样也是在可微的系统中。虽然这些工作目前应用在复杂的语言处理应用中能够获得一定的健壮性和通用结构，但是这些方法仍然需要进一步的改进。

15.5　应用到 RNN 的丢弃机制

在 RNN 中应用丢弃(dropout)机制需要一定的技巧，因为在不同的时间点丢弃不同的维度会损害 RNN 有效携带信息的能力。Pham 等[2013]和 Zaremba 等[2014]提出仅仅在非循环连接的部分使用丢弃，比如深度 RNN 的层间而不是序列的位置间。

最近，Gal[2015]认为，在对 RNN 结构进行变分分析之后，应该向 RNN 的所有组成部分(包括循环的和非循环的)应用丢弃机制，但最重要的是在时间步长上保留相同的丢弃掩码。也就是说，每个序列采样一次掩码，而不是每个时间步长一次。图 15.2 将这种形式的丢弃(变分 RNN)与由 Pham 等[2013]和 Zaremba 等[2014]提出的结构进行了对比。

Gal 的变分 RNN 丢弃方法是目前应用于 RNN 中效果最好的丢弃机制。

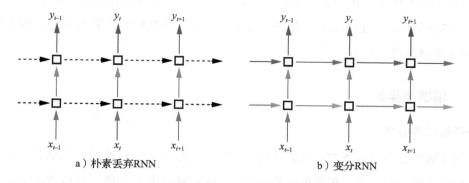

a）朴素丢弃RNN　　　　　　　　b）变分RNN

图 15.2　Gal 提出的用于 RNN 的丢弃机制(b)与之前由 Pham 等[2013]和 Zaremba 等[2014]提出的方法(a)的对比。图来自 Gal[2015]，已经得到了授权。每一个方格代表一个 RNN 单元，横向箭头代表时间依赖关系(循环连接)。垂直的箭头代表每个 RNN 单元的输入和输出。彩色的连接代表丢弃的输出，不同的颜色代表了不同的丢弃掩码。虚线代表没有丢弃的标准连接。之前的技术(朴素丢弃，左)在不同的时间片使用了不同的掩码，循环层上没有使用丢弃。Gal 提出的技术(变分 RNN，右)在包括循环层在内的每一个时间片使用了相同的丢弃掩码

通过循环网络建模

在第 14 章列举了 RNN 的常见形式，在第 15 章我们了解了实际 RNN 的结构细节，现在可以探索 RNN 在 NLP 应用中的一些实例。虽然我们使用的是术语 RNN，但是通常是指 LSTM 和 GRU 等带有门结构的 RNN。S-RNN 通常会导致较低的准确率。

16.1 接收器

RNN 最简单的应用就是作为一个接收器：读入一个序列，最后产生一个二值或者多分类的结果。RNN 是能力很强的学习序列的工具，能够发掘出数据中很复杂的模式。

RNN 的这种能力在很多自然语言处理的任务中并不需要被使用：在很多例子中词语的顺序以及句子的结构并非很重要，所以词袋模型以及 n 元文法袋模型就能够得到和 RNN 接近甚至更好的性能。

本节展示了两个在语言问题中使用接收器的例子。第一个是一个普遍受认可的任务：情感分类。RNN 在这个任务上表现出色，但是其他较弱的方法也能够取得相当的效果。第二个任务在某种程度上是人为构造的：它本身没有解决任何"有用"的问题，但是展示了 RNN 学习序列的强大能力。

16.1.1 情感分类器

句子级情感分类

在句子级情感分类任务中，我们给定一个句子，这个句子通常是评论信息，需要将这个句子分成两类中的一个：积极的或消极的[一]。从某种程度上来说，这是最简单的情感分类任务——尽管如此这也是用得最多的。这个任务也是我们在第 13 章里讲 CNN 时讨论过的。接下来将要讨论一个对电影评论进行积极和消极情感分类的例子[二]。

积极的：*It's not life-affirming—it's vulgar and mean, but I liked it.*

消极的：*It's a disappointing that it only manages to be decent instead of dead bril-*

[一] 更具有挑战性的一种方式是 3 类情感分类：积极、中立和消极。
[二] 这些例子取自 Stanford Sentiment Treebank[Socher et al.，2013b]。

liant.

注意这里的积极例子中含有一些消极的短语(not life affirming, vulgar, mean)，而消极的例子则含有一些积极的短语(dead brilliant)。实际的情感分类不仅需要理解单独的短语，还需要理解这些短语出现的上下文，从语言角度整体构建句子的情感极性。情感分类是一个技巧性很强并且相当具有挑战性的任务，完成这一任务还需要能够很好地处理讽刺和隐喻。情感的定义并不是十分明确。想要对情感分类面临的相关挑战有更加详细的了解，请参考 Pang 和 Lee[2008]。就我们目前来说，不需要那些复杂的定义，只需要把情感分类任务当作一种数据驱动的二分类问题。

这个任务通过使用 RNN 接收器能够很直接地进行建模：RNN 读入序列化后的词语。RNN 的最终状态送入一个 MLP，这个 MLP 的输出层是一个二输出的 softmax 层。网络使用交叉熵损失函数通过带有情感标签的数据训练得到。对于更加细粒度的分类任务，我们需要对于情感极性给出一个 1~5 或者 1~10 的值(一种"评分")，那么我们只需要把 MLP 的输出层神经元数量从 2 改为 5 就可以了。总结一下这种结构：

$$p(\text{label} = k \mid w_{1:n}) = \hat{\boldsymbol{y}}_{[k]}$$

$$\hat{\boldsymbol{y}} = \text{softmax}(\text{MLP}(\text{RNN}(\boldsymbol{x}_{1:n}))) \tag{16.1}$$

$$\boldsymbol{x}_{1:n} = \boldsymbol{E}_{[w_1]}, \cdots, \boldsymbol{E}_{[w_n]}$$

词嵌入矩阵 $\boldsymbol{E}$ 通过预训练的词向量初始化，词向量在大量的外部数据集上通过带有相对较大窗口的 Word2Vec 算法或者 GloVe 算法预训练得到。

通常将式(16.1)扩展为 2 个 RNN 的结构，一个以给出的顺序读入句子序列，另一个则以逆序读入句子序列。这 2 个 RNN 的最终状态拼接起来送入 MLP 分类器中：

$$p(\text{label} = k \mid w_{1:n}) = \hat{\boldsymbol{y}}_{[k]}$$

$$\hat{\boldsymbol{y}} = \text{softmax}(\text{MLP}([\text{RNN}^f(\boldsymbol{x}_{1:n}); \text{RNN}^b(\boldsymbol{x}_{n:1})])) \tag{16.2}$$

$$\boldsymbol{x}_{1:n} = \boldsymbol{E}_{[w_1]}, \cdots, \boldsymbol{E}_{[w_n]}$$

双向模型在此任务上有着相当好的结果[Li et al., 2015]。

对于更长的句子，Li 等人[2015]发现使用层次化的结构很有帮助，句子在这种层次化的结构中以标点符号为分隔拆分成了更短长度的单位。然后，每个拆分后的句子单位被送入式(16.2)描述的双向 RNN 中。输出向量的序列(每个句子单位一个向量)随后被送入一个式(16.1)描述的 RNN 接收器中。形式化地，给出一个句子 $w_{1:n}$，这个句子被分为 m 个单位 $w_{1:\ell_1}^1, \cdots, w_{1:\ell_m}^m$，这个结构由下式给出：

$$p(\text{label} = k \mid w_{1:n}) = \hat{\boldsymbol{y}}_{[k]}$$

$$\hat{y} = \text{softmax}(\text{MLP}(\text{RNN}(z_{1:m}))) \tag{16.3}$$

$$z_i = [\text{RNN}^f(x^i_{1:\ell_i}); \text{RNN}^b(x^i_{\ell_i:1})]$$

$$x^i_{1:\ell_i} = E_{[w^i_1]}, \cdots, E_{[w^i_{\ell_i}]}$$

不同的 m 个单位得到不同的情感标签。更高一层的接收器读入低层编码器产生的摘要信息 $z_{1:m}$，并决定总体的情感分类结果。

情感分类任务同时也是第 18 章中将要介绍的层次化树结构的递归神经网络的一个性能测试平台。

文本级的情感分类

文本级的情感分类任务和句子级的情感分类任务类似，但是输入文本却长很多——由许多的句子组成——并且监督信号（情感标签）只在最后给出，而不是针对每一个独立的句子。这一任务要比句子级的情感分类任务困难，因为每个句子都会产生自己的情感极性而整个文本只有一个情感极性。

Tang 等人[2015]发现这个任务很适合使用类似 Li 等人[2015]的层次化结构的方法。[式(16.3)]：每个句子 s_i 通过一个门结构的 RNN 编码得到一个向量 z_i，然后将向量 $z_{1:n}$ 送入第 2 个门结构的 RNN 中，得到一个向量 $h = \text{RNN}(z_{1:n})$，这个向量用来预测：$\hat{y} = \text{softmax}(\text{MLP}(h))$。

作者同样也在一些变体上进行了实验，所有来自文本级 RNN 的中间向量都被保留，它们的平均值被送入一个 MLP 中（$h_{1:n} = \text{RNN}^*(z_{1:n})$，$\hat{y} = \text{softmax}(\text{MLP}(\frac{1}{n} \sum_{i=1}^{n} h_i))$）。这种方式产生了稍微更好的结果。

16.1.2　主谓一致语法检查

符合语法规定的英语句子必须要遵守"现在时态谓语动词的单复数必须与动词的主语一致"的规则（ * 表示了不符合语法规定的句子）：

（1）　a. The *key* is on the table.

　　　　b. * The *key* are on the table.

　　　　c. * The *keys* is on the table.

　　　　d. The *keys* are on the table.

这种关系仅从序列中直接进行检测并不容易，因为主语和谓语可能被任意长度的语言单位隔开，这就导致了中间可能出现与主语单复数不一样的名词：

（2）　a. The *keys* to the cabinet in the corner of the room *are* on the table.

b.　* The *keys* to the cabinet in the corner of the room *is* on the table.

鉴于从句子的线性序列中识别主语很困难，诸如主谓一致的依赖关系用来作为人类结构化语法表示的参数[Everaert et al.，2015]。事实上，给出句子的正确句法分析树，动词与其主语之间的关系变得显而易见：

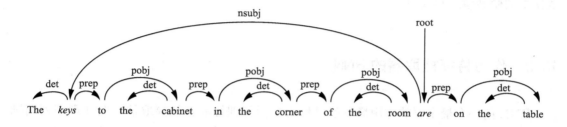

在与 Linzen 和 Dupoux 的共同工作中[Linzen et al.，2016]，我们的出发点是想要探索拥有较强的序列学习能力的 RNN 能否只从词序列中学习发现这种相当句法化的约束。我们设置了对维基百科上出现的自然语言的若干种预测任务。其中一个任务是语法检测任务：RNN 读入句子，最后判断这个句子是否符合语法。在我们的设置中，符合语法的句子是来自维基百科的含有现在时态动词的句子，不符合语法的句子是来自维基百科的含有现在时态动词的句子并随机选择一个现在时态的动词改变其单复数形式或者其他接近的形式⊖。注意，词袋模型或者 n 元语法袋模型可能很难解决这种特殊问题，因为这类模型丢失了句子中主语和谓语之间的结构化的依赖信息，并且可能间隔任意长度的距离而不总是 n 以内的长度。

模型直接作为一种接收器被训练：

$$\hat{y} = \text{softmax}(\text{MLP}(\text{RNN}(\boldsymbol{E}_{[w_1]}, \cdots, \boldsymbol{E}_{[w_n]})))$$

使用交叉熵损失函数。我们有数万个训练语句，数十万个测试语句（很多主谓一致的句子不够复杂，但是我们希望测试集包含大量较为困难的实例）。

这是一项困难的任务，只有非常间接的监督：监督信号不包括任何找到语法信息的线索。RNN 必须学习数字的概念（复数和单数词属于不同的组）、主谓一致的概念（动词的形式应该符合主语的形式）以及主体的概念（以确定动词之前的哪个名词决定动词的形式）。识别正确的主语需要学习识别嵌套结构的语法标记，以便能够跳过嵌套子句中的分散注意力的名词。RNN 处理学习任务表现非常好，成功解决了测试集中的绝大多数句子（＞99％的准确性）。当处理那些相当困难的句子时，比如动词及其主语经过 4 个单复数不相

⊖　一些细节：我们使用自动分配的词性标签来确定动词。我们在语料库中使用了最常用的 10 000 个单词，而不在词汇表中的词则通过自动分配的词性标签代替。

同的名词隔开时，RNN 仍然设法获得超过 80％的准确性。注意，如果要学习预测最后一个名词数量的启发式方法，其精度在这些情况下为 0％，而对于选择随机前缀名词的启发式方法，其准确度将为 20％。

总而言之，本实验展示了基于门结构的 RNN 的学习能力，以及这类 RNN 能够学习数据中的微妙模式和规律。

16.2 作为特征提取器的 RNN

RNN 的一个最主要的应用场景就是作为灵活可训练的特征提取器，在处理序列问题时能够替代传统的特征提取通道。特别地，RNN 是基于窗口的特征提取器的良好替代者。

16.2.1 词性标注

让我们以 RNN 的视角来重新看待词性标注任务。

框架：深度双向 RNN 词性标注是序列标注任务的特殊情况，这一任务为句子中的每一个词分配词性标签。这一特点使得双向 RNN 成为该任务基本框架的理想选择。

给定一个含有 n 个词语的句子 $s = w_{1:n}$，使用一个特征提取函数 $x_i = \phi(s, i)$ 来把句子转化为输入向量 $x_{1:n}$。输入向量将会被送入一个深度双向 RNN 中，产生一个输出向量 $y_{1:n} = \text{biRNN}^*(x_{1:n})$。每个向量 y_i 将被送入一个 MLP 中，用于从可能的 k 个标签中预测这个词语的标签。每个向量 y_i 关注序列中的位置 i，而且还具有关于该位置周围的整个序列的信息（"无限窗口"）。通过训练程序，双向 RNN 将着重于学习序列中预测 w_i 的标签所需要的那些信息，并将其编码在向量 y_i 中。

通过字符级的 RNN 将词语转化为输入 如何把一个词语 w_i 转换为一个输入向量 x_i？一种可行的方式是通过使用一个词嵌入矩阵，这个矩阵可以通过随机初始化或者带有位置窗口上下文的 Word2Vec 技术预训练得到。这种映射将通过词嵌入矩阵 E 来发挥作用，将词映射为词向量 $e_i = E_{[w_i]}$。虽然这种方法效果很好，但是也存在着词表覆盖范围的问题，因为可能会存在训练或者预训练过程中没见过的词项。词语是由字符组成的，有确定的后缀和前缀，以及其他拼写提示，比如大写字母、连字符或数字，它们的存在可以提供有关词的歧义类的有效提示。在第 7 章和第 8 章中，我们讨论了通过精心设计的特征整合这些信息。本章中，我们将使用 RNN 作为特征提取器来代替这些人为设计的特征。特别地，我们将使用两个字符级的 RNN。对于一个由字符 $c_1, \cdots, c_\ell$ 组成的单词 $w^\ominus$，我们将每一个字符映射到一个对应的嵌入向量 c_i。然后基于这些字符通过一个前向 RNN 和一个逆向 RNN 将单词编码。RNN 的结果可以替代词向量，或者以一种更好的方式，拼接在词向量后面：

$$\boldsymbol{x}_i = \phi(s,i) = \left[\boldsymbol{E}_{[w_i]}; \mathrm{RNN}^f(\boldsymbol{c}_{1,\ell}); \mathrm{RNN}^b(\boldsymbol{c}_{\ell,1})\right]$$

值得注意的是，前向运行的 RNN 关注捕捉后缀信息，逆向运行的 RNN 关注捕捉前缀信息，并且两种 RNN 对大写字母、连字符甚至单词长度都很敏感。

最终的模型　标注模型最后变成了：

$$p(t_i = j \mid w_1, \cdots, w_n) = \mathrm{softmax}(\mathrm{MLP}(\mathrm{biRNN}(\boldsymbol{x}_{1,n}, i)))_{[j]}$$

$$\boldsymbol{x}_i = \phi(s,i) = \left[\boldsymbol{E}_{[w_i]}; \mathrm{RNN}^f(\boldsymbol{c}_{1,\ell}); \mathrm{RNN}^b(\boldsymbol{c}_{\ell,1})\right] \tag{16.4}$$

模型通过交叉熵损失函数训练。在训练词向量时利用词语丢弃机制（8.4.2 节）是有好处的。这一结构的展示在图 16.1 中给出。

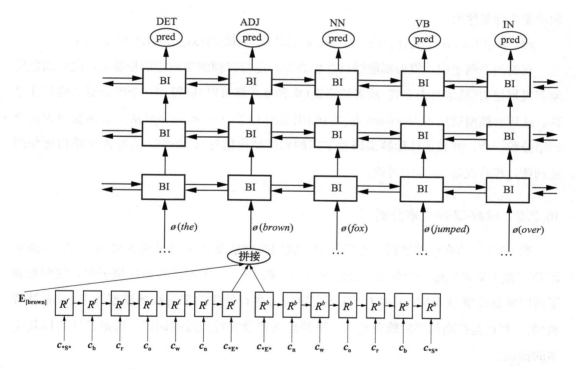

图 16.1　RNN 词性标注结构图。每个单词 w_i 被转换成词向量 $\phi(w_i)$，该向量是词向量与前向和后向字符级 RNN 的结束状态的拼接。然后，将词向量送入深度双向 RNN。将每个外层双向 RNN 的状态输出送到预测网络（输出层是 softmax 层的 MLP），得到标签的预测。注意，每个标签的预测可以依赖整个输入句子

一个类似的标注模型见 Plank 等人[2016]的描述，其中显示这个模型在一系列语言上

　　⊖　这里是指英语单词。——译者注

都得到了相当具有竞争力的结果。

字符级的卷积和池化 在上述的结构中，单词通过在字符级上使用前向 RNN 和逆向 RNN 映射为一个特征向量。另一种备选的方式是使用字符级的卷积和池化神经网络（CNN，第 13 章）来表示词语。Ma 和 Hovy[2016]展示了对每个字符使用窗口大小 $k=3$ 的一层卷积-池化网络实际上对于词性标注任务和命名实体识别任务是很有效的。

结构化的模型 在上述模型中，单词 i 的标签预测是独立于其他标签预测的计算的。虽然这种方式可能能够有效工作，但是第 i 个标签可能会依赖模型前面预测出的一些标签。这个依赖关系可以是依赖确定的前 k 个标签（遵循马尔可夫假设），在这种情况下我们使用标签的嵌入形式 $E_{[t]}$，结果就是：

$$p(t_i = j \mid w_1, \cdots, w_n, t_{i-1}, \cdots, t_{i-k}) = \text{softmax}(\text{MLP}([\text{biRNN}(x_{1:n}, i); E_{[t_{i-1}]}; \cdots; E_{[t_{i-k}]}]))_{[j]}$$

或者依赖于整个序列中第 i 个标签之前的预测结果 $t_{1,i-1}$，在这种情况下使用一个 RNN 来编码整个标签序列：

$$p(t_i = j \mid w_1, \cdots, w_n, t_{1,i-1}) = \text{softmax}(\text{MLP}([\text{biRNN}(x_{1:n}, i); \text{RNN}^t(t_{1,i-1})]))_{[j]}$$

在这两个例子中，模型都能够以贪婪的方式运行以预测序列中的标签 t_i，也可以使用动态规划搜索（马尔可夫方式）或者柱搜索（两种方式都可以）以得到一个得分更高的标注序列。这样的模型被用于 Vaswani 等[2016]提出的 CCG-supertagging（从大量标签中为每个词语分配一个，并且这些标签编码是丰富的句法结构信息）任务中。这些模型结构化预测的训练过程将在第 19 章中讨论。

16.2.2 RNN-CNN 文本分类

在 16.1.1 节介绍的情感分类任务中，我们的做法是将词向量送入前向 RNN 和逆向 RNN，接下来再经过一个分类层[式(16.2)]。在 16.2.1 节标注任务的例子中，我们看到了词向量是能够被 RNN 或者 CNN 等在字符上进行操作的字符级的模型补充（或者被替换）的，目的是提高模型的覆盖范围，更好地处理没有看到过的词语、词形的变化以及文本的错误。

相同的方式也能有效运用在文本分类任务中：我们将向量送入逐个读入单词的字符级RNN 或者逐个读入单词的卷积-池化层中得到结果。

另外一种可供选择的方式是在字符上应用一个层次化的卷积-池化网络（13.3 节），目的是得到一个更短的向量序列，这个向量序列代表了一种字符级别之上的单位，但不一定是单词（获取的信息可能大于或者小于一个单词提供的信息），然后把结果的向量序列送入 2 个 RNN 以及分类层中。这个方法由 Xiao 和 Cho[2016]尝试应用在数个文本分类任务中。更具体来说，他们的层次化结构包括一系列的卷积和池化层。在每一层，一个窗口大小为 k 的卷积核应用于输入向量的序列，然后对任意两组相邻的输出向量进行 max-pooling 操作，使序列长度减半。经过若干相同的层（不同层的窗口大小在 5 和 3 中取值，比如大小为 5，5，3），输出向量被送入一个双向的 GRU RNN 里，然后再送入了一个分类器中（一个全连接层后跟一个 softmax 层）。他们在最后的卷积层和 RNN 的连接处使用了丢弃机制，RNN 和分类器之间也使用了丢弃机制。这一方法对很多文本分类任务都很有效。

16.2.3　弧分解依存句法分析

我们重新回顾一下 7.7 节里依存句法分析任务的弧分解（*arc-factored*）方法。当时我们给定了有 n 个词 $w_{1:n}$ 的句子以及对应的词性标签 $t_{1:n}$，然后需要为每一对词 $(w_i，w_j)$ 赋予一个分数，表示词语 w_i 是词语 w_j 的核心词的可能性。在 8.6 节中我们为这个任务导出了一个复杂的特征函数，这个特征包括核心词和修饰词周围窗口内的词，核心词和修饰词中间的词以及核心词和修饰词的词性标注。这样一个复杂的函数能够被核心词和修饰词所对应的两个双向 RNN 的向量拼接所代替。

特别地，给定了词语 $w_{1:n}$ 和词性标签 $t_{1:n}$ 以及对应的特征向量 $w_{1:n}$ 和 $t_{1:n}$，我们创建一个双向 RNN 得到编码 v_i，这个 v_i 是对句子中每一个位置上的词向量和对应的词性标签向量的拼接结果送入深度双向 RNN 的编码：

$$v_{1:n} = \text{biRNN}^*(x_{1:n})$$

$$x_i = [w_i : t_i] \tag{16.5}$$

然后我们通过将双向 RNN 的输出向量拼接并送入 MLP 的方式，得到对一个核心词-修饰词候选对的打分：

$$\text{A}_{\text{RC}}\text{S}_{\text{CORE}}(h, m, w_{1:n}, t_{1:n}) = \text{MLP}(\phi(h, m, s)) = \text{MLP}([v_h ; v_m]) \tag{16.6}$$

图 16.2 给出了这一结构的展示。注意双向 RNN 输出向量 v_i 通过上下文编码了词语，本质上在词语 w_i 的两侧构建了一种无限的窗口，并且对于词性标签和词语序列都敏感。此外，拼接向量 $[v_h ; v_m]$ 包含了 RNN 学习到的每一个词语在每一个方向上的信息，尤其是它包含了 w_h 和 w_m 之间的序列信息以及距离信息。双向 RNN 作为更大的网络的一部分被训练，并且学会了重点关注序列中对于句法分析任务最为重要的那些方面（arc-factored 句法分析器的结构化训练将在 19.4.1 节介绍）。

这样一个特征提取器用于 Kiperwasser 和 Goldberg[2016b] 的工作中，并且取得了 arc-factored 方式最好的分析结果，媲美了那些十分复杂的句法分析器模型的得分。一种

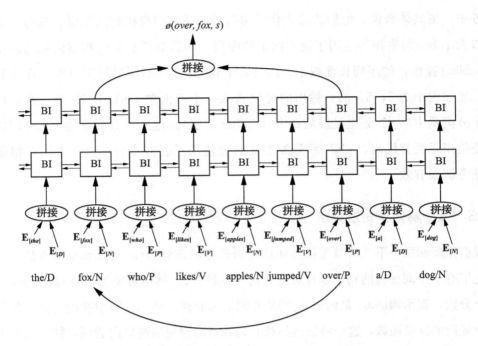

图 16.2 arc-factored 句法分析特征提取器的展示,计算 fox 和 over 之间的 arc 值

相似的方式也在 Zhang 等人[2016]的工作中被采用,获得了相似的结果但是训练方法上有所不同。

总的来说,无论什么时候,如果一个任务对词语顺序或者句子结构敏感,并且这个任务使用词语作为特征,那么这个任务中的词语就能够被使用词语自身训练的双向 LSTM 输出的词向量代替。这种方法在 Kiperwasser 和 Goldberg[2016b]以及 Cross 和 Huang [2016a,b]的关于基于转移的句法分析任务中都有使用,并得到了令人印象深刻的结果。

条件生成

如第 14 章所述，循环神经网络(RNN)可以用于基于全部历史信息条件下的非马尔可夫(non-markovian)语言模型。这种能力使得 RNN 适合用作自然语言生成器(generator)(生成自然语言序列)以及在复杂输入条件下的条件生成器(conditioned generator)。本章将对这些结构进行讨论。

17.1 RNN 生成器

使用 RNN 转换器(RNN-transducer)结构进行语言建模(14.3.3 节)的一个特殊例子是序列生成。如 9.5 节所述，任何语言模型都能够用于生成。对于 RNN 转换器，生成过程是通过将 i 时刻转换器的输出作为 $i+1$ 时刻的输入来完成的：在预测出下一个输出符号的概率分布 $p(t_i=k \mid t_{1,i-1})$ 之后，选择一个符号 t_i 和相应的嵌入向量(embedding vector)作为下一时刻的输入。当一个特定的序列结束符(通常记为</s>)被产生时，生成过程即停止。该过程如图 17.1 所示。

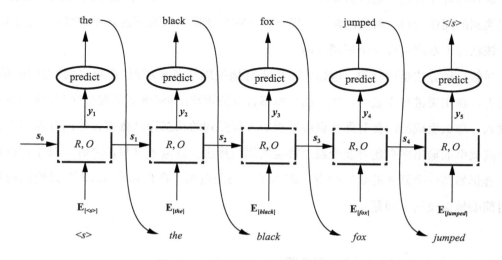

图 17.1　RNN 转换器用于序列生成

与基于 n 元语法(ngram)语言模型的生成(9.5 节)类似，在使用一个训练好的 RNN 转换器进行生成的时候，我们可以选择每一步概率最高的项进行输出，也可以根据模型预测的分布进行采样，或者使用柱搜索(beam-search)来获得一个全局高概率的输出。

一个令人印象深刻的能够展示带门循环神经网络(gated RNN)利用任意长历史信息能力的例子是以字符(character)(而不是词)为单位进行训练的基于 RNN 的语言模型。当作为生成器时，该 RNN 语言模型的任务是逐字地生成随机的句子，其中每个字符的生成将基于已经生成的字符序列历史信息[Sutskever et al.，2011]。字符级别的操作促使模型往回看到更长的历史序列信息，从而建立字符与词以及词与句子之间的联系，并且生成有意义的模式。利用该模型所生成的文本不仅与流利的英文文本类似，还表现出对 n 元语法语言模型无法捕捉的一些性质的敏感性，包括序列的长度以及嵌套括号的匹配。当对 C 语言源代码进行训练时，生成的序列遵守缩进模式以及 C 语言中一般的语法约束。对基于 RNN 的字符级别语言模型性质的一个有趣的演示以及分析，请参考 Karpathy 等[2015]。

生成器的训练

在训练生成器时，一般的方法是简单地将其当作一个转换器来进行训练，使得在给定序列中已观测元素的条件下，下一个观测元素具有高的概率(即以语言模型的方式训练)。

更具体地，对于训练语料中长度为 n 的句子w_1，…，w_n，我们生成一个具有 $n+1$ 个输入以及 $n+1$ 个相应输出的 RNN 转换器，其中第一个输入是句首符，接下来是句子的 n 个词。第一个期望的输出是w_1，第二个期望输出是w_2，以此类推，第 $n+1$ 个期望输出是句尾符。

这种训练方法通常被称为教师-强制(teacher-forcing)方法，原因在于该生成器是以实际观测到的词作为每一时刻的输入，即便该词在当前模型预测下的概率较低；而在测试阶段，该状态下本应生成一个不同的词。

尽管这种方法是可行的，但是它不能很好地处理与黄金序列(观测序列)之间的偏差。事实上，在用来进行生成时，使用的是模型自身的预测结果(而不是黄金序列)作为下一步的输入，那么生成器需要对那些训练过程中未观测到的状态计算概率。使用柱搜索以获得一个高概率的输出序列还可能受益于特定的训练算法。截至本书写作之时，对于这种情况的处理仍然是一个开放的研究问题，超出了本书的范围。我们将在 19.3 节讨论结构化预测时简要地谈及这个问题。

17.2 条件生成(编码器-解码器)

尽管用 RNN 作为生成器是展示它优势的一个有趣的练习，但是 RNN 转换器的能力直到应用于条件生成(conditioned generation)的框架中才真正地显现出来。

该生成框架基于已生成的词项$\hat{t}_{1,j}$来生成下一个词项 t_{j+1}：

$$\hat{t}_{j+1} \sim p(t_{j+1} = k \mid \hat{t}_{1,j}) \qquad (17.1)$$

在 RNN 的框架中则根据下式进行建模：

$$p(t_{j+1} = k \mid \hat{t}_{1,j}) = f(\text{RNN}(\hat{\boldsymbol{t}}_{1,j}))$$

$$\hat{t}_j \sim p(t_j \mid \hat{t}_{1,j-1}) \qquad (17.2)$$

或者，如果使用更具体的递归定义：

$$p(t_{j+1} = k \mid \hat{t}_{1,j}) = f(O(\boldsymbol{s}_{j+1}))$$

$$\boldsymbol{s}_{j+1} = R(\hat{\boldsymbol{t}}_j, \boldsymbol{s}_j)$$

$$\hat{t}_j \sim p(t_j \mid \hat{t}_{1,j-1}) \qquad (17.3)$$

其中 f 是一个参数化函数，将 RNN 状态映射为词的概率分布。例如，$f(\boldsymbol{x}) = \text{softmax}(\boldsymbol{xW} + \boldsymbol{b})$ 或者 $f(\boldsymbol{x}) = \text{softmax}(\text{MLP}(\boldsymbol{x}))$。

在条件生成的框架中，下一个词项的生成依赖于已生成的词项以及一个额外的条件上下文 c。

$$\hat{t}_{j+1} \sim p(t_{j+1} = k \mid \hat{t}_{1,j}, c) \qquad (17.4)$$

使用 RNN 框架时，该上下文 c 被表示为向量 $\boldsymbol{c}$：

$$p(t_{j+1} = k \mid \hat{t}_{1,j}, c) = f(\text{RNN}(\boldsymbol{v}_{1,j}))$$

$$\boldsymbol{v}_i = [\hat{\boldsymbol{t}}_i; \boldsymbol{c}]$$

$$\hat{t}_j \sim p(t_j \mid \hat{t}_{1,j-1}, c) \qquad (17.5)$$

或者，使用递归定义：

$$p(t_{j+1} = k \mid \hat{t}_{1,j}, c) = f(O(\boldsymbol{s}_{j+1}))$$

$$\boldsymbol{s}_{j+1} = R(\boldsymbol{s}_j, [\hat{\boldsymbol{t}}_i; \boldsymbol{c}])$$

$$\hat{t}_j \sim p(t_i \mid \hat{t}_{1,j-1}, c) \qquad (17.6)$$

在生成过程中的每个阶段，上下文向量 c 与输入向量 $\hat{\boldsymbol{t}}_j$ 进行拼接，并将拼接之后的向量作为 RNN 的输入，从而得到下一步预测。图 17.2 展示了该结构。

哪一类信息能够被编码至上下文 c 中呢？几乎任何我们能够获得并且认为有用的数据都可以。例如，假设我们有一个由不同主题类别的新闻条目所构成的大语料库，我们可以将主题当作一种条件上下文。那么，我们的语言模型就能够根据主题信息来生成文本。假设我们对电影评论感兴趣，可以将电影的体裁、评论的评分（rating），也许还有作者所在地理区域来作为生成文本的条件。然后我们就可以在生成文本时对这些方面加以控制。我

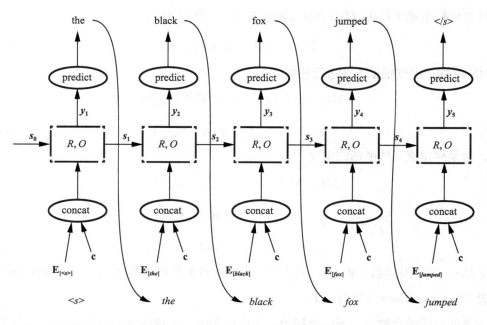

图 17.2   RNN 条件生成器

们还可以将从文本中自动抽取并推导出的性质作为条件。例如，我们可以设计启发规则来告诉我们一个给定的句子是否是第一人称，是否包含一个被动语态的结构，以及它的词汇使用水平。接下来，我们就可以使用这些属性来作为训练时以及实际文本生成时的条件上下文。

17.2.1   序列到序列模型

上下文 c 可以有很多种形式。在上一小节，我们描述了一些定长的、具有集合性质的条件上下文示例。在另一种流行的方法中，c 本身就是一个序列，最常见的是一个文本片段。这种方式下产生了序列到序列（sequence to sequence）条件生成框架，也被称为编码器-解码器框架[Cho et al.，2014a，Sutskever et al.，2014]。

在序列到序列的条件生成中，我们感兴趣的是在给定一个源序列 $x_{1:n}$（例如法语中的一个句子）时，生成一个目标输出序列 $t_{1:m}$（例如该法语句子的英文翻译）。这是通过使用一个编码函数 $c = \text{ENC}(x_{1:n})$——通常是一个 RNN：$c = \text{RNN}^{\text{enc}}(x_{1:n})$——将源句子 $x_{1:n}$ 编码为一个向量来实现的。接下来，我们使用一个条件生成器 RNN（解码器）并根据式（17.5）来生成期望的输出序列 $t_{1:m}$。该结构如图 17.3 所示。

这种设定适用于将长度为 n 的序列映射为长度为 m 的序列。编码器将源句子抽象表示为向量 c，作为解码器的 RNN 则根据当前已预测出的词以及编码后的源句子 c 来预测目标

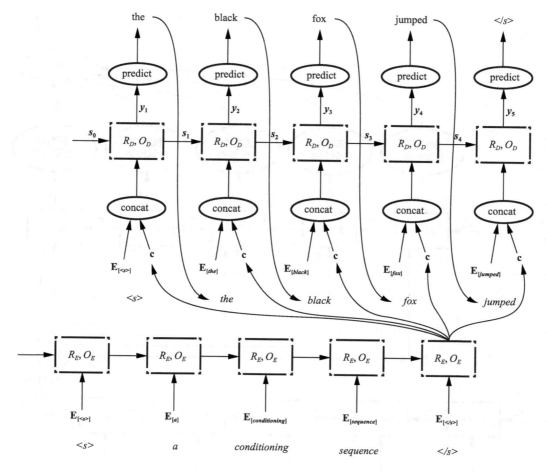

图 17.3 序列到序列 RNN 生成器

词序列(使用一个语言模型目标函数)。用于编码器与解码器的 RNN 是联合训练的。监督信息只出现在解码器 RNN 端,但是梯度能够沿着网络连接反向传播至编码器 RNN 中(见图 17.4)。

17.2.2 应用

序列到序列的方法非常通用,其对于任何需要进行序列之间映射的情况都具有潜在的适用性。这里我们列举一些本领域的应用样例。

机器翻译 使用深度长短时记忆(LSTM)循环神经网络的序列到序列方法已被证明对于机器翻译任务惊人地有效[Sutskever et al.,2014]。为了成功应用这种方法,Sutskever 等人发现一种有效的方式是将源句子倒序输入,使得x_n对应于输入句子的第一个词。在这种方式下,第二个 RNN(解码器)能够更容易地建立源句子首词与目标句子首词之间的联系。

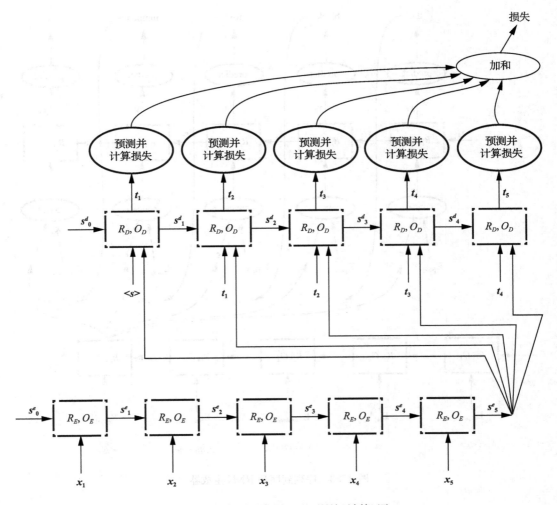

图 17.4 序列到序列 RNN 训练(计算)图

尽管这种序列到序列的方法在法语-英语翻译中取得的成功令人印象深刻，但是需要注意的是，Sutskever 等[2014]的方法需要使用 8 层高维 LSTM，计算代价很高，而且不容易训练好。在本章的后面(17.4 节)，我们会介绍基于注意力的结构(attention-based architecture)，这是一种在序列到序列结构上的精巧设计，对于机器翻译更为有效。

邮件自动回复 该任务旨在将可能较长的邮件文本映射至一条较短的回复，比如："*Yes*"，"*I'll do it*"，"*Great*"，"*see you on Wednesday*"或者"*It won't work out*"。Kannan 等人[2016]介绍了 Google Inbox 邮件自动回复功能的一种实现。该方法的核心是一个简单的序列到序列条件生成模型，该模型使用一个 LSTM 编码器读入邮件内容，以及一个 LSTM 解码器来生成合适的回复。该模块是在大量的"邮件-回复"数据上进行训练的。当然，要将该回复生成模块成功地集成到产品中，还需要增加额外的组件，来对回复模块的触发进行调度，保证回复的多样性以及正面、负面回复的平衡，维护用户隐私等等。更多的细节请参考 Kannan 等人[2016]。

形态屈折　在形态屈折(morphological inflection)任务中，输入是一个基本词(base word)以及一个期望的形态变化需求，输出是该词的屈折形式。例如，对于芬兰语中的词 *bruttoarvo* 以及期望的形态变化 pos＝N，case＝IN＋ABL，num＝PL，期望的输出是 *bruttoarvoista*。尽管针对该任务的传统解决方法是利用人工构建的词典以及有限状态转换机，但同时它也很适合字符级的序列到序列条件生成模型[Faruqui et al.，2016]。SIG-MORPHON 2016 联合任务中屈折生成(inflection generation)的结果显示，循环神经网络方法优于其他所有参赛方法[Cotterell et al.，2016]。排名第二的系统[Aharoni et al.，2016]使用的是序列到序列模型，并针对该任务进行了一些改进。而获胜的系统则集成了多个基于注意力的序列到序列模型，如 17.4 节中所介绍的。

其他应用　将含有 n 个单元的序列映射为含有 m 个单元的序列是非常通用的应用场景，几乎所有的任务都能使用编码-生成的方法进行建模。然而，一个任务能够使用这种方式建模，并不意味着它必须采用这种方式——也许存在更好的结构更适合该任务，或者更易于学习。现在我们描述一些应用，它们在编码器-解码器框架下似乎会不必要地变得难以学习，同时存在其他的更适用的模型结构。而研究者们使用编码器-解码器框架获得了不错的准确率这一事实证明了该框架的能力。

Filippova 等人[2015] 使用该结构进行删除式的句子压缩。在该任务中，我们有一个句子，比如"*Alan Turing，known as the father of computer science，the codebreaker that helped win World War 2，and the man tortured by the state for being gay，is to receive a pardon nearly 60 years after his death*"，然后需要通过删除原句中的一些词来产生一个包含句子主要信息且更为简短(压缩的)的版本。一个压缩之后的例子是"Alan Turing is to receive a pardon"。Filippova 等人[2015]使用序列到序列的映射对该问题进行建模，其中输入序列是原句子(可能还与从自动产生的句法分析树中获得的句法信息相结合)，输出是由 KEEP、DELETE 与 STOP 所组成的决策序列。该模型是在从新闻文本中自动抽取的包含接近 200 万〈句子，压缩〉对的语料库上进行训练的[Filippova and Altun，2013]，并取得了当前最好的(state-of-the-art)结果。⊖

⊖　在该任务中，我们将一个包含 n 个词的序列映射为 n 个决策，其中第 i 个决策直接对应于第 i 个词。因此，尽管令人印象深刻，但是序列到序列方法对于该任务而言可以认为是过度(overkill)的。这本质上是一个序列标注任务，biLSTM 转换器(比如前一章所介绍的)可能更加适用。其实，Klerke 等人[2016]的工作显示，使用一个 biRNN 转换器并在比序列到序列方法小几个数量级的数据上进行训练，就能够取得相近(尽管稍微低一些)的准确率。

Gillick 等人[2016]把词性标注与命名实体识别任务看作一个序列到序列的问题,将 unicode 编码的字符序列映射至一系列的实体范围预测,如 S12,L13,PER,S40,L11,LOC,表示一个从偏移位置 12 开始的长为 13 个字节的人名(PERSON)实体,以及一个从偏移位置 40 开始的长为 11 个字节的地名(LOCATION)实体。⊖

Vinyals 等人[2014]把句法分析当作一个序列到序列的任务,将一个句子映射为一系列的短语结构加括(constituency bracketing)决策。

17.2.3 其他条件上下文

条件生成方法非常灵活——编码器不一定是 RNN。事实上,条件上下文向量可以是基于单个词,或一种连续词袋(CBOW)的编码,也可以由一个卷积网络生成,或基于一些其他的复杂计算。

此外,条件上下文甚至不一定是基于文本的。在对话任务的设定下(该任务中我们训练一个 RNN 来对对话中的消息产生回复),Li 等人[2016]使用一个与用户(当前回复的作者)关联的可训练的嵌入向量作为上下文。其背后的直觉是不同用户由于年龄、性别、社会角色、背景知识、个性特点以及其他很多潜在因素的不同而有着不同的交流风格。通过在生成回复时引入用户信息,该网络可以在仍然使用一个潜在语言模型作为主干的同时学会调整预测结果。另外,作为训练生成器的一个副产品,该网络还学习用户的嵌入向量,为具有相似交流风格的用户产生相近的嵌入向量。在测试阶段,我们可以将特定用户(或者用户向量的平均)作为一种条件上下文来影响所生成回复的风格。

除了自然语言之外,另一个流行的应用是图像描述生成(image captioning):将一幅输入图像编码为一个向量(通常使用一个多层卷积神经网络⊖),然后将该向量作为 RNN 生成器的条件上下文。训练得到的 RNN 生成器即可用于图像描述的生成[Karpathy and Li,2015,Mao et al.,2014,Vinyals et al.,2015]。

Huang 等人[2016]的工作将图像描述生成任务扩展为视觉故事讲述(visual story telling),在该任务中,输入是一系列的图像,输出是对图像演变进行描述的一个故事。该工作中采用的是 RNN 作为编码器来读取输入图像向量所构成的序列。

⊖ 这也是一个序列标注的任务,使用 biLSTM 转换器或者一个结构化 biLSTM 转换器(biLSTM-CRF)可以取得不错的效果,详见 19.4.2 节的介绍。

⊖ 使用神经网络结构将图像编码为向量表示是一个研究得比较充分的话题,且已经有确定的最佳方法以及很多成功的案例。这也超出了本书的讨论范围。

17.3 无监督的句子相似性

我们往往希望为句子学习向量表示，使得相似的句子具有相近的向量。这个问题的定义有点含糊不清(句子相似意味着什么?)并且仍是一个开放的研究问题，但是有一些方法取得了较合理的结果。在本节中，我们关注无监督的方法，因其能够在未标注数据上进行训练。训练的结果将是一个编码函数 $\text{ENC}(w_{1:n})$，该函数将相似的句子编码为相近的向量。

大部分方法是基于序列到序列框架的：首先训练一个 RNN 编码器来产生上下文向量表示 c，该向量将用于一个 RNN 解码器来完成某个任务。因此，c 必须捕捉到句子中与该任务相关的重要信息。接下来，作为解码器的 RNN 将被丢弃，而编码器则用来生成句子表示 c，期望相似的句子会得到相近的向量。最终我们得到的句子间相似度函数将严重依赖于训练解码器所完成的任务。

自动编码　自动编码(auto-encoding)方法是一种条件生成模型，该模型首先使用 RNN 对一个句子进行编码，然后由解码器试图对该输入句子进行重建。在这种方式下，模型将被训练对于重建句子所需要的信息进行编码，同时期望相似的句子具有相似的向量。然而，对于通用的句子相似性度量，用于句子重建的目标函数也许并不理想，原因在于它可能会将那些使用不同词语但表达相似意思的句子表示分开。

机器翻译　在此任务中，我们训练一个序列到序列神经网络来将英语句子翻译成其他语言。直觉上，该编码器所产生的向量是有助于翻译的，因此，它编码了对于产生合理翻译所必需的句子的本质语义表示，进而使得具有相似翻译的句子也具有相似的向量表示。该方法需要一个用于条件生成任务的大语料库，比如机器翻译中所使用的平行语料库。

skip-thought　Kiros 等人[2015]所描述的模型——它的作者给它命名为 skip-thought 向量——对于句子相似度问题提出了一个有趣的目标函数。该模型将词语的分布假设(distributional hypothesis)延展至句子，认为出现在相似上下文的句子是语义相似的。这里，一个句子的上下文指的是围绕该句子的其他句子。故而，skip-thought 模型是一个条件生成模型，其中，一个 RNN 编码器将句子映射为一个向量，然后一个解码器被训练以根据该编码向量来重建该句子的前一个句子，另一个解码器被训练来重建该句子的后一个句子。经过训练的 skip-thought 编码器在实际中取得了令人印象深刻的结果，例如，它能够将下面的两个句子：

(a)*He ran his hand inside his coat*，*double-checking that the unopened letter was still there.*

(b)*He slipped his hand between his coat and his shirt*，*where the folded copies lay in a brown envelope.*

编码为相近的向量。

句法相似度　Vinyals 等人[2014]的工作表明编码器-解码器模型能够在基于短语结构的句法分析任务上取得不错的结果，具体方式是先对句子进行编码，而解码器则将生成一系列加括(bracketing)决策来重建一棵线性化的句法分析树。例如，将句子

the boy opened the door

映射为：

(S(NP DT NN)(VP VBD(NP DT NN)))

在这种训练方式下所得到的句子编码表示将能够捕捉到句子的句法结构信息。

17.4　结合注意力机制的条件生成

在 17.2 节所描述的编码器-解码器网络中，输入句子被编码为单一的向量，并被用来作为 RNN 生成器的条件上下文。该结构强制编码器所得到的向量 $c = \text{RNN}^{\text{enc}}(x_{1:n})$ 中包含生成时所需要的全部信息，并且要求生成器能够从该定长向量中提取出所有信息。即使在这么强的条件下，该结构仍然出乎意料地有效。然而，在很多情况下，通过增加一个注意力的机制(attention mechanism)，该结构能够得到充分地改进。这种结合注意力机制的条件生成结构[Bahdanau et al.，2014]放宽了在简单条件生成结构中全部源句子信息被编码为单一向量的条件，而是使用一组向量来表示源句子，同时解码器采用一种软注意力机制(soft attention mechanism)来决定编码的输入序列中将关注哪些部分。编码器、解码器以及注意力机制是联合训练的，从而使得它们相互之间能够很好地进行配合。

更具体地，结合注意力机制的编码器-解码器结构使用一个 biRNN 对长度为 n 的输入序列 $x_{1:n}$ 进行编码，产生 n 个向量 $c_{1:n}$：

$$c_{1:n} = \text{ENC}(x_{1:n}) = \text{biRNN}^*(x_{1:n})$$

接下来，生成器(解码器)将这些向量当作一段只读(read-only)记忆，用来表示输入的条件句：在生成过程的每个步骤 j，它将会从 $c_{1:n}$ 中选择哪些向量进行关注，从而得到一个含焦点(focused)的上下文向量 $c^j = \text{attend}(c_{1:n}, \hat{t}_{1:j})$。

c^j 将被用作第 j 步生成过程的条件：

$$p(t_{j+1} = k \mid \hat{t}_{1,j}, \boldsymbol{x_{1,n}}) = f(O(\boldsymbol{s_{j+1}}))$$

$$\boldsymbol{s_{j+1}} = R(\boldsymbol{s_j}, [\hat{\boldsymbol{t}}_j; \boldsymbol{c^j}])$$

$$\boldsymbol{c^j} = \text{attend}(\boldsymbol{c_{1,n}}, \hat{t}_{1,j})$$

$$\hat{t}_j \sim p(t_j \mid \hat{t}_{1,j-1}, \boldsymbol{x_{1,n}}) \tag{17.7}$$

在表示能力方面，这种结构包含了前面介绍的编码器-解码器结构：通过使 $\text{attend}(\boldsymbol{c_{1,n}}, \hat{t}_{1,j}) = \boldsymbol{c_n}$，我们可以得到式(17.6)。

函数 attend 的形式是什么呢？此时也许你已经猜到，它是一个可训练的、参数化的函数。本文遵循 Bahdanau 等人[2014]中所描述的注意力机制，这也是首次在序列到序列生成背景下提出注意力机制的工作。⊖ 虽然这种特定的注意力机制很常用而且效果不错，但是很多变形也是可能的。Luong 等人[2015] 的工作在机器翻译任务中研究了其中的一些变形。

这里所实现的注意力机制是软的，这意味着在每个步骤中，解码器看到的是向量 $\boldsymbol{c_{1,n}}$ 的一个加权平均，其中的权重由注意力机制进行选择。

更形式化地，在步骤 j 通过软注意力机制得到一个混合向量$\boldsymbol{c^j}$：

$$\boldsymbol{c^j} = \sum_{i=1}^{n} \boldsymbol{\alpha}_{[i]}^{j} \cdot \boldsymbol{c_j}$$

$\boldsymbol{\alpha}^j \in \mathbb{R}_+^n$ 是步骤 j 的注意力权重向量，其中$\boldsymbol{\alpha}_{[i]}^j$都是正值且和为 1。

$\boldsymbol{\alpha}_{[i]}^{j}$ 是经过两步得到的：首先，根据解码器第 j 步的状态以及编码器的每一个向量$\boldsymbol{c_i}$，使用一个前馈神经网络MLP^{att}得到非归一化的注意力权重$\bar{\boldsymbol{\alpha}}_{[i]}^j$：

$$\bar{\boldsymbol{\alpha}}^j = \bar{\boldsymbol{\alpha}}_{[1]}^j, \cdots, \bar{\boldsymbol{\alpha}}_{[n]}^j =$$
$$= \text{MLP}^{\text{att}}([\boldsymbol{s_j}; \boldsymbol{c_1}]), \cdots, \text{MLP}^{\text{att}}([\boldsymbol{s_j}; \boldsymbol{c_n}]) \tag{17.8}$$

接下来，再使用 softmax 函数将权重$\bar{\alpha}_{[i]}^j$归一化至一个概率分布：

$$\boldsymbol{\alpha}^j = \text{softmax}(\bar{\boldsymbol{\alpha}}_{[1]}^j, \cdots, \bar{\boldsymbol{\alpha}}_{[n]}^j)$$

在机器翻译任务中，我们可以将MLP^{att}理解为计算当前解码器状态$\boldsymbol{s_j}$(捕捉了最新生成的外语词信息)与源句子每个部分$\boldsymbol{c_i}$ 的一种软对齐(soft alignment)。

那么，完整的注意力函数即为：

$$\text{attend}(\boldsymbol{c_{1,n}}, \hat{t}_{1,j}) = \boldsymbol{c^j}$$

⊖ 模型中解码部分的描述与 Bahdanau 等人[2014]在某些小的方面有所不同，而与 Luong 等人[2015]更为接近。

$$c^j = \sum_{i=1}^{n} \boldsymbol{a}_{[i]}^{j} \cdot \boldsymbol{c}_i$$

$$\boldsymbol{\alpha}^j = \text{softmax}(\overline{\boldsymbol{\alpha}}_{[1]}^{j}, \cdots, \overline{\boldsymbol{\alpha}}_{[n]}^{j})$$

$$\overline{\boldsymbol{\alpha}}_{[i]}^{j} = \text{MLP}^{\text{att}}([\boldsymbol{s}_j; \boldsymbol{c}_i]) \tag{17.9}$$

完整的结合注意力机制的序列到序列生成则由以下式子进行计算：

$$p(t_{j+1} = k \mid \hat{t}_{1:j}, \boldsymbol{x}_{1:n}) = f(O_{\text{dec}}(\boldsymbol{s}_{j+1}))$$

$$\boldsymbol{s}_{j+1} = R_{\text{dec}}(\boldsymbol{s}_j, [\hat{\boldsymbol{t}}_j; \boldsymbol{c}^j])$$

$$c^j = \sum_{i=1}^{n} \boldsymbol{\alpha}_{[i]}^{j} \cdot \boldsymbol{c}_i$$

$$c_{1:n} = \text{biRNN}_{\text{enc}}^{*}(\boldsymbol{x}_{1:n})$$

$$\boldsymbol{\alpha}^j = \text{softmax}(\overline{\boldsymbol{\alpha}}_{[1]}^{j}, \cdots, \overline{\boldsymbol{\alpha}}_{[n]}^{j})$$

$$\overline{\boldsymbol{\alpha}}_{[i]}^{j} = \text{MLP}^{\text{att}}([\boldsymbol{s}_j; \boldsymbol{c}_i])$$

$$\hat{t}_j \sim p(t_j \mid \hat{t}_{1,j-1}, \boldsymbol{x}_{1:n})$$

$$f(\boldsymbol{z}) = \text{softmax}(\text{MLP}^{\text{out}}(\boldsymbol{z}))$$

$$\text{MLP}^{\text{att}}([\boldsymbol{s}_j; \boldsymbol{c}_i]) = \boldsymbol{v} \tanh([\boldsymbol{s}_j; \boldsymbol{c}_i]\boldsymbol{U} + \boldsymbol{b}) \tag{17.10}$$

图 17.5 给出了该结构的简单图示。

为什么要使用 *biRNN* 编码器将条件序列$\boldsymbol{x}_{1:n}$转换成上下文向量$\boldsymbol{c}_{1:n}$，而不将注意力机制直接作用于$\boldsymbol{x}_{1:n}$？我们不能只使用 $c^j = \sum_{i=1}^{n} \boldsymbol{\alpha}_{[i]}^{j} \cdot \boldsymbol{x}_i$ 以及$\overline{\boldsymbol{\alpha}}_{[i]}^{j} = \text{MLP}^{\text{att}}([\boldsymbol{s}_j; \boldsymbol{c}_i])$吗？我们可以的，但是编码过程能够带给我们重要的收益。首先，biRNN 向量$\boldsymbol{c}_i$是 $\boldsymbol{x}_i$ 在其序列上下文中的表示，也就是说，它们表示的是聚焦在输入词项 $\boldsymbol{x}_i$ 周围的上下文窗口，而不只是 $\boldsymbol{x}_i$ 本身。

其次，有一个可训练的编码模块与解码器进行联合训练，编码器与解码器可以协同演化，同时该网络可以学习如何对输入序列中有助于解码的属性进行编码，而这些属性可能并不直接出现在源序列$\boldsymbol{x}_{1:n}$中。例如，biRNN 编码器也许能够学习到$\boldsymbol{x}_i$在整个序列中位置信息的编码，而解码器则能够使用该信息来依次访问源序列中的元素，或者将更多的注意力放在序列首的元素。

含注意力的条件生成模型非常强大，而且在很多序列到序列生成任务中表现得很好。

17.4.1 计算复杂性

不含注意力机制的条件生成计算代价相对较低：编码过程是以输入序列长度的线性时

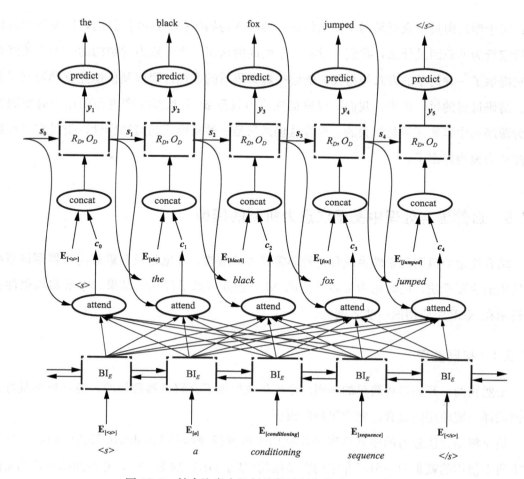

图 17.5　结合注意力机制的序列到序列 RNN 生成器

间($O(n)$)执行的，解码过程则是输出序列长度的线性时间($O(m)$)。尽管从一个大词表中产生词的概率分布是比较昂贵的操作，但这与本节的分析是一个正交的问题，我们这里将词表打分当作一个常数时间操作。序列到序列生成过程的整体时间复杂度即为 $O(m+n)$。 [⊖]

使用注意力机制之后的计算代价如何呢？对输入序列的编码过程仍然是 $O(n)$ 线性时间操作。然而，解码过程中的每一步现在需要计算 c^j，其中包含 n 步 MLP^{att} 操作，一步归一化操作以及 n 个向量的求和操作。解码的每一步时间复杂度由常数时间操作变成了输入句子长度的线性操作($O(n)$)，因此运行时的整体时间复杂度为 $O(m\times n)$。

17.4.2　可解释性

不含注意力的编码器-解码器网络（与大部分其他的神经网络结构类似）是非常不透明

⊖　虽然输出长度 m 在原则上是没有边界的，但实际中训练得到的解码器能够学会产生与训练数据集中序列长度接近的句子长度分布。在最坏的情形下，我们始终可以为生成句子的长度设置一个硬限制。

的：对于编码向量中究竟编码了什么信息，解码器是如何利用这些信息的，以及导致解码器特定行为的原因是什么，我们并没有一个明确的认识。含注意力的结构的一个重要好处是它提供了一种简单的方式使得我们能够一窥解码器的推理过程以及模型究竟学习到了什么。解码过程的每一步中，我们可以根据注意力权重 $\boldsymbol{\alpha}^j$ 来观察在产生当前输出时解码器认为源序列中哪些区域是相关的。尽管这仍然只是一种弱形式的可解释性，但是它已经比非注意力模型好多了。

17.5　自然语言处理中基于注意力机制的模型

结合注意力机制的条件生成是一种非常强大的结构。这也是目前最好的机器翻译系统所使用的主要算法，同时也为很多其他的 NLP 任务带来了优异的结果。本节将提供注意力机制在 NLP 中应用的一些实例。

17.5.1　机器翻译

虽然我们一开始是在简单的序列到序列生成框架下介绍机器翻译的，但是目前最好的机器翻译系统使用的是含注意力机制的模型。

最早将结合注意力的序列到序列模型用于机器翻译的是 Bahdanau 等人[2014]。该工作本质上使用的就是前一节所介绍的模型结构（基于 GRU 的 RNN），并在测试阶段的解码过程采用了柱搜索（beam-search）。虽然 Luong 等人[2015]探索了注意力机制的一些变形并在一定程度上提升了性能，但是神经机器翻译的大部分进展使用的仍然只是原始的注意力序列到序列结构（使用 LSTM 或 GRU），并改变它的输入。

尽管无法在这么短的篇幅中涵盖神经机器翻译的所有内容，我们这里将列举一些由 Sennrich 及其同事完成的推进机器翻译最新进展的改进工作。

子词单元　为了处理高度屈折语言的词表（也为了通用意义上对词表大小进行限制），Sennrich 等人[2016a]提出使用比词更小的子词单元（sub-word unit）。该算法在处理源端与目标端文本时使用一种称为 BPE 的算法来寻找典型的子词单元（10.5.5 节末尾描述了该算法）。在英文上，这一步骤可能会找出如 er，est，un，low 与 wid 等子词单元。然后将根据归纳得到的词语切分模型对源句子与目标句子进行分词处理（如：将 widest network 转换为 wid _ _ est net _ _ work）。经过处理的语料将被作为一个含注意力的序列到序列网络的输入进行训练。在对测试句子解码之后，输出序列还需要经过一次处理，以将子词单元重新合并为词。该过程减少了未登录词的数目，使得模型更容易泛化至新词，并且提高翻译质量。相关的研究尝试直接在字符级（对字符序列进行编码，而不是词）上进行操作，并取得了显著的成果。

融合单语数据　序列到序列模型是在经过词对齐的双语平行数据上训练的。这样的语料库尽管存在，但是通常比可用的单语数据（本质上无限大）规模小很多。实际上，上一代的统计机器翻译系统[⊖]在双语平行数据上训练一个翻译模型，并在一个更大规模的单语数据上训练一个单独的语言模型。目前的序列到序列结构则无法实现这样的分离，因为它是将语言模型（解码器）与翻译模型（编码器–解码器交互）进行联合训练的。

那么我们如何在序列到序列框架下有效地利用目标端的单语数据呢？Sennrich 等人 [2016b] 提出了以下训练方案：当试图进行源端到目标端的翻译时，首先训练一个从目标端到源端的翻译模型，并使用该模型对大量的目标端句子进行翻译。

然后，将所得到的（目标，源）句对作为（源，目标）实例添加至平行语料中。最后，在合并之后的语料上训练一个源端到目标端的机器翻译系统。注意到虽然现在的系统是在自动产生的样本上进行训练的，但是它看到的所有目标端句子都是真实的。因此，语言模型部分从来不会在自动生成的文本上进行训练。尽管这种方法有几分"黑客"，但却为翻译质量带来了明显的改善。进一步的研究也许将为如何融合单语数据的问题带来更清晰的解决方案。

语言学标注　最后，Sennrich 和 Haddow[2016] 表明当输入中增加了语言学标注信息时，含注意力的序列到序列结构能够获得更好的翻译模型。换言之，对于句子 $w_1, \cdots,$ w_n，我们并不是简单地为每个词赋予一个向量表示（$x_i = E_{[w_i]}$）以获得输入向量 $x_{1:n}$，而是通过一个语言学标注的流水对其进行词性标注、句法依存分析以及词形还原。接下来，每个词的信息将增加其词性标记（p_i）、依存标签（r_i）、词的原形（l_i）以及形态学特征（m_i）的编码向量。于是，输入向量 $x_{1:n}$ 可以定义为这些特征的拼接：$x_i = [w_i; p_i; r_i; l_i; m_i]$。这些额外的特征总是能够提升翻译质量，表明语言学信息即使在所使用的模型非常强大且在理论上能够学到这些语言学信息的条件下，也能够发挥作用。类似地，Aharoni 和 Goldberg[2017] 表明通过训练一个德语到英语翻译系统的解码器使其产生线性化的句法树而不是一个词串，所得到的翻译结果表现出更为一致的重排序行为以及更好的翻译质量。这些工作在融合语言学信息方面仅仅刚开始。随着研究的进一步深入，我们也许能够找到其他的可融合的语言学线索，或者融合语言学信息的更好方法。

　⊖　关于统计机器翻译的综述，参考 Koehn[2010] 一书以及该系列中关于基于句法的机器翻译一书 [Williams et al. , 2016]。

开放问题 截至本书写作时，神经机器翻译中的主要开放问题包括扩大输出词表的大小（或者通过采用基于字符的输出来消除对词表大小的依赖），在训练过程中考虑柱搜索解码，以及加速训练与解码过程。另一个逐渐受人关注的话题是利用句法信息的模型。尽管如此，该领域发展极快，等到本书出版时，这段话也许已经失去意义。

17.5.2 形态屈折

前面在序列到序列模型背景下所讨论的形态屈折任务中，使用含注意力的序列到序列结构也会取得更好的结果。SIGMORPHON 形态屈折联合任务中的获胜系统所采用的模型结构为此提供了证据[Cotterell et al.，2016]。获胜系统[Kann and Schütze，2016]本质上使用的是一个现成的注意力序列到序列模型。该联合任务的输入是一个词以及一种期望的屈折类型，以目标词性以及形态学特征的形式给出，如，NOUN Gender＝Male Number＝Plural。期望的输出是该词的屈折形式。

通过构建一个由屈折类型信息以及输入词的字符列表所构成的输入序列，该问题可以由一个序列到序列的模型来进行建模。期望的输出则为目标词的字符列表。

17.5.3 句法分析

虽然存在更合适的框架，然而 Vinyals 等人[2014]的工作表明含注意力的序列到序列模型通过（逐词）读入一个句子并输出一个加括的决策序列，能够取得有竞争力的句法分析结果。对于句法分析而言，这看起来也许并不是一个理想的结构——确实如此，正如 Cross 和 Huang[2016a]的工作所表明的，我们可以使用更好的专用结构来获得更好的结果。但是，考虑到序列到序列结构的通用性，该系统的有效性令人惊讶，其产生的句法分析结果也令人印象深刻。为了取得具有充分竞争力的结果，还需要采取一些额外的步骤：该结构需要大量数据进行训练。它的训练数据是由两个句法分析器在一个大文本语料上进行自动句法分析并选择它们分析结果一致的句子（高置信度的分析结果）所构成的。此外，最终的句法分析器集成了多个含注意力神经网络（5.2.3 节）。

其他主题

用递归神经网络对树建模

循环神经网络(RNN)对于序列建模十分有效。而在语言处理中,我们往往很自然地需要与树结构打交道。这些树结构可以是句法树、语篇树,甚至是表达句子中不同部分情感的树[Socher et al., 2013b]。我们可能希望在特定的树结点或者根结点的基础上进行预测,或者为整棵树或它的一部分进行打分。在其他情况下,我们可能并不直接关心树结构,而是对句子中的片段(span)进行推理。在这类情况下,树只是作为一种骨架结构,用来帮助我们将一个序列编码为定长向量。

递归神经网络(RecNN)[Pollack, 1990]是 RNN 由序列到(二叉)树的推广⊖。它由 Richard Socher 及其同事[Socher, 2014, Socher et al., 2010, 2011, 2013a]在自然语言处理领域推广并普及。

与 RNN 将句子的每个前缀编码为状态向量相似,RecNN 将每个树结点编码为$\mathbb{R}^d$空间内的一个状态向量。我们可以使用这些状态向量来估计相应结点的分值,为每个结点分配质量评分,或者作为以这些结点为根的句子片段的语义表示。

递归神经网络背后的主要直觉是将每个子树用 d 维向量来表示,且对于拥有子结点c_1和c_2的结点 p,其表示是其子结点状态向量的函数:$vec(p)=f(vec(c_1), vec(c_2))$,其中 f 是一个组合函数,它的输入是 2 个 d 维向量,输出是一个 d 维向量。与 RNN 中状态s_i被用于编码整个序列$x_{1,i}$十分相似,RecNN 中,树结点 p 的状态也编码了整个以 p 为根结点的子树。图 18.1 展示了递归神经网络的一个例子。

18.1 形式化定义

考虑含 n 个词的句子的一棵二叉句法树 T。我们知道,在字符串$x_1, \cdots, x_n$上的一棵有序、无标签树可以用唯一的三元组集合(i, k, j)($i \leqslant k \leqslant j$)来表示,其中每个三元组表示覆盖词$x_{i,j}$这一片段的树结点是覆盖$x_{i,k}$和$x_{k+1,j}$片段的两个结点的父结点。形如$(i, i, i)$的三元组表示叶子结点上的终结符(词$x_i$)。从无标签的情况推广到有标签的情况,我们可

⊖ 尽管该结构是以二叉解析树的形式被提出的,但它可以很容易地推广到一般性的满足递归定义的数据结构中,其中主要的技术挑战是确定组合函数 R 的有效形式。

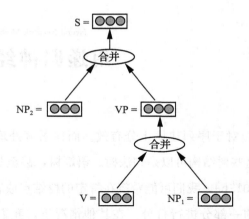

图 18.1　递归神经网络示意图。V 和NP₁ 的表示向量合并组
成了 VP 的表示向量。VP 和NP₂ 的表示向量合并
组成了 S 的表示向量

以用一个六元组集合$(A{\rightarrow}B，C，i，k，j)$来表示一棵树。其中$i$、$k$ 和j 与上文意义相同，而A、B 和C 分别表示覆盖$x_{i,j}$、$x_{i,k}$ 和$x_{k+1,j}$的结点上的标签。

　　此时，叶子结点的形式为$(A{\rightarrow}A，A，i，i，i)$，其中$A$ 是前置终结符（pre-terminal symbol）。我们将这种元组称为产生式规则。例如，考虑句子"the boy saw her duck"的句法树。

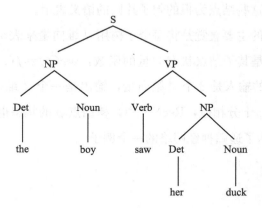

　　它对应的无标签和有标签的表示见表 18.1。

表 18.1　无标签和有标签表示

无标签	有标签	对应划分
(1，1，1)	(Det，Det，Det，1，1，1)	$x_{1,1}$ the
(2，2，2)	(Noun，Noun，Noun，2，2，2)	$x_{2,2}$ boy
(3，3，3)	(Verb，Verb，Verb，3，3，3)	$x_{3,3}$ saw
(4，4，4)	(Det，Det，Det，4，4，4)	$x_{4,4}$ her

（续）

无标签	有标签	对应划分
(5, 5, 5)	(Noun, Noun, Noun, 5, 5, 5)	$\mathbf{x}_{5;5}$ duck
(4, 4, 5)	(NP, Det, Noun, 4, 4, 5)	$\mathbf{x}_{4;5}$ her duck
(3, 3, 5)	(VP, Verb, NP, 3, 3, 5)	$\mathbf{x}_{3;5}$ saw her duck
(1, 1, 2)	(NP, Det, Noun, 1, 1, 2)	$\mathbf{x}_{1;2}$ the boy
(1, 2, 5)	(S, NP, VP, 1, 2, 5)	$\mathbf{x}_{1;5}$ the boy saw her duck

如果我们简单地忽略掉元素$(B，C，k)$，上述产生式规则集合将被唯一地转换到一个由树结点$q_{i;j}^A$（表示覆盖词片段$x_{i;j}$且标签为A的结点）构成的集合。现在，我们可以给出递归神经网络的定义。

递归神经网络是以含n个词的句子$x_1，\cdots，x_n$上的句法树作为输入的一个函数。句中每个词使用一个d维向量$\boldsymbol{x}_i$表示，而树由产生式规则$(A \to B，C，i，k，j)$集合$\mathcal{T}$来表示。记$\mathcal{T}$中的结点为$q_{i;j}^A$，RecNN 输出的是相应的内部状态向量$\boldsymbol{s}_{i;j}^A$所构成的集合，其中每个内部状态向量$\boldsymbol{s}_{i;j}^A \in \mathbb{R}^d$表示相应的树结点$q_{i;j}^A$，且编码了整个以该结点为根的子树。与序列化 RNN 类似，树状 RecNN 是由一个函数R来递归定义的，对于一个给定的结点，其内部向量被定义为它的（直接）子结点内部向量的函数$^\ominus$。形式化地：

$$\text{RecNN}(x_1，\cdots，x_n，\mathcal{T}) = \{ \boldsymbol{s}_{i;j}^A \in \mathbb{R}^d \mid q_{i;j}^A \in \mathcal{T} \}$$

$$\boldsymbol{s}_{i;i}^A = v(x_i) \tag{18.1}$$

$$\boldsymbol{s}_{i;j}^A = R(A，B，C，\boldsymbol{s}_{i;k}^B，\boldsymbol{s}_{k+1;j}^C) \quad q_{i;k}^B \in \mathcal{T}，q_{k+1;j}^C \in \mathcal{T}$$

函数R一般采用简单的线性变换形式，紧接着一个非线性激活函数g（非必需的）：

$$R(A，B，C，\boldsymbol{s}_{i;k}^B，\boldsymbol{s}_{k+1;j}^C) = g([\boldsymbol{s}_{i;k}^B ; \boldsymbol{s}_{k+1;j}^C] \boldsymbol{W}) \tag{18.2}$$

该定义中的R没有考虑树上的标签，且对所有组合都使用同一个矩阵$\boldsymbol{W} \in \mathbb{R}^{2d \times d}$。这种定义适用于结点标签不存在（例如，当该树并不表示一个具有清晰定义的标签的句法结构时）或者不可信的情况。然而，如果我们能获得可信的标签，那么在组合函数中将它们考虑进来通常会有所帮助。我们可以利用标签向量$v(A)$将每个非终结符映射到一个d_n维的向量上，然后修改组合函数R使其包含向量化的标签：

$$R(A，B，C，\boldsymbol{s}_{i;k}^B，\boldsymbol{s}_{k+1;j}^C) = g([\boldsymbol{s}_{i;k}^B ; \boldsymbol{s}_{k+1;j}^C ; v(A) ; v(B)] \boldsymbol{W}) \tag{18.3}$$

（这里，$\boldsymbol{W} \in \mathbb{R}^{2d+2d_n \times d}$）。Qian 等人[2015]采用了这种方法。而在另外一种由 Socher 等人

$\ominus$　Le 和 Zuidema[2014]扩展了 RecNN 的定义，使得每个结点除了有内部状态向量之外，还有一个外部状态向量，用来表示环境以该结点为根的子树的所有结构。该方法基于传统内向外向算法（inside-outside algorithm）中的递归运算，可以看作与 biRNN 对应的树状 RecNN 双向版本。更多细节见 Le 和 Zuidema[2014]。

［2013a］提出的方法中，权值矩阵与非终结结点的标签相关，对于每一对标签 B、C 使用不同的组合矩阵[⊖]：

$$R(A,B,C,s_{i,k}^{B},s_{k+1,j}^{C}) = g([s_{i,k}^{B};s_{k+1,j}^{C}]W^{BC}) \tag{18.4}$$

这种定义适用于非终结符（或可能的符号组合）数量相对较少的情况，例如短语结构解析树。类似的结构也被 Hashimoto 等人［2013］用于在语义关系分类任务中对子树进行编码。

18.2　扩展和变体

由于上文中定义的所有 R 都受到简单 RNN 中梯度消失问题的影响，一些作者试图用类似于长短时记忆网络（LSTM）中的门结构来代替这些组合函数，从而得到了树状 LSTM［Tai et al.，2015，Zhu et al.，2015b］。如何获得最优的树表示目前仍然是一个开放的研究问题，有大量可能的组合函数 R 等着我们去研究。树结构 RNN 的其他变体包括递归矩阵-向量模型［Socher et al.，2012］和递归神经张量网络［Socher et al.，2013b］。在第一种变体中，每个词用一个向量和一个矩阵的组合来表示，其中的向量与前文类似，表示该词的静态语义；而矩阵则作为该词的一个可学习的"操作符"。相比于由向量拼接然后进行线性变换的方式中所隐含的求和或者加权平均（语义组合），矩阵操作符的引入使得语义组合的方式更为精细。在第二个变体中，每个词仍然使用一个向量来表示，但是组合函数中的矩阵被换成了张量，从而增强了它的表达能力。

在我们自己的工作中［Kiperwasser and Goldberg，2016a］，我们提出一种树编码器，该编码器能够处理包含任意分支的树，而不受限于二叉树。编码过程是基于 RNN（具体来说是 LSTM）的，每个子树的编码通过合并两个 RNN 状态来递归实现，其中一个从左到右接收左子树的编码，终止于根结点；另一个从右到左接收右子树的编码，也终止于根结点。

18.3　递归神经网络的训练

递归神经网络的训练过程与其他网络相同：定义损失函数、建立计算图、使用反向传

⊖　尽管论文中没有探讨，但是将转移矩阵作用于 A 也是一个显而易见的扩展。

播计算梯度[⊖]，以及使用随机梯度下降(SGD)训练参数。

关于损失函数，与序列化 RNN 类似，我们可以在根结点或任何给定的结点，甚至一个结点集合上构造损失函数，这种情况下的损失将为结点集合中的每个单独结点的损失的组合(一般是求和的方式)。损失函数是建立在有标签的训练数据基础之上的，这些数据中为树结点标注了标签或者其他属性。

此外，我们还可以把 RecNN 当作一个编码器，将每个结点对应的内部状态向量作为以该结点为根的子树的表示。接下来，该向量将作为输入传递给另一个网络。

关于递归神经网络及其在自然语言任务中应用的进一步讨论，请参考 Socher[2014]的博士论文。

18.4　一种简单的替代——线性化树

RecNN 提供了一种灵活的机制，通过递归、组合的方法将树编码为向量。RecNN 不仅对给定的树进行编码，同时也对它的所有子树编码。但如果我们不需要这种递归性编码，而只需要对整棵树用向量表示，那么也可以采用更简单的替代方法。特别地，将树结构进行线性化从而转换为线性序列，再作为带门 RNN(或者双向 RNN 编码器)的输入已经在多项工作[Choe and Charniak，2016，Luong et al.，2016，Vinyals et al.，2014]中被证明是有效的。具体地，对于前文中的例句"the boy saw her duck"，其树结构将被转换成下列线性字符串：

(S(NP(Det the Det)(Noun boy Noun)NP)(VP(Verb saw Verb)(NP(Det her Det)(Noun duck Noun)NP)VP)S)

该字符串将被输入至一个带门 RNN，如 LSTM。该 RNN 的最终状态就可以作为这棵树的向量表示。我们也可以利用这种线性化的句法树训练一个 RNN 语言模型，然后用其语言模型概率来表示句法树的质量(合理性)，从而为树结构打分。

18.5　前景

递归的树结构神经网络的概念十分有效而迷人，并且看起来很适合用于处理语言的递

⊖　在引入计算图概念之前，对 RecNN 梯度进行计算的具体反向传播过程被称为沿结构的反向传播(Back-Propagation Through Structure，BPTS)算法[Goller and Küchler，1996]。

归性。然而，直到 2016 年年末，可以肯定地说，它还没有表现出相比于其他更简单结构的任何实际且稳定的优势。事实上，在很多任务中，RNN 等序列化模型也能够很好地捕捉数据中我们所需的规律。我们要么还没有找到树结构网络真正的用武之地，要么还没有找到正确的结构或者训练方法。Li 等人[2015]的工作中对比并分析了树结构和序列结构的网络在一些自然语言任务上的表现。就目前来看，使用树结构网络处理自然语言数据仍然是一个开放的研究领域。寻找树结构网络真正的用武之地，发明更好的训练方法，或者证明树结构网络是不必要的，这些都是令人激动的研究方向。

结构化输出预测

自然语言处理中的许多任务涉及结构化输出，在这种任务中我们期望得到的输出不是一个类标签或者类标签的分布，而是一个如序列、树或者图的结构化对象。典型的任务包括序列标注（例如词性标注）、序列分割（例如组块分析和命名实体识别）、句法分析以及机器翻译。本章中，我们将讨论神经网络模型在结构化任务中的应用。

19.1 基于搜索的结构化预测

结构化预测一般采用基于搜索的方法。关于在深度学习被广泛应用之前的 NLP 领域中基于搜索的结构化预测方法，请参考 Smith[2011]一书。这些方法可以很容易地进行适配以使用神经网络。在神经网络相关文献中，这些模型是在基于能量的学习（energy-based learning）框架[LeCun et al. ，2006，Section 7]下进行讨论的。我们在此使用 NLP 社区更为熟悉的设置以及术语来介绍这些模型。

基于搜索的结构化预测可以被形式化为在可能的结构中进行搜索的问题：

$$\text{predict}(x) = \underset{y \in \mathbf{y}(x)}{\text{argmax}} \ \text{score}_{\text{global}}(x, y) \tag{19.1}$$

其中 x 是输入结构，y 是对应的输出（在一般情况下 x 是一个句子，而 y 是该句子上的标签赋值或者句法树），$\mathbf{y}(x)$ 是在 x 上所有有效输出结构的集合。我们希望找到一个输出 y，使得 x、y 组合的分值最大。

19.1.1 基于线性模型的结构化预测

在使用线性或对数线性模型进行结构化预测的大量研究工作中，评分函数建模使用的是线性函数：

$$\text{score}_{\text{global}}(x, y) = \mathbf{w} \cdot \Phi(x, y) \tag{19.2}$$

其中 Φ 是一个特征抽取函数，$\mathbf{w}$ 是一个权重向量。

为了使对于最优输出 y 的搜索成为可行，我们将结构 y 分解成小的部分（子结构），并根据这些子结构来定义特征函数，如下所示，其中 $\phi(p)$ 是对于子结构进行特征抽取的函数：

$$\Phi(x,y) = \sum_{p \in \text{parts}(x,y)} \phi(p) \tag{19.3}$$

每个子结构的分值单独进行计算，整个结构的分值则为所有子结构分值之和：

$$\text{score}_{\text{global}}(x,y) = \boldsymbol{w} \cdot \Phi(x,y) = \boldsymbol{w} \cdot \sum_{p \in y} \phi(p) = \sum_{p \in y} \boldsymbol{w} \cdot \phi(p) = \sum_{p \in y} \text{score}_{\text{global}}(p) \tag{19.4}$$

其中 $p \in y$ 是 $p \in \text{parts}(x,y)$ 的简写。之所以对 y 进行分解，是为了找到一种推断算法，使得在给定每个部分的分值情况下，能够高效地搜索分值最高的结构。

19.1.2 非线性结构化预测

现在，我们可以很容易地将子结构上的线性评分函数用神经网络来代替：

$$\text{score}_{\text{global}}(x,y) = \sum_{p \in y} \text{score}_{\text{global}}(p) = \sum_{p \in y} \text{NN}(\phi(p)) \tag{19.5}$$

其中 $\phi(p)$ 将子结构 p 映射为 d_{in} 维向量。

以单隐层前馈神经网络为例：

$$\text{score}_{\text{global}}(x,y) = \sum_{p \in y} \text{MLP}_1(\phi(p)) = \sum_{p \in y} (g(\phi(p)\boldsymbol{W^1} + \boldsymbol{b^1}))\boldsymbol{w} \tag{19.6}$$

$\phi(p) \in \mathbb{R}^{d_{\text{in}}}$，$\boldsymbol{W^1} \in \mathbb{R}^{d_{\text{in}} \times d_1}$，$\boldsymbol{b^1} \in \mathbb{R}^{d_1}$，$\boldsymbol{w} \in \mathbb{R}^{d_1}$。结构化预测中的常用目标是使得正确结构 y 的分值比其他所有错误结构 y' 的分值更高，从而有如下损失函数（广义感知机[Collins，2002]）：

$$\max_{y'} \text{score}_{\text{global}}(x,y') - \text{score}_{\text{global}}(x,y) \tag{19.7}$$

该最大化过程通常使用基于动态规划或类似的搜索算法来实现。

在具体实现上，我们首先为每个可能的子结构建立一个计算图 CG_p，并计算它的分值。然后根据每个子结构的分值进行推断（即搜索）以找到分值最高的结构 y'。将计算图中正确（预测）结构 $y(y')$ 中所包含的各个子结构的输出结点相加，从而得到表示总分值的结点 $CG_y(CG'_y)$。再使用一个"减法"结点连接 CG_y 和 CG'_y，得到 CG_l，最后计算梯度。

LeCun 等人[2006，Section 5]的研究表明，由于广义感知机没有考虑正负实例之间的间隔（margin），对于结构化预测神经网络模型的训练，它也许并不是一个理想的损失函数，而基于间隔的 hinge 损失则更加适合：

$$\max(0, m + \max_{y' \neq y} \text{score}_{\text{global}}(x,y') - \text{score}_{\text{global}}(x,y)) \tag{19.8}$$

只要对上述实现过程稍作修改就能够轻易地使用 hinge 损失。

值得注意的是，无论使用哪种损失，我们都丢失了线性模型的一些好的性质。尤其是，模型不再是凸的了。这一点是可以预期的，因为即使最简单的非线性神经网络也是非凸的。尽管如此，我们仍然可以使用标准的神经网络优化方法来训练结构化预测模型。

训练和推断过程会变得更慢，因为对于每个子结构，我们都不得不对网络进行一次评价（并计算梯度），共需进行 $|\operatorname{parts}(x,y)|$ 次。

代价增强训练　结构化预测是一个很广的领域，本书不会涵盖其中所有内容。在大多数情况下，损失函数、正则化以及 Smith[2011] 中所介绍的方法都能够很容易地迁移到神经网络框架中，尽管丢失了模型的凸性以及与之相关联的很多理论保证。值得特别提及的一种方法是代价增强训练（cost augmented training），也称为损失增强推断（loss augmented inference）。尽管它在线性结构化预测中对系统性能的提高不是很显著，但我们研究组发现在使用广义感知机或基于间隔的损失函数来训练基于神经网络的结构化预测模型时，它能够起到关键的作用——尤其在使用了 RNN 等强特征提取器的情况下。

式(19.7)和式(19.8)中的最大化过程根据当前模型寻找分值最高的预测结构 y'，模型的损失则为 y' 和正确结构 y 的分值之差。当模型训练得足够好时，其预测结构 y' 与正确结构 y 之间很可能十分接近（因为模型会学习到为接近正确的结构赋予更高的分值）。回想一下，全局评分函数实际上是局部子结构分值之和，因此在 y 和 y' 中都出现的子结构将会相互抵消，这将导致相关的神经网络参数梯度为 0。如果 y 和 y' 结构相近，那么组成它们的大部分子结构都是相同的，使得对应的梯度相互抵消，最终导致该样本为网络带来的更新非常小。

代价增强训练的主要思想是修改最大化过程，使我们在寻找结构 y' 时，不仅要求它在当前模型下分值较高，还要使得它有相对多的错误成分（子结构）。形式上，hinge 目标函数将变为：

$$\max(0, m + \max_{y' \neq y}(\operatorname{score}_{\text{global}}(x, y') + \rho \Delta(y, y')) - \operatorname{score}_{\text{global}}(x, y)) \quad (19.9)$$

其中 ρ 是用来表示 Δ 与模型分值之间相对重要性的超参数（标量），$\Delta(y, y')$ 则为计算 y' 与 y 之间不同子结构数目的函数：

$$\Delta(y, y') = |\{p: p \in y', p \notin y\}| \quad (19.10)$$

在实际中，这种新的训练目标可以通过在调用最大化过程之前为每个错误子结构的局部分值增加 ρ 来实现。

代价增强推断倾向于找出错误较多的结构，以保留更多不会被抵消的损失项，进而带来更有效的梯度更新。

19.1.3　概率目标函数(CRF)

前面所介绍的基于错误的和基于间隔的损失函数都在试图使正确结构的分值高于错误

结构，但是并不关心在分值最高的结构之外的其他结构之间的分值排序或者分值之间的差距。

与此相反，判别式概率损失则为给定输入下的每个可能的结构计算一个概率，并最大化正确结构的概率。概率损失考虑了所有可能结构的分值，而不仅仅是分值最高的结构。

在概率框架（也称作条件随机场，CRF）下，每一个子结构的得分被看作是一个团势函数（clique potential，见 Lafferty 等[2001]，Smith[2011]），则每个结构 y 的分值可定义为：

$$
\begin{aligned}
\mathrm{score}_{\mathrm{CRF}}(x,y) = P(y \mid x) &= \frac{e^{\mathrm{score}_{\mathrm{global}}(x,y)}}{\sum_{y' \in y(x)} e^{\mathrm{score}_{\mathrm{global}}(x,y')}} \\
&= \frac{\exp(\sum_{p \in y} \mathrm{score}_{\mathrm{local}}(p))}{\sum_{y' \in y(x)} \exp(\sum_{p \in y'} \mathrm{score}_{\mathrm{local}}(p))} \\
&= \frac{\exp(\sum_{p \in y} \mathrm{NN}(\phi(p)))}{\sum_{y' \in y(x)} \exp(\sum_{p \in y'} \mathrm{NN}(\phi(p)))}
\end{aligned}
\tag{19.11}
$$

该评分函数定义了一个条件概率分布 $P(y \mid x)$。我们希望通过调整神经网络的参数，使得训练语料上的条件对数似然 $\sum_{(x_i, y_i) \in \mathrm{training}} \log P(y_i \mid x_i)$ 最大。

对于一个给定的训练样本 (x, y)，其损失则为：

$$
L_{\mathrm{CRF}}(y', y) = -\log \mathrm{score}_{\mathrm{CRF}}(x, y)
\tag{19.12}
$$

可以看出，该损失与正确结构的概率与 1 之间的距离相关。CRF 损失可以看成是（硬）分类（hard-classification）问题的交叉熵损失在结构化预测问题上的扩展。

为式(19.12)中的损失计算梯度可以通过构建相应的计算图来完成。这里比较棘手的部分在于分母（划分函数，partition function）的计算，因为需要对 y 中指数量级的结构分值进行求和。然而，对于一些问题，存在多项式时间的动态规划算法能有效解决该求和问题（例如，序列问题中的前向后向维特比算法以及树结构问题中的 CKY 内向外向算法）。当这种算法存在时，我们也可以利用它们来构建多项式大小的计算图。

19.1.4　近似搜索

有时，对于某个预测问题并不存在高效的搜索算法。我们可能找不到一种高效的方式来寻找式(19.7)、式(19.8)或式(19.9)中分值最高的结构（解决最大化问题），或者没有一种高效的算法用以计算式(19.11)中的划分函数（分母）。

在这种情况下，我们可以采用近似推断（approximate inference）算法，如柱搜索（beam

search)。当使用柱搜索时，最大化推断以及求和过程都只针对柱（beam）中的各项内容。例如，我们可以使用柱搜索来寻找具有近似最高得分的结构，同时对保留在柱中的所有结构（而不是指数量级的 $y(x)$ 得分进行求和来计算划分函数。在使用非精确搜索（inexact search）时，一种常用的技术是提前更新（early-update）：一旦正确项掉出柱，就对当前已产生的部分结构计算损失，而不必等到产生完整结构之后再计算损失。关于使用近似搜索进行学习时的提前更新技术、其他计算损失的方法以及更新策略的分析，请参考 Huang 等人[2012]。

19.1.5 重排序

当对所有可能的结构进行搜索无法实现、效率低或者难以整合到一个模型中时，除了柱搜索之外，我们还可以使用重排序（reranking）技术。在重排序框架[Charniak and Johnson，2005，Collins and Koo，2005]中，我们首先使用一个基础模型获得分值最高的 k 个候选结构（k-best）。然后，再训练一个更加复杂的模型为这 k 个候选结构重新评分，使得其中正确的结构分值最高。由于只是在 k 个得分最高的结构中——而不是包含所有可能结构的指数空间内——进行搜索，该复杂模型可以从这些结构中抽取任意特征。对于用来获得 k-best 结构的基础模型，我们可以使用更简单的模型，以及更强的独立性假设。该模型只需要能够得到可接受（但不是特别好）的预测结果。重排序方法无需考虑如何将神经网络评分整合到解码器中，从而使得模型能够专注于特征提取以及网络结构。这种特性使得重排序方法能够很自然地应用于基于神经网络模型的结构化预测问题中。事实上，重排序方法常常被用于神经网络模型不容易被直接整合至解码器的情况，例如当使用卷积、循环或者递归神经网络时。使用重排序方法的文献包括 Auli 等人[2013]，Le 和 Zuidema[2014]，Schwenk 等人[2006]，Socher 等人[2013a]，Zhu 等人[2015a]，以及 Choe 和 Charniak[2016]。

19.1.6 参考阅读

除了 19.4 节中的例子之外，Peng 等人[2009]和 Do 等人[2010]也探讨了使用神经网络团势函数的线性 CRF。他们将该结构应用于生物学、光学字符识别（OCR）和语音信号数据的序列标注问题。Wang 和 Manning[2013]将它应用于传统的自然语言标注任务（组块分析和命名实体识别）中。Collobert 和 Weston[2008]以及 Collobert 等人[2011]也介绍了类似的序列标注结构。Pei 等人[2015]将基于 hinge 的方法应用于弧分解依存句法分析，该工作使用人工定义的特征提取器。Kiperwasser 和 Goldberg[2016b]采用了类似的方法，但用的是 biLSTM 特征提取器。Durrett 和 Klein[2015]采用概率方法得到了一个 CRF 短语结构句法分析器。Zhou 等人[2015]在基于转移的句法分析器中使用了柱搜索的近似划分函数（近似 CRF），之后 Andor 等人[2016]将该方法应用到了不同任务中。

19.2　贪心结构化预测

与基于搜索的结构化预测方法不同，贪心方法将结构化预测问题分解为一系列的局部预测问题，并训练一个分类器来完成好每一个局部的决策。在测试阶段，我们以贪心的方式使用该分类器。这种方法的典型实例有自左向右的序列标注模型［Giménez and Màrquez，2004]以及基于转移的贪心句法分析[Nivre，2008]⊖。由于贪心方法不对搜索过程进行假设，它在特征选取上不受限于（子结构的）可用特征，而能够利用更丰富的结构特征。这使得贪心方法在很多问题的预测精度上表现得十分有竞争力。

然而，根据定义，贪心方法是启发式的，它可能会受到错误传播（error-propagation）的影响，即决策序列早期的预测错误无法得到修正，而且会向后传递从而导致更大的错误。当我们使用的方法只考虑句子中的有限视窗（limited horizon），如常用的基于窗口的特征提取器时，该问题尤其严重。这类方法按照一定的顺序处理句中的词，且在每个预测位置，只使用其周围的一个局部窗口内的信息。它们无法看到序列的未来情况，而且很可能会被局部上下文所误导并做出错误的决策。

幸运的是，RNN 的使用（尤其是 biRNN）有效地缓解了这一问题。基于 biRNN 的特征提取器本质上能够观测到输入的结尾，通过训练，它可以从序列中任意远的位置抽取有用的信息。RNN 的这种能力使得基于 biRNN 特征提取器训练的贪心局部模型成为贪心全局模型：每个决策都将参考整个句子的信息，使得决策过程不太容易因意料之外的输出而感到“惊讶”。随着每个局部预测变得更加准确，整体结构预测的准确性也会得到显著提升。

实际上，在句法分析上的研究表明，基于全局 biRNN 特征提取器训练的贪心预测模型与结合全局搜索和局部特征提取器的基于搜索的模型准确性相当[Cross and Huang，2016a，Dyer et al.，2015，Kiperwasser and Goldberg，2016b，Lewis et al.，2016，Vaswani et al.，2016]。

⊖　基于转移的句法分析器超出了本书讨论范围，关于该问题的概述请参阅 Kübler 等人[2008]，Nivre[2008]，以及 Goldberg 和 Nivre[2013]。

除了使用全局特征提取器，贪心方法还能够受益于其他致力于缓解错误传播的训练技巧，例如，优先进行较容易的预测，再进行困难的预测（easy-first 方法［Goldberg and Elhadad，2010］），或者在训练过程中使用由可能错误的决策所得到的输入，以使训练环境与预测环境更为接近［Hal Daumé III et al.，2009，Goldberg and Nivre，2013］。此外，Ma 等人［2014］（easy-first 标注器）、Ballesteros 等人［2016］以及 Kiperwasser 和 Goldberg［2016b］（基于动态 oracle 训练的贪心依存句法分析）等研究表明，这些方法对于训练贪心神经网络模型同样有效。

19.3　条件生成与结构化输出预测

最后，RNN 生成器，尤其是条件生成器（第 17 章），也可以看作结构化预测的一个实例。生成器所做出的一系列预测产生了一个结构化的输出 $\hat{t}_{1:n}$。每一步单独的预测都有一个相关的分值（或概率）$\text{score}(\hat{t}_i \mid \hat{t}_{1,i-1})$，我们希望找到具有最大分值（或最大概率）的输出序列，即：使 $\sum_{i=1}^{n} \text{score}(\hat{t}_i \mid \hat{t}_{1,i-1})$ 最大的序列。遗憾的是，由于 RNN 的非马尔可夫性质，评分函数无法进行标准动态规划式的分解以进行精确搜索，因此我们必须使用近似搜索方法。

一种常用的近似方法是贪心预测（greedy prediction），即在每个阶段都选择分值最高的项。尽管该方法经常奏效，但显然它不是最优的。事实上，使用柱搜索作为一种近似搜索往往远比贪心方法更为有效。

现在，我们需要考虑条件生成器是如何训练的。如 17.1.1 节所述，生成器是通过教师-强制（teacher-forcing）方法进行训练的，该方法使用一个概率目标函数，使得正确的观测序列被赋予更高的概率。具体来说，给定一个正确序列 $t_{1:n}$，在每个步骤 i，该模型的训练目标是在正确的历史序列 $t_{1,i-1}$ 条件下使正确事件 $\hat{t}_i = t_i$ 的概率更高。

该方法有两个缺点：其一，它的每一步预测都是基于正确的历史序列 $t_{1,i-1}$，而在实际中生成器只能使用自己的预测历史 $\hat{t}_{1,i-1}$ 来进行分值的计算。其二，它是一个局部归一化的模型，即针对每一次独立事件计算概率分布，因此容易受到标签偏置（label bias）问题的影响⊖，从而影响柱搜索结果的质量。这两个问题在 NLP 和机器学习社区都已经解决，但是在 RNN 生成问题中仍然没有得到充分的研究。

⊖　关于标签偏置问题的讨论，请参考 Andor 等人［2016］的第 3 章以及其中的参考文献。

第一个问题可以通过 SEARN[Hal Daumé III et al.，2009]，DAGGER[Ross and Bagnell，2010，Ross et al.，2011]，以及基于动态 oracle 的探索式训练方式[Goldberg and Nivre，2013]来缓解。Bengio 等人[2015]提出在 RNN 生成器中应用这些技术的方法，并命名为计划采样(scheduled sampling)。

对于第二个问题，可以使用更适合柱搜索解码的全局序列级优化目标来代替局部归一化优化目标。这种优化目标包括 19.1.4 节所讨论的结构化 hinge 损失的柱搜索近似(式 19.8)以及 CRF 损失(式 19.11)。Wiseman 和 Rush[2016]对 RNN 生成器中的全局序列级评分函数进行了讨论。

19.4 实例

19.4.1 基于搜索的结构化预测：一阶依存句法分析

考虑 7.7 节中介绍的依存句法分析任务。输入是含 n 个词的句子 $s = w_1, \cdots, w_n$，我们希望找到该句子上的一棵依存句法树(dependency parse tree) y(图 7.1)。依存句法树是建立在句中每个词上的一棵有根的有向树。树中的每个词有唯一的父结点(头结点)，父结点可以是句中任意一个词或者是一个特殊的 ROOT 结点。父结点上的词称为核心词(head)，子结点上的词称为修饰词(modifier)。

依存句法分析任务非常适合 19.1 节介绍的基于搜索的结构化预测框架。具体地，式(19.5)表明在对树进行评分时，需要先将树分解为子结构，再为每个子结构进行单独评分。在依存句法分析领域，已经提出了多种分解方法[Koo and Collins，2010，Zhang and McDonald，2012]，这里我们关注其中最简单的一种：弧分解方法[McDonald et al.，2005]。根据该方法分解得到的每个子结构都是依存树中的一条依存弧(即一个包含核心词 w_h 和修饰词 w_m 的词对)。每条依存弧 (w_h, w_m) 都将根据一个局部评分函数进行单独评分，以评价该依存搭配的质量(合理性)。在为所有可能的 n^2 条依存弧都进行评分之后，我们可以使用某种推断算法(inference algorithm)，如 Eisner 算法[Eisner and Satta，1999，Kübler et al.，2008，McDonald et al.，2005]，来找到使所有依存弧分值之和最大的投射树$^{\ominus}$。

$\ominus$ 在依存句法分析中，常常会提到投射树(projective)以及非投射树(non-projective)。投射树对于树结构有额外的约束，它要求依存树能够在以句中原始顺序进行线性排列的词序列上画出，且没有交叉弧。尽管投射树和非投射树的区别在句法分析领域十分重要，但它超出了本书的讨论范围。关于更多细节，请参考 Kübler 等人[2008]和 Nivre[2008]。

于是，式(19.5)将变为以下形式：

$$\text{score}_{\text{global}}(x,y) = \sum_{(w_h,w_m) \in y} \text{score}_{\text{local}}(w_h, w_m) = \sum_{(w_h,w_m) \in y} NN(\phi(h,m,s)) \quad (19.13)$$

其中 $\phi(h, m, s)$ 是将句子索引 h 和 m 映射到实数向量的特征函数。我们曾在 7.7 节和 8.6 节以及 16.2.3 节分别讨论过句法分析任务中使用人工定义特征模板的特征提取器以及 biRNN 特征提取器。这里，我们假设已经给定了特征提取器，将重点放在训练过程。

一旦确定了神经网络的结构（例如 MLP，$NN(x) = (\tanh(xU+b) \cdot v)$），我们就能轻易地计算出每个可能的依存弧的分值 $a_{[h,m]}$（假设 ROOT 结点的索引是 0）：

$$a_{[h,m]} = (\tanh(\phi(h,m,s))U+b) \cdot v \quad \begin{aligned} &\forall h \in 0,\cdots,n \\ &\forall m \in 1,\cdots,n \end{aligned} \quad (19.14)$$

接着我们运行 Eisner 算法，得到一棵分值最高的树 y'：

$$y' = \max_{y \in y} \sum_{(h,m) \in y} a_{[h,m]} = \text{Eisner}(n, a)$$

如果使用代价增强推断，我们可以使用分值 $\bar{a}$ 来代替：

$$\bar{a}_{[h,m]} = a_{[h,m]} + \begin{cases} 0 & \text{若} (h,m) \in y \\ \rho & \text{其他} \end{cases}$$

一旦有了自动预测的树结构 y' 以及正确的树 y，我们就能根据下式对结构化 hinge 损失建立计算图：

$$\max(0, 1 + \underbrace{\sum_{(h',m') \in y'} \tanh(\phi(h',m',s))U+b) \cdot v}_{\max_{y' \neq y} \text{score}_{\text{global}}(s,y')} - \underbrace{\sum_{(h,m) \in y} \tanh(\phi(h,m,s))U+b) \cdot v}_{\text{score}_{\text{global}}(s,y)}$$

$$(19.15)$$

然后利用反向传播算法计算该损失函数下的梯度，更新相应的参数，再接着处理训练集中的下一棵树。

Pei 等人[2015]（使用人工设计的特征函数，8.6 节）与 Kiperwasser 和 Goldberg [2016b]（使用 biRNN 特征提取器，16.2.3 节）介绍了上述方法。

19.4.2 基于 Neural-CRF 的命名实体识别

独立分类 考虑 7.5 节中介绍的命名实体识别（NER）任务。这是一个序列分割的任务，通常被建模为序列标注问题：句子中的每个词被标注为 K 个 BIO - 标签（表 7.1）中的一个，然后标注结果被确定性地转换为片段表示。在 7.5 节中我们将 NER 任务看作一个在上下文环境下对词进行分类的问题，并假设对每个词的标注决策是独立于其他词的。

在这种分类框架之下，对于给定句子 $s=w_1$，…，w_n，我们使用特征函数 $\phi(i, s)$ 来获得词 w_i 在句子上下文环境下的特征向量。然后，使用一个分类器（例如 MLP）为每个标签预测一个分值（或概率）：

$$\hat{t}_i = \text{softmax}(\text{MLP}(\phi(i,s))) \qquad \forall i \in 1,\cdots,n \qquad (19.16)$$

其中，$\hat{t}_i$ 是预测得到的标签分值向量，$\hat{t}_{i[k]}$ 为词 i 被标注为标签 k 的分值（概率）。接下来，对于句中的每个位置都（独立地）选择分值最高的标签，从而获得整个句子的自动标注 $\hat{y}_1$，…，$\hat{y}_n$：

$$\hat{y}_i = \underset{k}{\text{argmax}}\, \hat{t}_{i[k]} \qquad \forall i \in 1,\cdots,n \qquad (19.17)$$

标签序列 $\hat{\boldsymbol{y}} = \hat{y}_1$，…，$\hat{y}_n$ 的分值则为：

$$\text{score}(s, \hat{\boldsymbol{y}}) = \sum_{i=1}^{n} t_{i[\hat{y}_i]} \qquad (19.18)$$

通过标注决策耦合实现结构化标注　　独立分类方法也许在很多情况下相当有效，但它并不是最优的，因为相邻决策之间存在相互影响。例如，考虑序列 Paris Hilton，第一个词可以是地名或者人名，第二个词可以是机构名或者人名，但如果我们将二者之一标注为人名，那么另外一个无疑也应该被标注为人名。因此我们希望不同的标注决策之间能够相互影响，并将这种影响反映到分值中。一种常用的方法是引入标签对（tag-tag）因子，即对相邻标签对的相容性进行评分。直观上，如 B-PER I-PER 这样的标签对应该有较高的分值，而 B-PER I-ORG 标签对则应得到非常低甚至负的分值。对于一个有 K 个可能标签的标签集合，我们引入一个评分矩阵 $\boldsymbol{A} \in R^{K \times K}$，其中 $\boldsymbol{A}_{[g,h]}$ 是标签对 g h 的相容性分值。

为了在评分时将标签对因子纳入考虑，我们对评分函数进行了修改：

$$\text{score}(s, \hat{\boldsymbol{y}}) = \sum_{i=1}^{n} t_{i[\hat{y}_i]} + \sum_{i=1}^{n+1} \boldsymbol{A}_{[\hat{y}_{i-1}, \hat{y}_i]} \qquad (19.19)$$

其中在位置 0 和 $n+1$ 的标签是特殊的 * START* 和 * END* 符号。在确定每个词的标签评分 $t_{1:n}$ 以及 $\boldsymbol{A}$ 中的值之后，我们就可以使用 Viterbi 动态规划算法找到使式（19.19）最大的 $\hat{\boldsymbol{y}}$。

由于我们不需要每个位置的标签分值都为正数且和为 1，因此在计算评分 t_i 时可以去掉 softmax 层：

$$\hat{t}_i = \text{MLP}(\phi(i,s)) \qquad \forall i \in 1,\cdots,n \qquad (19.20)$$

标签分值 t_i 由式（19.20）中的神经网络决定，而矩阵 $\boldsymbol{A}$ 可以看作额外的模型参数。现在，我们就可以使用结构化 hinge 损失（式 19.8）或者代价增强结构化 hinge 损失（式 19.9）训练一个结构化模型。

但在这里，我们将采用 Lample 等人[2016]所使用的概率 CRF 目标函数。

结构化 CRF 训练　在 CRF 目标函数中，我们的目标是为句子 s 的所有可能标注序列 $\boldsymbol{y}=y_1,\cdots,y_n$ 都赋予一个概率。这是通过在所有可能的标注序列上计算 softmax 来实现的：

$$
\begin{aligned}
\text{score}_{\text{CRF}}(s,\boldsymbol{y}) = P(\boldsymbol{y}\mid s) &= \frac{e^{\text{score}(s,\boldsymbol{y})}}{\sum_{\boldsymbol{y}'\in y(s)} e^{\text{score}(s,\boldsymbol{y}')}} \\
&= \frac{\exp\left(\sum_{i=1}^{n} \boldsymbol{t}_{i[y_i]} + \sum_{i=1}^{n} \boldsymbol{A}_{[y_i,y_{i+1}]}\right)}{\sum_{\boldsymbol{y}'\in y(s)} \exp\left(\sum_{i=1}^{n} \boldsymbol{t}_{i[y'_i]} + \sum_{i=1}^{n} \boldsymbol{A}_{[y'_i,y'_{i+1}]}\right)}
\end{aligned} \tag{19.21}
$$

其中分母对于所有可能的标注 $\boldsymbol{y}$ 都是相同的，因此找到最优序列（不利用概率）等价于找到使 $\text{score}(s,\boldsymbol{y})$ 最大的序列，这也可以使用 Viterbi 算法解决。

损失函数则可以定义为正确结构 $\boldsymbol{y}$ 的负对数似然：

$$
\begin{aligned}
-\log P(\boldsymbol{y}\mid s) &= -\left(\sum_{i=1}^{n+1} \boldsymbol{t}_{i[y_i]} + \sum_{i=1}^{n+1} \boldsymbol{A}_{[y_{i-1},y_i]}\right) + \log \sum_{\boldsymbol{y}'\in y(s)} \exp\left(\sum_{i=1}^{n+1} \boldsymbol{t}_{i[y'_i]} + \sum_{i=1}^{n+1} \boldsymbol{A}_{[y'_{i-1},y'_i]}\right) \\
&= -\underbrace{\left(\sum_{i=1}^{n+1} \boldsymbol{t}_{i[y_i]} + \sum_{i=1}^{n+1} \boldsymbol{A}_{[y_{i-1},y_i]}\right)}_{\text{标准答案的分数}} + \underbrace{\bigoplus_{\boldsymbol{y}'\in y(s)} \exp\left(\sum_{i=1}^{n+1} \boldsymbol{t}_{i[y'_i]} + \sum_{i=1}^{n+1} \boldsymbol{A}_{[y'_{i-1},y'_i]}\right)}_{\text{使用动态规划}}
\end{aligned}
$$

$$\tag{19.22}$$

其中 $\oplus$ 表示对数空间的加法操作（logadd）：$\oplus(a,b,c,d)=\log(e^a+e^b+e^c+e^d)$。式中的第一项可以很容易地构建为计算图，然而对于第二项，由于需要计算 $\boldsymbol{y}(s)$ 中 n^k 个不同的序列分值之和，其计算图并不容易构建。幸运的是，我们可以使用 Viterbi 算法的一种变体⊖来解决。

> **对数加的特点**　对数加操作在对数空间中执行加法操作。我们在动态规划中利用了它的以下性质。这些性质可以比较容易地用基础数学证明，我们将这些证明留给读者。
>
> $$\oplus(a,b)=\oplus(b,a) \qquad\qquad \text{交换律} \tag{19.23}$$
> $$\oplus(a,\oplus(b,c))=\oplus(a,b,c) \qquad\qquad \text{结合律} \tag{19.24}$$
> $$\oplus(a+c,b+c)=\oplus(a+b)+c \qquad\qquad \text{分配律} \tag{19.25}$$

⊖　该算法被称为前向（forward）算法，但与计算图中的前馈过程算法不同。

用 $\boldsymbol{y}(s, r, k)$ 表示长为 r 且以符号 k 结尾的序列集合，那么句子 $|s|$ 上所有可能序列的集合则为 $\boldsymbol{y}(s) = \boldsymbol{y}(s, n+1, {}^*END^*)$。进一步用 $\boldsymbol{y}(s, r, \ell, k)$ 表示以符号 k 结尾且倒数第二个符号为 ℓ 的长为 r 的序列集合。令 $\Gamma[r, k] = \bigoplus_{y' \in y(s, r, k)} \sum_{i=1}^{r} (t_{i[y'_i]} + \boldsymbol{A}_{[y'_{i-1}, y'_i]})$。我们的目的是计算 $\Gamma[n+1, {}^*END^*]$。为了简略，定义 $f(i, y'_{i-1}, y'_i) = t_{i[y'_i]} + \boldsymbol{A}_{[y'_{i-1}, y'_i]}$。我们有：

$$\Gamma[r, k] = \bigoplus_{y' \in y(s, r, k)} \sum_{i=1}^{r} f(i, y'_{i-1}, y'_i)$$

$$\Gamma[r+1, k] = \bigoplus_{\ell} \bigoplus_{y' \in y(s, r+1, \ell, k)} \left(\sum_{i=1}^{r+1} f(i, y'_{i-1}, y'_i) \right)$$

$$= \bigoplus_{\ell} \bigoplus_{y' \in y(s, r+1, \ell, k)} \left(\sum_{i=1}^{r} (f(i, y'_{i-1}, y'_i)) + f(r+1, y'_{r-1} = \ell, y' = k) \right)$$

$$= \bigoplus_{\ell} \left(\bigoplus_{y' \in y(s, r+1, \ell, k)} \left(\sum_{i=1}^{r} f(i, y'_{i-1}, y'_i) \right) + f(r+1, y'_{r-1} = \ell, y' = k) \right)$$

$$= \bigoplus_{\ell} \left(\Gamma[r, \ell] + f(r+1, y'_{r-1} = \ell, y'_r = k) \right)$$

$$= \bigoplus_{\ell} \left(\Gamma[r, \ell] + t_{r+1[k]} + \boldsymbol{A}_{[\ell, k]} \right)$$

因此我们得到了递推关系：

$$\Gamma[r+1, k] = \bigoplus_{\ell} \left(\Gamma[r, \ell] + t_{r+1[k]} + \boldsymbol{A}_{[\ell, k]} \right) \tag{19.26}$$

利用以上公式，我们就可以构建出计算分母 $\Gamma[n+1, {}^*END^*]$ 的计算图[⊖]。计算图构建完成之后，就可以使用反向传播计算梯度了。

19.4.3　基于柱搜索的 NER-CRF 近似

在前一节中，我们通过使用评分矩阵 $\boldsymbol{A}$ 为每一对连续标签赋予了分值，从而将 NER 预测转换成了结构化预测任务。这种方法相当于引入一阶马尔可夫假设，即给定位置 $i-1$ 的标签时，位置 i 的标签与位置 $i-1$ 之前的所有标签都是相互独立的。在该独立性假设的基础之上，我们得以对序列评分进行分解，并设计出用于寻找最优序列并计算所有可能标注序列之和的高效算法。

我们可能想要放宽马尔可夫独立性假设，而使标签 y_i 依赖于前面所有的标签 $y_{1, i-1}$。这可以通过在标注模型中增加一个额外的对标注历史进行建模的 RNN 来实现。如此一来，

　⊖　注意该递推关系与 Viterbi 算法中计算最优路径的公式相同，只是用 $\oplus$ 替换了 max。

标签序列 $\boldsymbol{y} = y_1, \cdots, y_n$ 的评分函数则为：

$$\mathrm{socre}(s, \hat{\boldsymbol{y}}) = \sum_{i=1}^{n+1} f([\phi(s, i); \mathrm{RNN}(\hat{\boldsymbol{y}}_{1, i})]) \tag{19.27}$$

其中 f 是一个带参数的函数，如线性变换或者 MLP；ϕ 是将句子 s 中位置 i 上的词映射为向量的特征函数⊖。换言之，在计算位置 i（的词）在标签 k 下的局部分值时，我们同时考虑了位置 i 在句中的特征表示以及标注序列 y_1，y_2，$\cdots$，y_{i-1}，k 的 RNN 编码。然后我们将局部分值求和以获得全局分值。

　　不幸的是，新增的 RNN 组件使得每一个局部分值都与所有历史标注决策相关联，导致我们无法使用高效的动态规划算法来准确寻找最优的标注序列或计算所有可能的标签序列分值之和。因此，我们必须转而使用近似方法，如柱搜索。当使用宽度为 r 的柱时，我们可以获得 r 个不同的标签序列 $\hat{\boldsymbol{y}}^1$，$\cdots$，$\hat{\boldsymbol{y}}^r$。⊖这时柱中序列评分最高的即为近似最优的标签序列：

$$\underset{i \in 1, \cdots, r}{\mathrm{argmax}} \; \mathrm{score}(s, \hat{\boldsymbol{y}}^i)$$

在训练时，我们可以使用近似 CRF 目标函数：

$$\mathrm{score}_{\mathrm{APPROXCRF}}(s, y) = \widetilde{P}(\boldsymbol{y} \mid s) = \frac{\mathrm{e}^{\mathrm{score}(s, y)}}{\sum_{y' \in \widetilde{y}(s, r)} \mathrm{e}^{\mathrm{score}(s, y')}} \tag{19.28}$$

$$L_{\mathrm{CRF}}(y', y) = -\log \widetilde{P}(\boldsymbol{y} \mid s)$$

$$= -\mathrm{score}(s, \boldsymbol{y}) + \log \sum_{y' \in \widetilde{y}(s, r)} \mathrm{e}^{\mathrm{score}(s, y')} \tag{19.29}$$

$$\widetilde{y}(s, r) = \{\boldsymbol{y}^1, \cdots, \boldsymbol{y}^r\} \bigcup \{\boldsymbol{y}\}$$

在归一化时，我们并不对所有可能的序列 $\boldsymbol{y}(s)$ 进行求和，而是在正确序列以及柱中的 r 个序列的并集 $\widetilde{y}(s, r)$ 上求和。r 是一个较小的值，使得求和过程很容易。当 r 接近 n^K 时，我们也就接近真实的 CRF 目标。

⊖ 与 8.5 节和 16.2.1 节词性标注任务中的特征函数类似，这里的 ϕ 可以基于词窗口或者 biLSTM。

⊖ 柱搜索算法逐步进行探索。在获得了句中前 i 个词的 r 个可能的标签序列 $(\hat{\boldsymbol{y}}_{1, i}^1$，$\cdots$，$\hat{\boldsymbol{y}}_{1, i}^r)$ 之后，我们在每个标签序列后使用所有可能的标签进行扩展，再对所得到的 $r \times K$ 个序列进行评分，保留分值最高的 r 个序列。我们不断重复该过程，直到获得整个句子上的 r 个标签序列。

级联、多任务与半监督学习

在处理自然语言时，我们常常会遇到多个任务相互依赖的情形。例如，我们在 7.7 节、16.2.3 节和 19.4.1 节中所讨论的句法分析器以词性标记作为输入，而词性标记本身也是由一个统计模型自动预测得到的。将一个模型的预测结果作为另一个模型的输入，当这两个模型相互独立时，称为一个流水线（pipeline）系统。另一种方法是模型级联（model cascading）。在模型级联中，不是将模型 A（词性标注器）的预测结果作为模型 B（句法分析器）的输入，而是将有助于词性预测的中间表示作为句法分析器的输入。换言之，传递给句法分析器的并不是某种特定的词性标注决策，而是标注的不确定性。模型级联在深度学习系统中非常容易实现，只需要传递 argmax 操作之前的向量，甚至是隐层向量之一即可。

一种相关的技术是多任务学习（multi-task learning）[Caruana, 1997]。在多任务学习中，我们有多个相关的预测任务（或相互依赖，或不然），并期望利用其中一种任务中所蕴含的信息来提升其他任务的准确率。在深度学习框架下，解决思路是对于不同的任务使用不同的网络，而这些网络之间共享部分的结构与参数。通过这种方式，模型的一个核心预测组件（共享结构）将受到所有任务的影响，且一种任务的训练数据可能有助于改善其他任务的预测。

模型级联方法可以很自然地应用于多任务学习框架：我们不只是将词性标注器的中间输出传递给句法分析器，而是将用来计算词性标注表示的计算子图作为句法分析器计算图的输入，并且将句法分析器的误差反向传播至词性标注部分。

另一类相关且相似的方法是半监督学习（semi-supervised learning）。在半监督学习中，我们有任务 A 的有监督训练数据，希望同时利用其他任务的有标注或者无标注数据来提升任务 A 的性能。

本章将讨论这三种技术。

20.1 模型级联

在模型级联中，大的网络是由多个小网络组件所构成的。例如，在 16.2.1 节我们介绍了一种基于 RNN 的神经网络, 根据一个词在句中的上下文以及组成该词的字符来预测它的词性。在一个流水线方法中, 我们将使用该网络预测词性, 然后将预测结果作为句法组块分析(chunking)或者句法分析模块神经网络的输入特征。

换种思路, 我们可以认为该网络的隐层编码了与预测词性有关的信息。在级联方法中, 我们采用该网络的隐层并且将其与句法网络的输入进行联接(而不是词性预测本身)。这样一来, 我们就有了一个更大的网络, 该网络以词和字符的序列作为输入, 并输出一个句法结构。

举一个具体的例子, 考虑 16.2.1 节与 16.2.3 节中所介绍的词性标注与句法分析网络。该词性标注网络[式(16.4)]根据下式预测第 j 个词的词性:

$$t_i = \underset{j}{\arg\max} \, \mathrm{softmax}(\mathrm{MLP}(\mathrm{biRNN}(\boldsymbol{x}_{1:n}, i)))_{[j]}$$

$$\boldsymbol{x}_i = \phi(s, i) = [\boldsymbol{E}_{[w_i]} ; \mathrm{RNN}^f(\boldsymbol{c}_{1:\ell}) ; \mathrm{RNN}^b(\boldsymbol{c}_{\ell:1})] \tag{20.1}$$

同时句法分析网络[式(16.6)]根据下式计算弧的得分:

$$\mathrm{ARCSCORE}(h, m, w_{1:n}, t_{1:n}) = \mathrm{MLP}(\phi(h, m, s)) = \mathrm{MLP}([\boldsymbol{v}_h ; \boldsymbol{v}_m])$$

$$\boldsymbol{v}_{1:n} = \mathrm{biRNN}^*(\boldsymbol{x}_{1:n}) \tag{20.2}$$

$$\boldsymbol{x}_i = [\boldsymbol{w}_i ; \boldsymbol{t}_i]$$

这里需要注意的一点是, 句法分析器以词序列 $w_{1:n}$ 以及词性序列 $t_{1:n}$ 作为输入, 并将词与词性转换为向量表示, 然后将它们进行拼接从而得到相应的输入表示 $\boldsymbol{x}_{1:n}$。

在级联方法中, 我们将词性标注器预测层的前置状态直接输入至句法分析器, 从而构成一个联合网络。具体地, 记 z_i 为词 i 在词性标注器中预测层的前置表示: $z_i = \mathrm{MLP}$ $(\mathrm{biRNN}(\boldsymbol{x}_{1:n}, i))$。现在我们可以使用 z_i 作为句法分析器中第 i 个词的输入表示, 从而得到:

$$\mathrm{ARCSCORE}(h, m, w_{1:n}) = \mathrm{MLP}_{\mathrm{parser}}(\phi(h, m, s)) = \mathrm{MLP}_{\mathrm{parser}}([\boldsymbol{v}_h ; \boldsymbol{v}_m])$$

$$\boldsymbol{v}_{1:n} = \mathrm{biRNN}^*_{\mathrm{parser}}(\boldsymbol{z}_{1:n})$$

$$\boldsymbol{z}_i = \mathrm{MLP}_{\mathrm{tagger}}(\mathrm{biRNN}_{\mathrm{tagger}}(\boldsymbol{x}_{1:n}, i)) \tag{20.3}$$

$$\boldsymbol{x}_i = \phi_{\mathrm{tagger}}(s, i)$$

$$= [\boldsymbol{E}_{[w_i]} ; \mathrm{RNN}^f_{\mathrm{tagger}}(\boldsymbol{c}_{1:\ell}) ; \mathrm{RNN}^b_{\mathrm{tagger}}(\boldsymbol{c}_{\ell:1})]$$

该计算图使我们能够很容易地将句法任务损失函数中的误差梯度反向传播回输入层的字符表示。⊖

⊖ 根据具体情况, 我们可以选择是否将误差梯度完整地传播回来。

图 20.1 展示了该网络的大致结构。

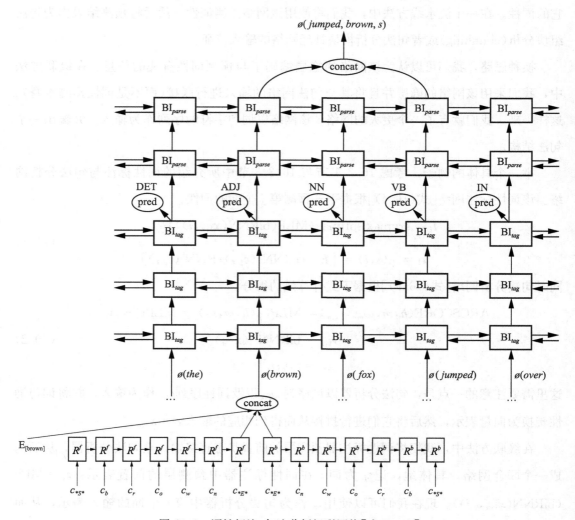

图 20.1   词性标注-句法分析级联网络[式(20.3)]

尽管句法分析器能够使用到词的信息，但是在它们通过词性标注器的所有 RNN 层过程中，其作用可能会被稀释。为了解决这个问题，我们可以使用跳跃连接（skip-connection）：除了词性标注器的输出之外，还将词的向量表示 $E_{[w_i]}$ 直接传递给句法分析器：

$$\text{ARCSCORE}(h, m, w_{1:n}) = \text{MLP}_{\text{parser}}(\phi(h, m, s)) = \text{MLP}_{\text{parser}}([v_h; v_m])$$

$$v_{1:n} = \text{biRNN}^*_{\text{parser}}(z_{1:n})$$

$$z_i = [E_{[w_i]}; z'_i]$$

$$z'_i = \text{MLP}_{\text{tagger}}(\text{biRNN}_{\text{tagger}}(x_{1:n}, i))$$

$$
\begin{aligned}
\boldsymbol{x}_i &= \phi_{\text{tagger}}(s, i) \\
&= \left[\boldsymbol{E}_{[w_i]}; \text{RNN}_{\text{tagger}}^{f}(\boldsymbol{c}_{1:\ell}); \text{RNN}_{\text{tagger}}^{b}(\boldsymbol{c}_{\ell:1})\right]
\end{aligned}
\tag{20.4}
$$

该结构如图 20.2 所示。

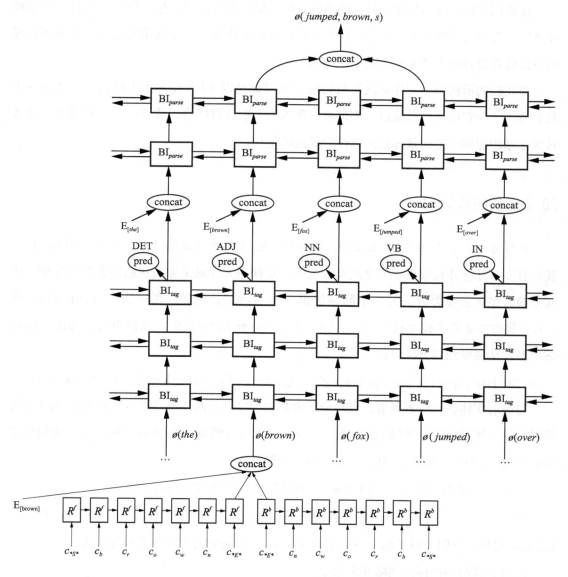

图 20.2 含词向量表示跳跃连接的词性标注-句法分析级联模型结构[式(20.4)]

为了缓解深度神经网络中的梯度消失(gradient vanish)问题,同时也为了更充分地利用已有的训练资源,单独组件的神经网络参数可以先分别在相关任务上进行独立训练从而得到较好的初始值,再将它们接入更大的级联网络进行进一步精调。例如,我们可以先在一个相对较大的词性标注语料上训练词性预测网络,再将其隐层接入训练数据较少的句法分析网络。当训练数据中同时含有两个任务的直接监督信息时，我们可以创建一个双输出的神经网络，对每个任务的输出均计算一个单独的损失，并将这两个任务的损失求和从而得到整体损失。根据该损失即可进行误差梯度的反向传播。

在使用卷积、递归和循环神经网络时，模型级联的方法很常用。例如，可以使用循环神经网络先将句子编码为一个定长向量，再将该向量作为另一个网络的输入。该循环神经网络的监督信号则主要来自于其上层网络。

在我们的示例中，词性标注器与句法分析器都是以 biRNN 为主干结构的。而这并不是必需的——它们也可以是以一个词窗口作为输入的前馈网络，或者一个卷积网络，或者其他任意的能够产生向量并且可以传递梯度的结构。

20.2　多任务学习

多任务学习（Multi-Task Learning，MTL）是另一种相关的技术。在多任务学习中，我们有多个任务并且假设它们之间是相关的，这种相关性意味着当我们学会解决其中一个任务的时候，它会为解决另一个问题提供一些"直觉"。例如，在句法组块分析任务（见 6.2.2 节中的语言学标注框架（Linguistic Annotation frame））中，我们为句子标注了组块的边界，从而得到如下输出：

$$[_{NP} \text{ the boy}][_{PP} \text{ with}][_{NP} \text{ the black shirt}][_{VP} \text{ opened}][_{NP} \text{ the door}][_{PP} \text{ with}][_{NP} \text{ a key}]$$

与命名实体识别任务类似，组块分析也是一个序列分割任务，可以规约为以 BIO 进行编码的一个序列标注任务（见 7.5 节）。那么，一个用于组块分析的神经网络可以使用深度 biRNN 进行建模，再通过 MLP 为每个位置预测标签：

$$p(\text{chunkTag}_i = j) = \text{softmax}(\text{MLP}_{\text{chunk}}(\text{biRNN}_{\text{chunk}}(\boldsymbol{x}_{1:n}, i)))_{[j]}$$
$$\boldsymbol{x}_i = \phi(s, i) = \boldsymbol{E}^{\text{cnk}}_{[w_i]} \tag{20.5}$$

（为简略起见，我们去掉了输入中的字符级 RNN，但是它们可以很容易加上去。）

注意到这与词性标注网络非常相似：

$$p(\text{posTag}_i = j) = \text{softmax}(\text{MLP}_{\text{tag}}(\text{biRNN}_{\text{tag}}(\boldsymbol{x}_{1:n}, i)))_{[j]}$$
$$\boldsymbol{x}_i = \phi(s, i) = \boldsymbol{E}^{\text{tag}}_{[w_i]} \tag{20.6}$$

图 20.3 展示了这两个网络。不同的颜色表示不同的参数集合。

句法组块分析任务与词性标注任务是相互促进的。用于预测组块边界或者一个词的词性的信息，依赖于某种共享的潜在句法表示。我们可以构建一个单一的含多个输出的神经

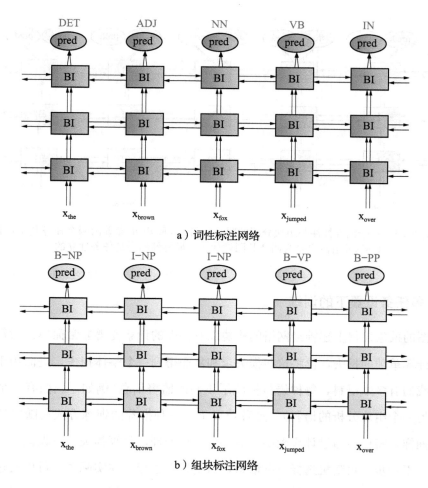

a）词性标注网络

b）组块标注网络

图 20.3 词性标注网络与组块标注网络

网络，而不是为每个任务训练单独的网络。常用的方法是共享 biRNN 的参数，但是对于每个任务都有一个专用的 MLP 预测层（或者也有一个共享的 MLP，在该 MLP 中，只有最终预测部分的权重矩阵和偏置项是任务专用的）。于是我们可以得到如下的共享网络：

$$p(\text{chunkTag}_i = j) = \text{softmax}(\text{MLP}_{\text{chunk}}(\text{biRNN}_{\text{shared}}(\boldsymbol{x}_{\boldsymbol{1}:\boldsymbol{n}}, i)))_{[j]}$$

$$p(\text{posTag}_i = j) = \text{softmax}(\text{MLP}_{\text{tag}}(\text{biRNN}_{\text{shared}}(\boldsymbol{x}_{\boldsymbol{1}:\boldsymbol{n}}, i)))_{[j]}$$

$$\boldsymbol{x}_i = \phi(s, i) = \boldsymbol{E}_{[w_i]}^{\text{shared}} \tag{20.7}$$

这两个网络使用同一个深度 biRNN 以及词向量表示层，而不共享最终输出预测层的参数。该结构如图 20.4 所示。

该网络中的大部分参数是在不同任务之间共享的。因此，其中一个任务中所学到的有用信息将能够帮助其他任务中的歧义消解。

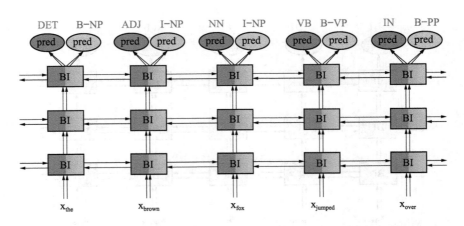

图 20.4   一个词性标注与组块分析的联合网络。biRNN 的参数由两个任务共享，且 biRNN 组件也是为两者共同设计的。最终预测层是任务独立的

20.2.1   多任务设置下的训练

计算图的抽象使得上述神经网络的构建以及梯度的计算变得非常简单：为每种可用的监督信号计算单独的损失，再将这些损失求和从而得到一个整体损失，进而用于梯度的计算。假如我们有多个语料，每种语料标注了不同的监督信息（例如，我们有一个词性标注的语料和另一个组块分析的语料）。这种情况下，一种推荐的训练方式是随机选择一种语料并进行抽样，将样本通过计算图的相应部分进行处理，计算损失，将误差反向传播，并更新参数。下一步，再随机选择一种语料，重复以上过程。在实际中，可以通过将所有可用的训练样本打乱顺序再依次处理的方式来完成这个目标。这里的重点是，对于每一个训练样本，我们可能根据不同的损失（并使用一个不同的子网络）来进行梯度的计算。

在某些情形，我们可能有多个任务，但是更关注其中的某一个任务。换言之，我们有一个或者多个主任务，以及其他的一些我们认为对主任务有所帮助但并不关心其输出的辅助任务。这种情况下，我们也许可以将辅助任务的损失的占比缩小，使其重要性小于主任务的损失。另一种选择是先在辅助任务上预训练一个网络，再使用其与主任务所共享的网络组件（参数），在主任务上接着训练。

20.2.2   选择性共享

回到词性标注与组块分析的例子，我们可以认为，尽管这两个任务共享信息，但词性标注任务实际上比组块分析任务的层次更低：进行组块分析所需的信息比词性标注所需要的更加精炼（或抽象）。在这种情况下，我们也许更倾向于只共享 biRNN 中较低的层，

将较高的层用于组块分析任务，而不是共享完整的深度 biRNN(图 20.5)。

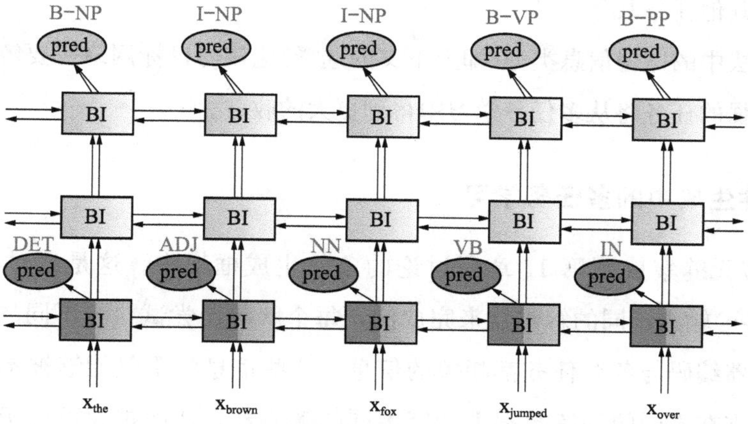

图 20.5 　一个选择性共享的词性标注与组块分析网络。biRNN 中较低的
层由两个任务所共享，而较高的层则只用于组块分析

　　biRNN 中较低的层是由两个任务所共享的，它主要由词性标注任务来进行监督，但同时也接收从组块分析任务所传递回来的梯度。网络中较高的层则只用于组块分析任务——但是将通过训练来更好地适应低层网络表示。

　　这种选择性共享的建议来自 Søgaard 和 Goldberg[2016]的工作。另一种与之相似的方法采用的是前馈网络而不是循环网络，该方法由 Zhang 和 Weiss[2016]提出并命名为"stack propagation"。

　　图 20.5 中的选择性共享 MTL 网络与前一节(图 20.1)所讨论的级联学习非常相似。事实上，通常很难为这两个框架划定合适的界限。

　　输入-输出反转　多任务与级联学习的另一种观点是输入-输出反转(input-output inversion)。我们可以将某些信号(例如词性标签)视为较高级别任务(如句法分析)的网络中间层输出，而不是作为该任务的输入。换言之，我们并不是将词性标签用作输入，而是作为网络中间层的一种监督信号。

20.2.3　作为多任务学习的词嵌入预训练

　　组块分析与词性标注任务(实际上，还有很多其他的任务)和语言模型任务之间也是相互促进的。用于预测组块边界的信息以及一个词的词性与语言模型中预测下一个词或者前一个词的能力密切相关：这些任务之间共享同一个句法-语义的主干。

　　从这个角度来看，使用预训练的词向量对特定任务网络中词嵌入层进行初始化的方法也是多任务学习的一个实例，其将语言模型作为一种辅助任务。词向量学习算法使用的是在语言模型基础上泛化得到的一种分布式（distributional）目标函数进行训练的，该算法中的词嵌入层与其他任务共享。

预训练算法中的监督信息类型（即上下文的选择）应该与目标网络所要解决的任务相匹配。相关性更强的任务将从多任务学习中得到更大的收益。

20.2.4 条件生成中的多任务学习

MTL 可以无缝集成到第 17 章所讨论的条件生成框架中。这是通过将共享编码器（*shared encoder*）输入不同的解码器来完成的，每个解码器尝试执行不同的任务。这种方式将强制编码器编码与各个任务都相关的信息。这些信息将不仅能够被不同解码器所共享，还可能允许在不同的训练数据上训练不同的解码器，从而扩大可用于训练的样本总数。我们将在 20.4.4 节中讨论一个具体的例子。

20.2.5 作为正则的多任务学习

多任务学习的另一种观点是正则化。来自辅助任务的监督信息使得任务之间的共享表示更具通用性，且有助于对主任务训练实例之外的样本进行预测，从而防止网络过拟合到主任务上。从这种观点来看，当辅助任务是用作正则化时，我们不能按顺序执行 MTL，即先训练辅助任务，再将表示适配到主任务上（如 20.2.1 节所述）。相反，所有任务应该并行学习。

20.2.6 注意事项

尽管 MTL 的前景非常有吸引力，但仍有一些需要注意的事项。MTL 经常不能有效地工作。例如，当任务之间并不紧密相关时，你可能无法通过 MTL 得到提升。而大部分任务实际上并不相关。在 MTL 中如何选择相关的任务，更像是一门艺术，而非科学。

即使任务之间是相关的，但所共享的网络并不具备支撑所有任务的能力，那么所有这些任务的性能都可能下降。从正则化的角度来看，这意味着正则项太强，从而阻碍了模型在单个任务上的拟合。在这种情况下，最好是增加模型的容量（如增加网络中共享组件的维度）。假如一个包含 k 个任务的 MTL 网络需要增加 k 倍的容量（或者接近）才能够支撑所有的任务，则意味着这些任务的预测结构之间很可能没有任何共享内容，从而应该放弃 MTL 的想法。

当任务非常密切相关，如词性标注与组块分析任务，MTL 带来的收益可能会很小。当网络只在单个同时标注了词性与组块标签的数据集上进行训练时尤其如此。组块分析网络无需中间层的词性监督信息也能够学到其所需要的表示。当词性标注训练数据与组块分析数据没有交集时(但是共享相当一部分的词表)，我们才确实开始看到 MTL 的收益。在这种情况下，MTL 通过在词性标注任务的数据上进行训练，来有效地扩大组块分析任务的监督信息量。这使得网络中的组块分析部分能够利用和影响那些从额外数据中的词性标注中学习到的共享表示。

20.3　半监督学习

　　一种与多任务和级联学习相关的框架是半监督学习(semi-supervised learning)。在半监督学习中，我们对于所关心的任务有少量的训练数据，同时还有其他任务的额外训练数据。其他任务可以是有监督的，也可以是无监督的(即监督信息可以从未标注数据中产生，比如语言模型、词向量学习或者句子编码任务，如 9.6 节、第 10 章以及 17.3 节所述)。

　　我们希望使用附加任务中的监督信息(或者创造合适的附加任务)来提升主任务的预测准确率。这是一种很常见的场景，也是一个活跃且重要的研究领域：对于我们所关心的任务，我们的监督信息(有标注数据)从来都是不够的。

　　关于自然语言处理中非神经网络的半监督学习方法概述，请参考本系列中 Søgaard [2013]一书。

　　在深度学习的框架之内，可以通过学习基于附加任务的表示，然后将其作为主任务的补充输入或者初始化的方式来进行半监督学习，这与 MTL 非常类似。具体地，我们可以在未标注数据上预训练词向量或者句子表示，然后使用它们作为词性标注、句法分析或文档摘要系统的初始化或者输入。

　　在某种意义上，我们在第 10 章介绍分布表示(distributional representation)以及预训练词向量时已经在做半监督学习了。有的时候，问题本身会有更专用的解决方案，正如我们在 20.4.3 节中所探讨的那样。半监督学习与多任务学习之间的相似之处与联系也很清晰：我们在使用一个任务的监督数据来提高另一个任务的性能。主要区别似乎在于如何将不同的任务融合到最终的模型中，以及不同任务的标注数据来源。但是两种方法之间的边界相当模糊。一般来说，最好不要去争论级联学习、多任务学习以及半监督学习之间的边界，而是将它们视为一套互补且有交叉的技术。

　　半监督学习的其他方法还有很多，包括在小标注数据上训练一个或多个模型，再对大量未标注数据进行标注。然后再在这些自动标注的数据(可能会根据模型之间的一致性或者其他置信度衡量标准来进行质量筛选)上训练一个新的模型，或者为已有模型提供额外的特征。这些方法可以归入自学习(self-training)的范畴。另外还有一些方法为标注结果指定一些有助于监督模型的约束(如：一些词只能被标注为特定的标签，或者每个句子要求至少有一个词被标注为 X)。这种方法不是专门用于神经网络的，超出了本书的范围。有关概述，请参阅 Søgaard[2013]一书。

20.4　实例

现在我们介绍一些 MTL 被证明有效的例子。

20.4.1　眼动预测与句子压缩

在删除式句子压缩任务中，我们对于一个给定的句子如"*Alan Turing，known as the father of computer science，the codebreaker that helped win World War II，and the man tortured by the state for being gay，is to receive a pardon nearly* 60 *years after his death*"，需要通过删除原句中的一些词，来产生一个保留该句子主要信息的较短的("压缩的")版本。一个压缩之后的示例是"*Alan Turing is to receive a pardon*"。这可以使用深度 biRNN 紧接一个多层感知机(MLP)来进行建模，其中 biRNN 的输入是句子中的词，MLP 的输出是对于每个词的 KEEP(保留)或者 DELETE(删除)决策。

在 Klerke 等人[2016]的工作中，表明通过使用两个额外的序列预测任务可以提升删除式句子压缩任务的性能，分别是组合范畴语法(CCG)自动范畴标注(supertagging)以及眼动预测(gaze-prediction)任务。由于这两个任务使用单独的 MLP 接收来自低层 biRNN 的输入，因此它们是在选择性共享的结构中进行添加的。

CCG 范畴标注任务为每个词分配一个 CCG 范畴标记，这是一种复杂的句法标记如(S[dcl] \ NP)/PP，表示该词关于句中其余部分的句法角色。⊖

眼动预测任务是一种认知任务，它和人类阅读书面语言的方式相关。在阅读时，我们的眼睛在页面上移动，固定在一些单词上，跳过其他单词，并经常跳回到之前的单词。人们普遍认为，阅读时眼睛的移动反映了大脑的句子处理机制，反过来又反映了句子的结构。眼动仪是一种可以在阅读时准确跟踪眼动的仪器，目前有一些眼动追踪的语料，其中包含句子以及对于多个人类对象的准确眼动测量的数据对。在眼动预测任务中，网络通过

⊖　CCG 与 CCG 范畴标记超出了本书的范围。阅读 Julia Hockenmaier 的博士论文[Hockenmaier，2003]是开始学习 CCG 的好方法。范畴标注的概念是在 Joshi 和 Srinivas[1994]中介绍的。

训练来预测文本上眼动行为的各个方面(每个词将受到多长时间的注视,或者哪些词将触发回动)。其直觉是,在处理句子时,句中较不重要的部分更有可能被跳过或掩盖,而较重要的部分则很可能得到更多的注视。

句子压缩的数据、句法 CCG 标注数据以及眼动数据之间完全没有交集,但是当使用这些附加任务进行监督时,我们发现句子压缩精度得到了明显改善。

20.4.2　弧标注与句法分析

在整本书中,我们描述了一种 arc-standard 依存句法分析的结构。特别地,在 16.2.3 节我们介绍了基于 biRNN 的特征,在 19.4.1 节介绍了结构化预测学习框架。我们所描述的句法分析器是一种无标签的句法分析器——模型为每种可能的核心-修饰词搭配计算一个分值,而句法分析器最终的预测结果则为表示一个句子最佳依存树的依存弧集合。然而,该打分函数以及所产生的依存弧只考虑了哪些词在句法上彼此相连,而没有考虑词与词之间具体的关系。

回顾 6.2.2 节,一棵依存句法树通常还包含关系的信息,称为每条依存弧上的依存标签,如图 20.6 所示的 det、prep、pobj、nsubj 等含标签的标注。

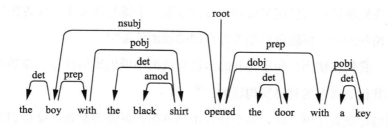

图 20.6　含标签的依存树

给定一个无标签的依存分析结果,可以使用如下结构来为依存弧分配标签:首先使用 biRNN 来读取句中的词序列,然后对于依存树中的弧(h, m),将这两个词在 biRNN 中相应的编码向量拼接起来并输入至 MLP 进行弧标签的预测。

我们也可以将无标签依存句法分析与弧上标签标注作为两个相关的任务来进行多任务学习,而不是为标签预测单独训练一个网络。那么我们将使用一个 biRNN 来同时完成弧标签预测以及依存分析,并且使用 biRNN 的编码状态作为弧打分模型与弧标签预测模型的共同输入。在训练时,弧标签预测模型将只能看见黄金弧(因为我们没有其他弧的标签信息),而弧打分模型能够看到所有可能的弧。

事实上,在 Kiperwasser 和 Goldberg[2016b]的工作中,我们发现这两个任务确实密切相关。训练无标签弧打分模型与弧标签预测模型的联合网络，使用共享的 biRNN 编码器，不仅可以实现准确的弧标签预测，而且大大提升了无标签依存句法分析的准确率。

20.4.3   介词词义消歧与介词翻译预测

考虑 7.6 节所讨论的介词词义消歧任务。回想一下，这是一个上下文相关的问题，我们需要为每个介词从 K 种可能的词义标签（MANNER、PURPOSE、LOCATION、DURATION 等）中选择一种进行分配。该任务的标注语料存在［Litkowski and Hargraves，2007，Schneider et al.，2016］，但是规模很小。

在 7.6 节，我们介绍了一组丰富的可用于训练介词词义消歧模型的特征。我们将特征提取器记为 $\phi_{sup}(s, i)$，该提取器读入介词实例，并以向量形式返回这些特征的编码。其中 s 是输入句子（包含词、词性标记、词的原形以及句法分析树的信息），i 是句子内介词的位置下标。基于与 7.6 节相似的特征集合，去掉 WordNet 相关特征但增加预训练的词向量表示而得到的 $\phi_{sup}(s, i)$ 是一个强大的特征提取器。将其直接输入至 MLP 进行预测能够取得相当不错的结果（虽然表现得仍然不令人满意，准确率低于 80%），而且将其替换为或者补充一个基于 biRNN 的特征提取器并不能提升准确率。

在这里，我们展示如何使用半监督学习方法进一步提升准确率，该方法从大量未标注数据中学习有用的表示，再融合到相关且有用的预测任务中。

具体来说，我们将使用从句子对齐的多语言数据中派生出的任务。该数据是由英语句子以及它们在其他语言上的翻译所构成的。⊖

当从英语翻译成其他语言时，一个介词可能有多种可能的翻译。那么目标语言上介词的选择将取决于英语中该介词的词义，而其词义则是由它所在的句子上下文反映的。尽管所有语言中介词都是有歧义的，但是不同语言中的歧义模式有所不同。因此，为给定的英语介词，根据它在英语句子中的上下文来预测其在外语中的介词翻译，是介词词义消歧任务的一个很好的辅助任务。这也是 Gonen 和 Goldberg［2016］所使用的方法。我们这里给出一个较高层次的概述，更详细的细节请参考原始论文。

训练数据是基于多语言句子对齐的平行语料库构建的。我们使用词对齐算法［Dyer et al.，2013］对该语料库进行词对齐，然后抽取出〈句子，介词位置，外语，外语介词〉形式的元组作为训练数据。给定这样一个元组〈$s=w_{1:n}$, i, L, f〉，预测任务的目标是预测在句子 s

⊖ 这些资源很容易从例如欧盟会议集（proceedings of the European Union）（Europarl 语料，［Koehn，2005］）中获取，或者可以从互联网上进行挖掘。这些也是驱动统计机器翻译研究的数据资源。

的上下文环境下介词w_i的翻译。可能的输出取自一组语言相关的候选p_L，正确输出为f。

我们希望当w_i的上下文表示有利于预测其目标语言介词f时，其对于介词词义预测也是有帮助的。我们将该任务建模为一个编码器与一个预测器，编码器$\text{ENC}(s, i)$将w_i的上下文编码为一个向量，预测器则试图预测正确的介词（翻译）。该编码器与 biRNN 非常相似，但是不包括介词本身，以迫使网络更加强调其上下文，而预测器是一个语言相关的 MLP。

$$p(\text{foreign} = f \mid s, i, L) = \text{softmax}(\text{MLP}^L_{\text{foreign}}(\text{ENC}(s, i)))_{[f]}$$

$$\text{ENC}(s, i) = [\text{RNN}^f(w_{1:i-1}); \text{RNN}^b(w_{n:i+1})] \tag{20.8}$$

该编码器在不同语言之间共享。在数百万〈英语句子，外语介词〉对上训练网络之后，我们得到了一个预训练的上下文编码器，接下来该编码器可通过与有监督特征表示拼接的方式用于介词词义消歧网络。我们的半监督介词词义消歧模型则可表示为：

$$p(\text{sense} = j \mid s, i) = \text{softmax}(\text{MLP}_{\text{sup}}([\phi_{\text{sup}}(s, i); \text{ENC}(s, i)]))_{[j]} \tag{20.9}$$

其中 ENC 是预训练之后的编码器，且将被词义预测网络进一步训练。ϕ_{sup}是有监督特征提取器。根据实验设置在细节上的不同，该方法充分且一致地将词义预测的准确率提升了 1 至 2 个点。$^\ominus$

20.4.4　条件生成：多语言机器翻译、句法分析以及图像描述生成

MTL 在编码器-解码器框架中也很容易实现。Luong 等人［2016］的工作在机器翻译任务中证明了这一点。他们的翻译系统使用无注意力的序列到序列架构。尽管存在更好的翻译系统（尤其是使用注意力机制的系统），该研究工作的重点是证明通过多任务设置来改进系统是可能的。

Luong 等人在该系统中研究了多任务学习的不同设置。在第一种设置下（一对多），编码器模块（将英语句子编码为向量）是共享的，且用于两个不同的解码器：一个解码器用于生成德语翻译，另一个解码器用于产生英语句子的线性化句法分析树（如对于句子 *the boy opened the door* 的预测序列应为(S(NP DT NN)(VP VBD(NP DT NN))))。该系统是在〈英语，德语〉翻译对所构成的平行语料库，以及宾州树库（Penn Treebank）［Marcus et al.，1993］中的黄金句法树上训练的。翻译的训练数据与句法分析的训练数据互不相交。通过多任务设置，共享的编码器通过学习产生对于两个任务都有用的向量。该多任务编码

　㊀　尽管 1 到 2 个点的准确率提升可能看起来不是非常可观，但不幸的是，这是在基线有监督系统已经比较强的情况下，使用现有的半监督技术可以实际预期的上限。

器–解码器网络是有效的：在两个任务上（一个编码器，两个解码器）训练的网络比单个任务上训练的只含一个解码器的网络表现更好。这种设置之所以有效，是因为对句子句法结构的基本元素的编码对于在翻译中词序以及句法结构的选择是有用的，反之亦然。翻译与句法分析任务确实是能够相互促进的。

在第二种设置中（多对一），只有一个解码器，但是有多个不同的编码器。这里考虑的任务是机器翻译（德语到英语的翻译）以及图像描述生成（图像到英语描述）。解码器的任务是产生英语句子。一个编码器用来对德语句子进行编码，而另一个则用来对图像编码。与之前类似，用于翻译与图像描述生成的数据集并无交集。同样，通过对参数进行一些调整，训练联合系统可以提升单个任务系统的性能，尽管提升有所减小。在这里，编码德语句子（含复杂的断言以及句法结构）的任务与编码图像内容的任务（对简单场景中的主要组成部分编码）之间并没有真正的联系。之所以能够取得收益似乎是由于这两个任务都为解码器网络中的语言模型部分提供了监督，从而使得它能够产生更好更合理的英语句子。另外，提升也可能是由于正则的影响，一组〈编码器，解码器〉能够防止另一组过拟合到它的训练数据上。

尽管基线性能相当低，但 Luong 等人［2016］的结果仍然令人鼓舞，表明在条件生成框架下，当选择合适的协同任务时，多任务学习能够带来提升。

20.5　前景

级联、多任务与半监督学习是令人兴奋的技术。神经网络框架使得这些技术的应用变得非常自然。在很多情况下，这类方法能够带来真正且一致的准确率提升。遗憾的是，截至写作本书时，这样的提升与基线性能相比往往相对较小，尤其是当基线性能较高的时候。然而，这不应该阻止你使用这些技术，因为这些收益通常是真实的。相反，这应该激励你积极地改进和完善这些技术，使我们期望未来能够看到更大的提升。

结　　论

21.1　我们学到了什么

神经网络方法的引入已经为 NLP 带来了变革。它促成了从重型特征工程(尤其是特征回退与组合)的线性模型到自动学习特征组合的多层感知机,到卷积神经网络这种能够识别广义 ngram 以及 gappy-ngram 的结构(如第 13 章所述),到 RNN 和双向 RNN(第 14 至 16 章)这种能够识别任意长序列中细微模式以及规律的结构,到能够表示树结构的递归神经网络(第 18 章)等结构的转变。它们还带来了基于分布相似性的词向量编码方法,这些方法对于半监督学习是有效的(第 10 和 11 章);同时还有非马尔可夫语言模型,进而为灵活的条件语言生成模型(第 17 章)以及革命性的机器翻译铺平了道路;这些基于神经网络的方法也为多任务学习带来了很多机会(第 20 章)。另外,现有的(非神经)结构预测技术可以很容易地进行适配以融合基于神经网络的特征提取器以及预测器(第 19 章)。

21.2　未来的挑战

总而言之,这个领域进展很快,很难预测未来将会如何。但是有一点很清楚,至少在我看来——尽管神经网络具有令人印象深刻的优点,但是它们并不是自然语言理解与生成问题的"杀手锏"。虽然它们相比于上一代统计 NLP 技术取得了许多改进,但是核心的挑战依然存在:语言是离散且歧义的,我们对于它是如何工作的并没有很好地理解,而且在没有细致的人为指导时,神经网络不大可能自己学会语言中的所有精妙之处。在引言中所提到的挑战在使用神经网络技术时也依然存在,对第 6 章中所介绍的语言学概念与资源的熟悉度对于设计一个好的语言处理系统仍然和以前一样重要。对于许多自然语言任务,甚至是比较底层的看起来简单的任务,如代词共指消解[Clark and Manning, 2016, Wiseman et al., 2016]或者并列结构边界消歧[Ficler and Goldberg, 2016],其实际表现还远远不够完美。为这种底层的语言理解任务设计学习系统仍然和引入神经 NLP 方法之前一样,是重要的研究挑战。

另一个重要的挑战是学习表示的不透明性，以及模型结构和学习算法背后缺乏严格的理论支持。我们迫切需要对神经网络表示的可解释性进行深入研究，并对不同结构学习能力和训练动态有更深入的理解，以取得更长远的进展。

截至本书写作之时，神经网络本质上仍然是有监督方法，且需要较大规模的有标注训练数据。尽管预训练词向量的使用为半监督学习提供了便利的平台，但是在如何有效利用未标注数据并减少对于有标注样本的依赖的问题上，我们仍然处于非常初级的阶段。请记住，人类通常可以从少数样本中进行泛化，而神经网络往往需要至少数百个标注样本才能表现得不错——即使在最简单的语言任务中。寻找有效的方式来同时利用少量的标注数据和大量未标注数据，以及跨领域的泛化，很可能将导致 NLP 领域的下一次变革。

最后，有一点在本书中非常简要地覆盖到，即语言并不是一个孤立的现象。当人们学习、感知并生成语言时，他们是以现实世界作为参考，且语言表达更多的时候是基于现实世界中的实体或者经验的。在"接地"(grounded)的环境下进行语言学习，或结合其他模态数据如图像、视频或者机器人动作控制，或作为与环境进行交互以达到某个具体目标的智能体的一部分，是另一个前景很好的研究前沿。

Martín Abadi, Ashish Agarwal, Paul Barham, Eugene Brevdo, Zhifeng Chen, Craig Citro, Greg S. Corrado, Andy Davis, Jeffrey Dean, Matthieu Devin, et al. TensorFlow: Large-scale machine learning on heterogeneous systems, 2015. http://tensorflow.org/

Heike Adel, Ngoc Thang Vu, and Tanja Schultz. Combination of recurrent neural networks and factored language models for code-switching language modeling. In *Proc. of the 51st Annual Meeting of the Association for Computational Linguistics—(Volume 2: Short Papers)*, pages 206–211, Sofia, Bulgaria, August 2013.

Roee Aharoni, Yoav Goldberg, and Yonatan Belinkov. *Proc. of the 14th SIGMORPHON Workshop on Computational Research in Phonetics, Phonology, and Morphology*, chapter improving sequence to sequence learning for morphological inflection generation: The BIU-MIT systems for the SIGMORPHON 2016 shared task for morphological reinflection, pages 41–48. Association for Computational Linguistics, 2016. http://aclweb.org/anthology/W16-2007 DOI: 10.18653/v1/W16-2007.

Roee Aharoni and Yoav Goldberg. Towards string-to-tree neural machine translation. *Proc. of ACL*, 2017.

M. A. Aizerman, E. A. Braverman, and L. Rozonoer. Theoretical foundations of the potential function method in pattern recognition learning. In *Automation and Remote Control*, number 25 in Automation and Remote Control, pages 821–837, 1964.

Erin L. Allwein, Robert E. Schapire, and Yoram Singer. Reducing multiclass to binary: A unifying approach for margin classifiers. *Journal of Machine Learning Research*, 1:113–141, 2000.

Rie Ando and Tong Zhang. A high-performance semi-supervised learning method for text chunking. In *Proc. of the 43rd Annual Meeting of the Association for Computational Linguistics (ACL'05)*, pages 1–9, Ann Arbor, Michigan, June 2005a. DOI: 10.3115/1219840.1219841.

Rie Kubota Ando and Tong Zhang. A framework for learning predictive structures from multiple tasks and unlabeled data. *The Journal of Machine Learning Research*, 6:1817–1853, 2005b.

Daniel Andor, Chris Alberti, David Weiss, Aliaksei Severyn, Alessandro Presta, Kuzman Ganchev, Slav Petrov, and Michael Collins. Globally normalized transition-based neural networks. In *Proc. of the 54th Annual Meeting of the Association for Computational Linguistics—(Volume 1: Long Papers)*, pages 2442–2452, 2016. http://aclweb.org/anthology/P16-1231 DOI: 10.18653/v1/P16-1231.

Michael Auli and Jianfeng Gao. Decoder integration and expected BLEU training for recurrent neural network language models. In *Proc. of the 52nd Annual Meeting of the Association for Computational Linguistics—(Volume 2: Short Papers)*, pages 136–142, Baltimore, Maryland, June 2014. DOI: 10.3115/v1/p14-2023.

Michael Auli, Michel Galley, Chris Quirk, and Geoffrey Zweig. Joint language and translation modeling with recurrent neural networks. In *Proc. of the 2013 Conference on Empirical Methods in Natural Language Processing*, pages 1044–1054, Seattle, Washington. Association for Computational Linguistics, October 2013.

Oded Avraham and Yoav Goldberg. The interplay of semantics and morphology in word embeddings. *EACL*, 2017.

Dzmitry Bahdanau, Kyunghyun Cho, and Yoshua Bengio. Neural machine translation by jointly learning to align and translate. *arXiv:1409.0473 [cs, stat]*, September 2014.

Miguel Ballesteros, Chris Dyer, and Noah A. Smith. Improved transition-based parsing by modeling characters instead of words with LSTMs. In *Proc. of the 2015 Conference on Empirical Methods in Natural Language Processing*, pages 349–359, Lisbon, Portugal. Association for Computational Linguistics, September 2015. DOI: 10.18653/v1/d15-1041.

Miguel Ballesteros, Yoav Goldberg, Chris Dyer, and Noah A. Smith. Training with exploration improves a greedy stack-LSTM parser, EMNLP 2016. *arXiv:1603.03793 [cs]*, March 2016. DOI: 10.18653/v1/d16-1211.

Mohit Bansal, Kevin Gimpel, and Karen Livescu. Tailoring continuous word representations for dependency parsing. In *Proc. of the 52nd Annual Meeting of the Association for Computational Linguistics—(Volume 2: Short Papers)*, pages 809–815, Baltimore, Maryland, June 2014. DOI: 10.3115/v1/p14-2131.

Marco Baroni and Alessandro Lenci. Distributional memory: A general framework for corpus-based semantics. *Computational Linguistics*, 36(4):673–721, 2010. DOI: 10.1162/coli_a_00016.

Atilim Gunes Baydin, Barak A. Pearlmutter, Alexey Andreyevich Radul, and Jeffrey Mark Siskind. Automatic differentiation in machine learning: A survey. *arXiv:1502.05767 [cs]*, February 2015.

Emily M. Bender. *Linguistic Fundamentals for Natural Language Processing: 100 Essentials from Morphology and Syntax*. Synthesis Lectures on Human Language Technologies. Morgan & Claypool Publishers, 2013.

Samy Bengio, Oriol Vinyals, Navdeep Jaitly, and Noam Shazeer. Scheduled sampling for sequence prediction with recurrent neural networks. *CoRR*, abs/1506.03099, 2015. http://arxiv.org/abs/1506.03099.

Yoshua Bengio. Practical recommendations for gradient-based training of deep architectures. *arXiv:1206.5533 [cs]*, June 2012. DOI: 10.1007/978-3-642-35289-8_26.

Yoshua Bengio, Réjean Ducharme, Pascal Vincent, and Christian Janvin. A neural probabilistic language model. *Journal of Machine Learning Research*, 3:1137–1155, March 2003. ISSN 1532-4435. DOI: 10.1007/10985687_6.

Yoshua Bengio, Jérôme Louradour, Ronan Collobert, and Jason Weston. Curriculum learning. In *Proc. of the 26th Annual International Conference on Machine Learning*, pages 41–48. ACM, 2009. DOI: 10.1145/1553374.1553380.

Yoshua Bengio, Ian J. Goodfellow, and Aaron Courville. *Deep Learning*. MIT Press, 2016.

James Bergstra, Olivier Breuleux, Frédéric Bastien, Pascal Lamblin, Razvan Pascanu, Guillaume Desjardins, Joseph Turian, David Warde-Farley, and Yoshua Bengio. Theano: a CPU and GPU math expression compiler. In *Proc. of the Python for Scientific Computing Conference (SciPy)*, June 2010.

Jeff A. Bilmes and Katrin Kirchhoff. Factored language models and generalized parallel backoff. In *Companion Volume of the Proc. of HLT-NAACL—Short Papers*, 2003. DOI: 10.3115/1073483.1073485.

Zsolt Bitvai and Trevor Cohn. Non-linear text regression with a deep convolutional neural network. In *Proc. of the 53rd Annual Meeting of the Association for Computational Linguistics and the 7th International Joint Conference on Natural Language Processing—(Volume 2: Short Papers)*, pages 180–185, Beijing, China, July 2015. DOI: 10.3115/v1/p15-2030.

Tolga Bolukbasi, Kai-Wei Chang, James Y. Zou, Venkatesh Saligrama, and Adam Tauman Kalai. Quantifying and reducing stereotypes in word embeddings. *CoRR*, abs/1606.06121, 2016. http://arxiv.org/abs/1606.06121.

Bernhard E. Boser, Isabelle M. Guyon, and Vladimir N. Vapnik. A training algorithm for optimal margin classifiers. In *Proc. of the 5th Annual ACM Workshop on Computational Learning Theory*, pages 144–152. ACM Press, 1992. DOI: 10.1145/130385.130401.

Jan A. Botha and Phil Blunsom. Compositional morphology for word representations and language modelling. In *Proc. of the 31st International Conference on Machine Learning (ICML)*, Beijing, China, June 2014.

Léon Bottou. Stochastic gradient descent tricks. In *Neural Networks: Tricks of the Trade*, pages 421–436. Springer, 2012. DOI: 10.1007/978-3-642-35289-8_25.

R. Samuel Bowman, Gabor Angeli, Christopher Potts, and D. Christopher Manning. A large annotated corpus for learning natural language inference. In *Proc. of the 2015 Conference on Empirical Methods in Natural Language Processing*, pages 632–642. Association for Computational Linguistics, 2015. http://aclweb.org/anthology/D15-1075 DOI: 10.18653/v1/D15-1075.

Peter Brown, Peter deSouza, Robert Mercer, T. Watson, Vincent Della Pietra, and Jenifer Lai. Class-based n-gram models of natural language. *Computational Linguistics*, 18(4), December 1992. http://aclweb.org/anthology/J92-4003.

John A. Bullinaria and Joseph P. Levy. Extracting semantic representations from word co-occurrence statistics: A computational study. *Behavior Research Methods*, 39(3):510–526, 2007. DOI: 10.3758/bf03193020.

A. Caliskan-Islam, J. J. Bryson, and A. Narayanan. Semantics derived automatically from language corpora necessarily contain human biases. *CoRR*, abs/1608.07187, 2016.

Rich Caruana. Multitask learning. *Machine Learning*, 28:41–75, 1997. DOI: 10.1007/978-1-4615-5529-2_5.

Eugene Charniak and Mark Johnson. Coarse-to-fine n-best parsing and MaxEnt discriminative reranking. In *Proc. of the 43rd Annual Meeting of the Association for Computational Linguistics (ACL'05)*, pages 173–180, Ann Arbor, Michigan, June 2005. DOI: 10.3115/1219840.1219862.

Danqi Chen and Christopher Manning. A fast and accurate dependency parser using neural networks. In *Proc. of the 2014 Conference on Empirical Methods in Natural Language Processing (EMNLP)*, pages 740–750, Doha, Qatar. Association for Computational Linguistics, October 2014. DOI: 10.3115/v1/d14-1082.

Stanley F. Chen and Joshua Goodman. An empirical study of smoothing techniques for language modeling. In *34th Annual Meeting of the Association for Computational Linguistics*, 1996. http://aclweb.org/anthology/P96-1041 DOI: 10.1006/csla.1999.0128.

Stanley F. Chen and Joshua Goodman. An empirical study of smoothing techniques for language modeling. *Computer Speech and Language*, 13(4):359–394, 1999. DOI: 10.1006/csla.1999.0128.

Wenlin Chen, David Grangier, and Michael Auli. Strategies for training large vocabulary neural language models. In *Proc. of the 54th Annual Meeting of the Association for Computational Linguistics—(Volume 1: Long Papers)*, pages 1975–1985, 2016. http://aclweb.org/anthology/P16-1186 DOI: 10.18653/v1/P16-1186.

Yubo Chen, Liheng Xu, Kang Liu, Daojian Zeng, and Jun Zhao. Event extraction via dynamic multi-pooling convolutional neural networks. In *Proc. of the 53rd Annual Meeting of the Association for Computational Linguistics and the 7th International Joint Conference on Natural Language Processing—(Volume 1: Long Papers)*, pages 167–176, Beijing, China, July 2015. DOI: 10.3115/v1/p15-1017.

Kyunghyun Cho. Natural language understanding with distributed representation. *arXiv: 1511.07916 [cs, stat]*, November 2015.

Kyunghyun Cho, Bart van Merrienboer, Dzmitry Bahdanau, and Yoshua Bengio. On the properties of neural machine translation: Encoder-decoder approaches. In *Proc. of SSST-8, 8th Workshop on Syntax, Semantics and Structure in Statistical Translation*, pages 103–111, Doha, Qatar. Association for Computational Linguistics, October 2014a. DOI: 10.3115/v1/w14-4012.

Kyunghyun Cho, Bart van Merrienboer, Caglar Gulcehre, Dzmitry Bahdanau, Fethi Bougares, Holger Schwenk, and Yoshua Bengio. Learning phrase representations using RNN encoder-decoder for statistical machine translation. In *Proc. of the 2014 Conference on Empirical Methods in Natural Language Processing (EMNLP)*, pages 1724–1734, Doha, Qatar. Association for Computational Linguistics, October 2014b. DOI: 10.3115/v1/d14-1179.

Do Kook Choe and Eugene Charniak. Parsing as language modeling. In *Proc. of the Conference on Empirical Methods in Natural Language Processing*, pages 2331–2336, Austin, Texas. Association for Computational Linguistics, November 2016. https://aclweb.org/anthology/D16-1257 DOI: 10.18653/v1/d16-1257.

Grzegorz Chrupala. Normalizing tweets with edit scripts and recurrent neural embeddings. In *Proc. of the 52nd Annual Meeting of the Association for Computational Linguistics—(Volume 2: Short Papers)*, pages 680–686, Baltimore, Maryland, June 2014. DOI: 10.3115/v1/p14-2111.

Junyoung Chung, Caglar Gulcehre, KyungHyun Cho, and Yoshua Bengio. Empirical evaluation of gated recurrent neural networks on sequence modeling. *arXiv:1412.3555 [cs]*, December 2014.

Junyoung Chung, Kyunghyun Cho, and Yoshua Bengio. A character-level decoder without explicit segmentation for neural machine translation. In *Proc. of the 54th Annual Meeting of the Association for Computational Linguistics—(Volume 1: Long Papers)*, pages 1693–1703, 2016. http://aclweb.org/anthology/P16-1160 DOI: 10.18653/v1/P16-1160.

Kenneth Ward Church and Patrick Hanks. Word association norms, mutual information, and lexicography. *Computational Linguistics*, 16(1):22–29, 1990. DOI: 10.3115/981623.981633.

Kevin Clark and Christopher D. Manning. Improving coreference resolution by learning entity-level distributed representations. In *Association for Computational Linguistics (ACL)*, 2016. /u/apache/htdocs/static/pubs/clark2016improving.pdf DOI: 10.18653/v1/p16-1061.

Michael Collins. Discriminative training methods for hidden Markov models: Theory and experiments with perceptron algorithms. In *Proc. of the Conference on Empirical Methods in Natural Language Processing*, pages 1–8. Association for Computational Linguistics, July 2002. DOI: 10.3115/1118693.1118694.

Michael Collins and Terry Koo. Discriminative reranking for natural language parsing. *Computational Linguistics*, 31(1):25–70, March 2005. ISSN 0891-2017. DOI: 10.1162/ 0891201053630273.

Ronan Collobert and Jason Weston. A unified architecture for natural language processing: Deep neural networks with multitask learning. In *Proc. of the 25th International Conference on Machine Learning*, pages 160–167. ACM, 2008. DOI: 10.1145/1390156.1390177.

Ronan Collobert, Jason Weston, Léon Bottou, Michael Karlen, Koray Kavukcuoglu, and Pavel Kuksa. Natural language processing (almost) from scratch. *The Journal of Machine Learning Research*, 12:2493–2537, 2011.

Alexis Conneau, Holger Schwenk, Loïc Barrault, and Yann LeCun. Very deep convolutional networks for natural language processing. *CoRR*, abs/1606.01781, 2016. http://arxiv.org/ abs/1606.01781.

Ryan Cotterell and Hinrich Schutze. Morphological word embeddings. *NAACL*, 2015.

Ryan Cotterell, Christo Kirov, John Sylak-Glassman, David Yarowsky, Jason Eisner, and Mans Hulden. *Proc. of the 14th SIGMORPHON Workshop on Computational Research in Phonetics, Phonology, and Morphology*, chapter The SIGMORPHON 2016 Shared Task—Morphological Reinflection, pages 10–22. Association for Computational Linguistics, 2016. http://aclweb .org/anthology/W16-2002 DOI: 10.18653/v1/W16-2002.

Koby Crammer and Yoram Singer. On the algorithmic implementation of multiclass kernel-based vector machines. *The Journal of Machine Learning Research*, 2:265–292, 2002.

Mathias Creutz and Krista Lagus. Unsupervised models for morpheme segmentation and morphology learning. *ACM Transactions of Speech and Language Processing*, 4(1):3:1–3:34, February 2007. ISSN 1550-4875. DOI: 10.1145/1187415.1187418.

James Cross and Liang Huang. Incremental parsing with minimal features using bi-directional LSTM. In *Proc. of the 54th Annual Meeting of the Association for Computational Linguistics— (Volume 2: Short Papers)*, pages 32–37, 2016a. http://aclweb.org/anthology/P16-2006 DOI: 10.18653/v1/P16-2006.

James Cross and Liang Huang. Span-based constituency parsing with a structure-label system and dynamic oracles. In *Proc. of the 2016 Conference on Empirical Methods in Natural Language Processing (EMNLP)*. Association for Computational Linguistics, 2016b. DOI: 10.18653/v1/d16-1001.

G. Cybenko. Approximation by superpositions of a sigmoidal function. *Mathematics of Control, Signals and Systems*, 2(4):303–314, December 1989. ISSN 0932-4194, 1435-568X. DOI: 10.1007/BF02551274.

Ido Dagan and Oren Glickman. Probabilistic textual entailment: Generic applied modeling of language variability. In *PASCAL Workshop on Learning Methods for Text Understanding and Mining*, 2004.

Ido Dagan, Fernando Pereira, and Lillian Lee. Similarity-based estimation of word cooccurrence probabilities. In *ACL*, 1994. DOI: 10.3115/981732.981770.

Ido Dagan, Oren Glickman, and Bernardo Magnini. The PASCAL recognising textual entailment challenge. In *Machine Learning Challenges, Evaluating Predictive Uncertainty, Visual Object Classification and Recognizing Textual Entailment, First PASCAL Machine Learning Challenges Workshop, MLCW*, pages 177–190, Southampton, UK, April 11–13, 2005. (revised selected papers). DOI: 10.1007/11736790_9.

Ido Dagan, Dan Roth, Mark Sammons, and Fabio Massimo Zanzotto. *Recognizing Textual Entailment: Models and Applications*. Synthesis Lectures on Human Language Technologies. Morgan & Claypool Publishers, 2013. DOI: 10.2200/s00509ed1v01y201305hlt023.

G. E. Dahl, T. N. Sainath, and G. E. Hinton. Improving deep neural networks for LVCSR using rectified linear units and dropout. In *2013 IEEE International Conference on Acoustics, Speech and Signal Processing (ICASSP)*, pages 8609–8613, May 2013. DOI: 10.1109/ICASSP.2013.6639346.

Hal Daumé III, John Langford, and Daniel Marcu. Search-based structured prediction. *Machine Learning Journal (MLJ)*, 2009. DOI: 10.1007/s10994-009-5106-x.

Hal Daumé III. *A Course In Machine Learning*. Self Published, 2015.

Yann N. Dauphin, Razvan Pascanu, Caglar Gulcehre, Kyunghyun Cho, Surya Ganguli, and Yoshua Bengio. Identifying and attacking the saddle point problem in high-dimensional non-convex optimization. In Z. Ghahramani, M. Welling, C. Cortes, N. D. Lawrence, and K. Q. Weinberger, Eds., *Advances in Neural Information Processing Systems 27*, pages 2933–2941. Curran Associates, Inc., 2014.

Adrià de Gispert, Gonzalo Iglesias, and Bill Byrne. Fast and accurate preordering for SMT using neural networks. In *Proc. of the 2015 Conference of the North American Chapter of the Association for Computational Linguistics: Human Language Technologies*, pages 1012–1017, Denver, Colorado, 2015. DOI: 10.3115/v1/n15-1105.

Jacob Devlin, Rabih Zbib, Zhongqiang Huang, Thomas Lamar, Richard Schwartz, and John Makhoul. Fast and robust neural network joint models for statistical machine translation. In *Proc. of the 52nd Annual Meeting of the Association for Computational Linguistics—(Volume 1: Long Papers)*, pages 1370–1380, Baltimore, Maryland, June 2014. DOI: 10.3115/v1/p14-1129.

Trinh Do, Thierry Arti, and others. Neural conditional random fields. In *International Conference on Artificial Intelligence and Statistics*, pages 177–184, 2010.

Pedro Domingos. *The Master Algorithm*. Basic Books, 2015.

Li Dong, Furu Wei, Chuanqi Tan, Duyu Tang, Ming Zhou, and Ke Xu. Adaptive recursive neural network for target-dependent twitter sentiment classification. In *Proc. of the 52nd Annual Meeting of the Association for Computational Linguistics—(Volume 2: Short Papers)*, pages 49–54, Baltimore, Maryland, June 2014. DOI: 10.3115/v1/p14-2009.

Li Dong, Furu Wei, Ming Zhou, and Ke Xu. Question answering over freebase with multi-column convolutional neural networks. In *Proc. of the 53rd Annual Meeting of the Association for Computational Linguistics and the 7th International Joint Conference on Natural Language Processing—(Volume 1: Long Papers)*, pages 260–269, Beijing, China, July 2015. DOI: 10.3115/v1/p15-1026.

Cicero dos Santos and Maira Gatti. Deep convolutional neural networks for sentiment analysis of short texts. In *Proc. of COLING, the 25th International Conference on Computational Linguistics: Technical Papers*, pages 69–78, Dublin City University, Dublin, Ireland. Association for Computational Linguistics, August 2014.

Cicero dos Santos and Bianca Zadrozny. Learning character-level representations for part-of-speech tagging. In *Proc. of the 31st International Conference on Machine Learning (ICML)*, pages 1818–1826, 2014.

Cicero dos Santos, Bing Xiang, and Bowen Zhou. Classifying relations by ranking with convolutional neural networks. In *Proc. of the 53rd Annual Meeting of the Association for Computational Linguistics and the 7th International Joint Conference on Natural Language Processing—(Volume 1: Long Papers)*, pages 626–634, Beijing, China, July 2015. DOI: 10.3115/v1/p15-1061.

John Duchi, Elad Hazan, and Yoram Singer. Adaptive subgradient methods for online learning and stochastic optimization. *The Journal of Machine Learning Research*, 12:2121–2159, 2011.

Kevin Duh, Graham Neubig, Katsuhito Sudoh, and Hajime Tsukada. Adaptation data selection using neural language models: experiments in machine translation. In *Proc. of the 51st Annual Meeting of the Association for Computational Linguistics—(Volume 2: Short Papers)*, pages 678–683, Sofia, Bulgaria, August 2013.

Greg Durrett and Dan Klein. Neural CRF parsing. In *Proc. of the 53rd Annual Meeting of the Association for Computational Linguistics and the 7th International Joint Conference on Natural Language Processing—(Volume 1: Long Papers)*, pages 302–312, Beijing, China, July 2015. DOI: 10.3115/v1/p15-1030.

Chris Dyer, Victor Chahuneau, and A. Noah Smith. A simple, fast, and effective reparameterization of IBM model 2. In *Proc. of the 2013 Conference of the North American Chapter of the Association for Computational Linguistics: Human Language Technologies*, pages 644–648, 2013. http://aclweb.org/anthology/N13-1073.

Chris Dyer, Miguel Ballesteros, Wang Ling, Austin Matthews, and Noah A. Smith. Transition-based dependency parsing with stack long short-term memory. In *Proc. of the 53rd Annual Meeting of the Association for Computational Linguistics and the 7th International Joint Conference on Natural Language Processing—(Volume 1: Long Papers)*, pages 334–343, Beijing, China, July 2015. DOI: 10.3115/v1/p15-1033.

C. Eckart and G. Young. The approximation of one matrix by another of lower rank. *Psychometrika*, 1:211–218, 1936. DOI: 10.1007/bf02288367.

Jason Eisner and Giorgio Satta. Efficient parsing for bilexical context-free grammars and head automaton grammars. In *Proc. of the 37th Annual Meeting of the Association for Computational Linguistics*, 1999. http://aclweb.org/anthology/P99-1059 DOI: 10.3115/1034678.1034748.

Jeffrey L. Elman. Finding structure in time. *Cognitive Science*, 14(2):179–211, March 1990. ISSN 1551-6709. DOI: 10.1207/s15516709cog1402_1.

Martin B. H. Everaert, Marinus A. C. Huybregts, Noam Chomsky, Robert C. Berwick, and Johan J. Bolhuis. Structures, not strings: Linguistics as part of the cognitive sciences. *Trends in Cognitive Sciences*, 19(12):729–743, 2015. DOI: 10.1016/j.tics.2015.09.008.

Manaal Faruqui and Chris Dyer. Improving vector space word representations using multilingual correlation. In *Proc. of the 14th Conference of the European Chapter of the Association for Computational Linguistics*, pages 462–471, Gothenburg, Sweden, April 2014. DOI: 10.3115/v1/e14-1049.

Manaal Faruqui, Jesse Dodge, Kumar Sujay Jauhar, Chris Dyer, Eduard Hovy, and A. Noah Smith. Retrofitting word vectors to semantic lexicons. In *Proc. of the 2015 Conference of the North American Chapter of the Association for Computational Linguistics: Human Language Technologies*, pages 1606–1615, 2015. http://aclweb.org/anthology/N15-1184 DOI: 10.3115/v1/N15-1184.

Manaal Faruqui, Yulia Tsvetkov, Graham Neubig, and Chris Dyer. Morphological inflection generation using character sequence to sequence learning. In *Proc. of the 2016 Conference of the North American Chapter of the Association for Computational Linguistics: Human Language Technologies*, pages 634–643, 2016. http://aclweb.org/anthology/N16-1077 DOI: 10.18653/v1/N16-1077.

Christiane Fellbaum. *WordNet: An Electronic Lexical Database*. Bradford Books, 1998.

Jessica Ficler and Yoav Goldberg. A neural network for coordination boundary prediction. In *Proc. of the 2016 Conference on Empirical Methods in Natural Language Processing*, pages 23–32, Austin, Texas. Association for Computational Linguistics, November 2016. https://aclweb .org/anthology/D16-1003 DOI: 10.18653/v1/d16-1003.

Katja Filippova and Yasemin Altun. Overcoming the lack of parallel data in sentence compression. In *Proc. of the 2013 Conference on Empirical Methods in Natural Language Processing*, pages 1481–1491. Association for Computational Linguistics, 2013. http://aclweb.org/ant hology/D13-1155.

Katja Filippova, Enrique Alfonseca, Carlos A. Colmenares, Lukasz Kaiser, and Oriol Vinyals. Sentence compression by deletion with LSTMs. In *Proc. of the 2015 Conference on Empirical Methods in Natural Language Processing*, pages 360–368, Lisbon, Portugal. Association for Computational Linguistics, September 2015. DOI: 10.18653/v1/d15-1042.

Charles J. Fillmore, Josef Ruppenhofer, and Collin F. Baker. FrameNet and representing the link between semantic and syntactic relations. *Language and Linguistics Monographs Series B*, pages 19–62, Institute of Linguistics, Academia Sinica, Taipei, 2004.

John R. Firth. A synopsis of linguistic theory 1930–1955. In *Studies in Linguistic Analysis*, Special volume of the Philological Society, pages 1–32. Firth, John Rupert, Haas William, Halliday, Michael A. K., Oxford, Blackwell Ed., 1957.

John R. Firth. The technique of semantics. *Transactions of the Philological Society*, 34(1):36–73, 1935. ISSN 1467-968X. DOI: 10.1111/j.1467-968X.1935.tb01254.x.

Mikel L. Forcada and Ramón P. Ñeco. Recursive hetero-associative memories for translation. In *Biological and Artificial Computation: From Neuroscience to Technology*, pages 453–462. Springer, 1997. DOI: 10.1007/bfb0032504.

Philip Gage. A new algorithm for data compression. *C Users Journal*, 12(2):23–38, February 1994. ISSN 0898-9788. http://dl.acm.org/citation.cfm?id=177910.177914.

Yarin Gal. A theoretically grounded application of dropout in recurrent neural networks. *CoRR*, abs/1512.05287, December 2015.

Kuzman Ganchev and Mark Dredze. *Proc. of the ACL-08: HLT Workshop on Mobile Language Processing*, chapter Small Statistical Models by Random Feature Mixing, pages 19–20. Association for Computational Linguistics, 2008. http://aclweb.org/anthology/W08-0804.

Juri Ganitkevitch, Benjamin Van Durme, and Chris Callison-Burch. PPDB: The paraphrase database. In *Proc. of the 2013 Conference of the North American Chapter of the Association for Computational Linguistics: Human Language Technologies*, pages 758–764, 2013. http://aclw eb.org/anthology/N13-1092.

Jianfeng Gao, Patrick Pantel, Michael Gamon, Xiaodong He, and Li Deng. Modeling interest-ingness with deep neural networks. In *Proc. of the Conference on Empirical Methods in Natural Language Processing (EMNLP)*, pages 2–13, Doha, Qatar. Association for Computational Linguistics, October 2014. DOI: 10.3115/v1/d14-1002.

Dan Gillick, Cliff Brunk, Oriol Vinyals, and Amarnag Subramanya. Multilingual language processing from bytes. In *Proc. of the Conference of the North American Chapter of the Association for Computational Linguistics: Human Language Technologies*, pages 1296–1306, 2016. http://aclweb.org/anthology/N16-1155 DOI: 10.18653/v1/N16-1155.

Jesús Giménez and Lluis Màrquez. SVMTool: A general POS tagger generator based on support vector machines. In *Proc. of the 4th LREC*, Lisbon, Portugal, 2004.

Xavier Glorot and Yoshua Bengio. Understanding the difficulty of training deep feedforward neural networks. In *International Conference on Artificial Intelligence and Statistics*, pages 249–256, 2010.

Xavier Glorot, Antoine Bordes, and Yoshua Bengio. Deep sparse rectifier neural networks. In *International Conference on Artificial Intelligence and Statistics*, pages 315–323, 2011.

Yoav Goldberg. A primer on neural network models for natural language processing. *Journal of Artificial Intelligence Research*, 57:345–420, 2016.

Yoav Goldberg and Michael Elhadad. An efficient algorithm for easy-first non-directional dependency parsing. In *Human Language Technologies: The Annual Conference of the North American Chapter of the Association for Computational Linguistics*, pages 742–750, Los Angeles, California, June 2010.

Yoav Goldberg and Joakim Nivre. Training deterministic parsers with non-deterministic oracles. *Transactions of the Association for Computational Linguistics*, 1(0):403–414, October 2013. ISSN 2307-387X.

Yoav Goldberg, Kai Zhao, and Liang Huang. Efficient implementation of beam-search incremental parsers. In *Proc. of the 51st Annual Meeting of the Association for Computational Linguistics—(Volume 2: Short Papers)*, pages 628–633, Sofia, Bulgaria, August 2013.

Christoph Goller and Andreas Küchler. Learning task-dependent distributed representations by backpropagation through structure. In *In Proc. of the ICNN-96*, pages 347–352. IEEE, 1996.

Hila Gonen and Yoav Goldberg. Semi supervised preposition-sense disambiguation using multilingual data. In *Proc. of COLING, the 26th International Conference on Computational Linguistics: Technical Papers*, pages 2718–2729, Osaka, Japan, December 2016. The COLING 2016 Organizing Committee. http://aclweb.org/anthology/C16-1256.

Joshua Goodman. A bit of progress in language modeling. *CoRR*, cs.CL/0108005, 2001. http://arxiv.org/abs/cs.CL/0108005 DOI: 10.1006/csla.2001.0174.

Stephan Gouws, Yoshua Bengio, and Greg Corrado. BilBOWA: Fast bilingual distributed representations without word alignments. In *Proc. of the 32nd International Conference on Machine Learning*, pages 748–756, 2015.

A. Graves. *Supervised Sequence Labelling with Recurrent Neural Networks*. Ph.D. thesis, Technische Universität München, 2008. DOI: 10.1007/978-3-642-24797-2.

Alex Graves, Greg Wayne, and Ivo Danihelka. Neural turing machines. *CoRR*, abs/1410.5401, 2014. http://arxiv.org/abs/1410.5401.

Edward Grefenstette, Karl Moritz Hermann, Mustafa Suleyman, and Phil Blunsom. Learning to transduce with unbounded memory. In C. Cortes, N. D. Lawrence, D. D. Lee, M. Sugiyama, and R. Garnett, Eds., *Advances in Neural Information Processing Systems 28*, pages 1828–1836. Curran Associates, Inc., 2015. http://papers.nips.cc/paper/5648-learning-to-transduce-with-unbounded-memory.pdf.

Klaus Greff, Rupesh Kumar Srivastava, Jan Koutník, Bas R. Steunebrink, and Jürgen Schmidhuber. LSTM: A search space odyssey. *arXiv:1503.04069 [cs]*, March 2015. DOI:10.1109/tnnls.2016.2582924.

Michael Gutmann and Aapo Hyvärinen. Noise-contrastive estimation: A new estimation principle for unnormalized statistical models. In *International Conference on Artificial Intelligence and Statistics*, pages 297–304, 2010.

Zellig Harris. Distributional structure. *Word*, 10(23):146–162, 1954. DOI: 10.1080/00437956.1954.11659520.

Kazuma Hashimoto, Makoto Miwa, Yoshimasa Tsuruoka, and Takashi Chikayama. Simple customization of recursive neural networks for semantic relation classification. In *Proc. of the Conference on Empirical Methods in Natural Language Processing*, pages 1372–1376, Seattle, Washington. Association for Computational Linguistics, October 2013.

Kaiming He, Xiangyu Zhang, Shaoqing Ren, and Jian Sun. Delving deep into rectifiers: Surpassing human-level performance on ImageNet classification. *arXiv:1502.01852 [cs]*, February 2015. DOI: 10.1109/iccv.2015.123.

Kaiming He, Xiangyu Zhang, Shaoqing Ren, and Jian Sun. Deep residual learning for image recognition. In *The IEEE Conference on Computer Vision and Pattern Recognition (CVPR)*, June 2016. DOI: 10.1109/cvpr.2016.90.

Matthew Henderson, Blaise Thomson, and Steve Young. Deep neural network approach for the dialog state tracking challenge. In *Proc. of the SIGDIAL Conference*, pages 467–471, Metz, France. Association for Computational Linguistics, August 2013.

Karl Moritz Hermann and Phil Blunsom. The role of syntax in vector space models of compositional semantics. In *Proc. of the 51st Annual Meeting of the Association for Computational Linguistics—(Volume 1: Long Papers)*, pages 894–904, Sofia, Bulgaria, August 2013.

Karl Moritz Hermann and Phil Blunsom. Multilingual models for compositional distributed semantics. In *Proc. of the 52nd Annual Meeting of the Association for Computational Linguistics—(Volume 1: Long Papers)*, pages 58–68, Baltimore, Maryland, June 2014. DOI: 10.3115/v1/p14-1006.

Salah El Hihi and Yoshua Bengio. Hierarchical recurrent neural networks for long-term dependencies. In D. S. Touretzky, M. C. Mozer, and M. E. Hasselmo, Eds., *Advances in Neural Information Processing Systems 8*, pages 493–499. MIT Press, 1996.

Felix Hill, Kyunghyun Cho, Sebastien Jean, Coline Devin, and Yoshua Bengio. Embedding word similarity with neural machine translation. *arXiv:1412.6448 [cs]*, December 2014.

Geoffrey E. Hinton, J. L. McClelland, and D. E. Rumelhart. Distributed representations. In D. E. Rumelhart, J. L. McClelland, et al., Eds., *Parallel Distributed Processing: Volume 1: Foundations*, pages 77–109. MIT Press, Cambridge, 1987.

Geoffrey E. Hinton, Nitish Srivastava, Alex Krizhevsky, Ilya Sutskever, and Ruslan R. Salakhutdinov. Improving neural networks by preventing co-adaptation of feature detectors. *arXiv:1207.0580 [cs]*, July 2012.

Sepp Hochreiter and Jürgen Schmidhuber. Long short-term memory. *Neural Computation*, 9(8): 1735–1780, 1997. DOI: 10.1162/neco.1997.9.8.1735.

Julia Hockenmaier. *Data and Models for Statistical Parsing with Combinatory Categorial Grammar*. Ph.D. thesis, University of Edinburgh, 2003. DOI: 10.3115/1073083.1073139.

Kurt Hornik, Maxwell Stinchcombe, and Halbert White. Multilayer feedforward networks are universal approximators. *Neural Networks*, 2(5):359–366, 1989. ISSN 0893-6080. DOI: 10.1016/0893-6080(89)90020-8.

Dirk Hovy, Stephen Tratz, and Eduard Hovy. What's in a preposition? dimensions of sense disambiguation for an interesting word class. In *Coling Posters*, pages 454–462, Beijing, China, August 2010. Coling 2010 Organizing Committee. http://www.aclweb.org/anthology/C 10-2052.

(Kenneth) Ting-Hao Huang, Francis Ferraro, Nasrin Mostafazadeh, Ishan Misra, Aishwarya Agrawal, Jacob Devlin, Ross Girshick, Xiaodong He, Pushmeet Kohli, Dhruv Batra, Lawrence C. Zitnick, Devi Parikh, Lucy Vanderwende, Michel Galley, and Margaret Mitchell. Visual storytelling. In *Proc. of the 2016 Conference of the North American Chapter of the Association for Computational Linguistics: Human Language Technologies*, pages 1233–1239, 2016. http://aclweb.org/anthology/N16-1147 DOI: 10.18653/v1/N16-1147.

Liang Huang, Suphan Fayong, and Yang Guo. Structured perceptron with inexact search. In *Proc. of the Conference of the North American Chapter of the Association for Computational Linguistics: Human Language Technologies*, pages 142–151, 2012. http://aclweb.org/anthology/N12-1015

Sergey Ioffe and Christian Szegedy. Batch normalization: Accelerating deep network training by reducing internal covariate shift. *arXiv:1502.03167 [cs]*, February 2015.

Ozan Irsoy and Claire Cardie. Opinion mining with deep recurrent neural networks. In *Proc. of the 2014 Conference on Empirical Methods in Natural Language Processing (EMNLP)*, pages 720–728, Doha, Qatar. Association for Computational Linguistics, October 2014. DOI: 10.3115/v1/d14-1080.

Mohit Iyyer, Jordan Boyd-Graber, Leonardo Claudino, Richard Socher, and Hal Daumé III. A neural network for factoid question answering over paragraphs. In *Proc. of the Conference on Empirical Methods in Natural Language Processing (EMNLP)*, pages 633–644, Doha, Qatar. Association for Computational Linguistics, October 2014a. DOI: 10.3115/v1/d14-1070.

Mohit Iyyer, Peter Enns, Jordan Boyd-Graber, and Philip Resnik. Political ideology detection using recursive neural networks. In *Proc. of the 52nd Annual Meeting of the Association for Computational Linguistics—(Volume 1: Long Papers)*, pages 1113–1122, Baltimore, Maryland, June 2014b. DOI: 10.3115/v1/p14-1105.

Mohit Iyyer, Varun Manjunatha, Jordan Boyd-Graber, and Hal Daumé III. Deep unordered composition rivals syntactic methods for text classification. In *Proc. of the 53rd Annual Meeting of the Association for Computational Linguistics and the 7th International Joint Conference on Natural Language Processing—(Volume 1: Long Papers)*, pages 1681–1691, Beijing, China, July 2015. DOI: 10.3115/v1/p15-1162.

Sébastien Jean, Kyunghyun Cho, Roland Memisevic, and Yoshua Bengio. On using very large target vocabulary for neural machine translation. In *Proc. of the 53rd Annual Meeting of the Association for Computational Linguistics and the 7th International Joint Conference on Natural Language Processing—(Volume 1: Long Papers)*, pages 1–10, 2015. http://aclweb.org/anthology/P15-1001 DOI: 10.3115/v1/P15-1001.

Frederick Jelinek and Robert Mercer. Interpolated estimation of Markov source parameters from sparse data. In *Workshop on Pattern Recognition in Practice*, 1980.

Rie Johnson and Tong Zhang. Effective use of word order for text categorization with convolutional neural networks. In *Proc. of the 2015 Conference of the North American Chapter of the Association for Computational Linguistics: Human Language Technologies*, pages 103–112, Denver, Colorado, 2015. DOI: 10.3115/v1/n15-1011.

Aravind K. Joshi and Bangalore Srinivas. Disambiguation of super parts of speech (or supertags): Allnost parsing. In *COLING Volume 1: The 15th International Conference on Computational Linguistics*, 1994. http://aclweb.org/anthology/C94-1024 DOI: 10.3115/991886.991912.

Armand Joulin, Edouard Grave, Piotr Bojanowski, and Tomas Mikolov. Bag of tricks for efficient text classification. *CoRR*, abs/1607.01759, 2016. http://arxiv.org/abs/1607.01759.

Rafal Jozefowicz, Wojciech Zaremba, and Ilya Sutskever. An empirical exploration of recurrent network architectures. In *Proc. of the 32nd International Conference on Machine Learning (ICML-15)*, pages 2342–2350, 2015.

Rafal Jozefowicz, Oriol Vinyals, Mike Schuster, Noam Shazeer, and Yonghui Wu. Exploring the limits of language modeling. *arXiv:1602.02410 [cs]*, February 2016.

Daniel Jurafsky and James H. Martin. *Speech and Language Processing*, 2nd ed. Prentice Hall, 2008.

Nal Kalchbrenner, Edward Grefenstette, and Phil Blunsom. A convolutional neural network for modelling sentences. In *Proc. of the 52nd Annual Meeting of the Association for Computational Linguistics—(Volume 1: Long Papers)*, pages 655–665, Baltimore, Maryland, June 2014. DOI: 10.3115/v1/p14-1062.

Nal Kalchbrenner, Lasse Espeholt, Karen Simonyan, Aäron van den Oord, Alex Graves, and Koray Kavukcuoglu. Neural machine translation in linear time. *CoRR*, abs/1610.10099, 2016. http://arxiv.org/abs/1610.10099.

Katharina Kann and Hinrich Schütze. *Proc. of the 14th SIGMORPHON Workshop on Computational Research in Phonetics, Phonology, and Morphology*, chapter MED: The LMU System for the SIGMORPHON 2016 Shared Task on Morphological Reinflection, pages 62–70. Association for Computational Linguistics, 2016. http://aclweb.org/anthology/W16-2010 DOI: 10.18653/v1/W16-2010.

Anjuli Kannan, Karol Kurach, Sujith Ravi, Tobias Kaufmann, Andrew Tomkins, Balint Miklos, Greg Corrado, Laszlo Lukacs, Marina Ganea, Peter Young, and Vivek Ramavajjala. Smart reply: Automated response suggestion for email. In *Proc. of the ACM SIGKDD Conference on Knowledge Discovery and Data Mining (KDD)*, 2016. https://arxiv.org/pdf/1606.04870.pdf DOI: 10.1145/2939672.2939801.

Andrej Karpathy and Fei-Fei Li. Deep visual-semantic alignments for generating image descriptions. In *IEEE Conference on Computer Vision and Pattern Recognition, CVPR*, pages 3128–3137, Boston, MA, June 7–12, 2015. DOI: 10.1109/cvpr.2015.7298932.

Andrej Karpathy, Justin Johnson, and Fei-Fei Li. Visualizing and understanding recurrent networks. *arXiv:1506.02078 [cs]*, June 2015.

Douwe Kiela and Stephen Clark. A systematic study of semantic vector space model parameters. In *Workshop on Continuous Vector Space Models and their Compositionality*, 2014. DOI: 10.3115/v1/w14-1503.

Yoon Kim. Convolutional neural networks for sentence classification. In *Proc. of the Conference on Empirical Methods in Natural Language Processing (EMNLP)*, pages 1746–1751, Doha, Qatar. Association for Computational Linguistics, October 2014. DOI: 10.3115/v1/d14-1181.

Yoon Kim, Yacine Jernite, David Sontag, and Alexander M. Rush. Character-aware neural language models. *arXiv:1508.06615 [cs, stat]*, August 2015.

Diederik Kingma and Jimmy Ba. ADAM: A method for stochastic optimization. *arXiv:1412.6980[cs]*, December 2014.

Eliyahu Kiperwasser and Yoav Goldberg. Easy-first dependency parsing with hierarchical tree LSTMs. *Transactions of the Association of Computational Linguistics—(Volume 4, Issue 1)*, pages 445–461, 2016a. http://aclweb.org/anthology/Q16-1032.

Eliyahu Kiperwasser and Yoav Goldberg. Simple and accurate dependency parsing using bidirectional LSTM feature representations. *Transactions of the Association of Computational Linguistics—(Volume 4, Issue 1)*, pages 313–327, 2016b. http://aclweb.org/anthology/Q16-1023.

Karin Kipper, Hoa T. Dang, and Martha Palmer. Class-based construction of a verb lexicon. In *AAAI/IAAI*, pages 691–696, 2000.

Ryan Kiros, Yukun Zhu, Ruslan R Salakhutdinov, Richard Zemel, Raquel Urtasun, Antonio Torralba, and Sanja Fidler. Skip-thought vectors. In C. Cortes, N. D. Lawrence, D. D. Lee, M. Sugiyama, and R. Garnett, Eds., *Advances in Neural Information Processing Systems 28*, pages 3294–3302. Curran Associates, Inc., 2015. http://papers.nips.cc/paper/5950-skip-thought-vectors.pdf.

Sigrid Klerke, Yoav Goldberg, and Anders Søgaard. Improving sentence compression by learning to predict gaze. In *Proc. of the Conference of the North American Chapter of the Association for Computational Linguistics: Human Language Technologies*, pages 1528–1533, 2016. http://aclweb.org/anthology/N16-1179 DOI: 10.18653/v1/N16-1179.

Reinhard Kneser and Hermann Ney. Improved backing-off for m-gram language modeling. In *Acoustics, Speech, and Signal Processing, ICASSP-95, International Conference on*, volume 1, pages 181–184, May 1995. DOI: 10.1109/ICASSP.1995.479394.

Philipp Koehn. Europarl: A parallel corpus for statistical machine translation. In *Proc. of MT Summit*, volume 5, pages 79–86, 2005.

Philipp Koehn. *Statistical Machine Translation*. Cambridge University Press, 2010. DOI: 10.1017/cbo9780511815829.

Terry Koo and Michael Collins. Efficient third-order dependency parsers. In *Proc. of the 48th Annual Meeting of the Association for Computational Linguistics*, pages 1–11, 2010. http://ac lweb.org/anthology/P10-1001.

Moshe Koppel, Jonathan Schler, and Shlomo Argamon. Computational methods in authorship attribution. *Journal of the American Society for information Science and Technology*, 60(1):9–26, 2009. DOI: 10.1002/asi.20961.

Alex Krizhevsky, Ilya Sutskever, and Geoffrey E. Hinton. ImageNet classification with deep convolutional neural networks. In F. Pereira, C. J. C. Burges, L. Bottou, and K. Q. Weinberger, Eds., *Advances in Neural Information Processing Systems 25*, pages 1097–1105. Curran Associates, Inc., 2012. DOI: 10.1007/978-3-319-46654-5_20.

R. A. Kronmal and A. V. Peterson, Jr. On the alias method for generating random variables from a discrete distribution. *The American Statistician*, 33:214–218, 1979. DOI: 10.2307/2683739.

Sandra Kübler, Ryan McDonald, and Joakim Nivre. *Dependency Parsing*. Synthesis Lectures on Human Language Technologies. Morgan & Claypool Publishers, 2008. DOI: 10.2200/s00169ed1v01y200901hlt002.

Taku Kudo and Yuji Matsumoto. Fast methods for Kernel-based text analysis. In *Proc. of the 41st Annual Meeting on Association for Computational Linguistics—(Volume 1)*, pages 24–31, Stroudsburg, PA, 2003. DOI: 10.3115/1075096.1075100.

John Lafferty, Andrew McCallum, and Fernando CN Pereira. Conditional random fields: Probabilistic models for segmenting and labeling sequence data. In *Proc. of ICML*, 2001.

Guillaume Lample, Miguel Ballesteros, Sandeep Subramanian, Kazuya Kawakami, and Chris Dyer. Neural architectures for named entity recognition. In *Proc. of the Conference of the North American Chapter of the Association for Computational Linguistics: Human Language Technologies*, pages 260–270, 2016. http://aclweb.org/anthology/N16-1030 DOI: 10.18653/v1/N16-1030.

Phong Le and Willem Zuidema. The inside-outside recursive neural network model for dependency parsing. In *Proc. of the Conference on Empirical Methods in Natural Language Processing (EMNLP)*, pages 729–739, Doha, Qatar. Association for Computational Linguistics, October 2014. DOI: 10.3115/v1/d14-1081.

Phong Le and Willem Zuidema. The forest convolutional network: Compositional distributional semantics with a neural chart and without binarization. In *Proc. of the Conference on Empirical Methods in Natural Language Processing*, pages 1155–1164, Lisbon, Portugal. Association for Computational Linguistics, September 2015. DOI: 10.18653/v1/d15-1137.

Quoc V. Le, Navdeep Jaitly, and Geoffrey E. Hinton. A simple way to initialize recurrent networks of rectified linear units. *arXiv:1504.00941 [cs]*, April 2015.

Yann LeCun and Yoshua Bengio. Convolutional networks for images, speech, and time-series. In M. A. Arbib, Ed., *The Handbook of Brain Theory and Neural Networks*. MIT Press, 1995.

Yann LeCun, Leon Bottou, G. Orr, and K. Muller. Efficient BackProp. In G. Orr and Muller K, Eds., *Neural Networks: Tricks of the Trade*. Springer, 1998a. DOI: 10.1007/3-540-49430-8_2.

Yann LeCun, Leon Bottou, Yoshua Bengio, and Patrick Haffner. Gradient based learning applied to pattern recognition. *Proc. of the IEEE*, 86(11):2278–2324, November 1998b.

Yann LeCun and F. Huang. Loss functions for discriminative training of energy-based models. In *Proc. of AISTATS*, 2005.

Yann LeCun, Sumit Chopra, Raia Hadsell, M. Ranzato, and F. Huang. A tutorial on energy-based learning. *Predicting Structured Data*, 1:0, 2006.

Geunbae Lee, Margot Flowers, and Michael G. Dyer. Learning distributed representations of conceptual knowledge and their application to script-based story processing. In *Connectionist Natural Language Processing*, pages 215–247. Springer, 1992. DOI: 10.1007/978-94-011-2624-3_11.

Moshe Leshno, Vladimir Ya. Lin, Allan Pinkus, and Shimon Schocken. Multilayer feedforward networks with a nonpolynomial activation function can approximate any function. *Neural Networks*, 6(6):861–867, 1993. ISSN 0893-6080. http://www.sciencedirect.com/science/article/pii/S0893608005801315 DOI: 10.1016/S0893-6080(05)80131-5.

Omer Levy and Yoav Goldberg. Dependency-based word embeddings. In *Proc. of the 52nd Annual Meeting of the Association for Computational Linguistics—(Volume 2: Short Papers)*, pages 302–308, Baltimore, Maryland, June 2014. DOI: 10.3115/v1/p14-2050.

Omer Levy and Yoav Goldberg. Linguistic regularities in sparse and explicit word representations. In *Proc. of the 18th Conference on Computational Natural Language Learning*, pages 171–180.

Association for Computational Linguistics, 2014. http://aclweb.org/anthology/W14-1618 DOI: 10.3115/v1/W14-1618.

Omer Levy and Yoav Goldberg. Neural word embedding as implicit matrix factorization. In Z. Ghahramani, M. Welling, C. Cortes, N. D. Lawrence, and K. Q. Weinberger, Eds., *Advances in Neural Information Processing Systems 27*, pages 2177–2185. Curran Associates, Inc., 2014.

Omer Levy, Yoav Goldberg, and Ido Dagan. Improving distributional similarity with lessons learned from word embeddings. *Transactions of the Association for Computational Linguistics*, 3 (0):211–225, May 2015. ISSN 2307-387X.

Omer Levy, Anders Søgaard, and Yoav Goldberg. A strong baseline for learning cross-lingual word embeddings from sentence alignments. In *Proc. of the 15th Conference of the European Chapter of the Association for Computational Linguistics*, 2017.

Mike Lewis and Mark Steedman. Improved CCG parsing with semi-supervised supertagging. *Transactions of the Association for Computational Linguistics*, 2(0):327–338, October 2014. ISSN 2307-387X.

Mike Lewis, Kenton Lee, and Luke Zettlemoyer. LSTM CCG parsing. In *Proc. of the Conference of the North American Chapter of the Association for Computational Linguistics: Human Language Technologies*, pages 221–231, 2016. http://aclweb.org/anthology/N16-1026 DOI: 10.18653/v1/N16-1026.

Jiwei Li, Rumeng Li, and Eduard Hovy. Recursive deep models for discourse parsing. In *Proc. of the Conference on Empirical Methods in Natural Language Processing (EMNLP)*, pages 2061–2069, Doha, Qatar. Association for Computational Linguistics, October 2014. DOI: 10.3115/v1/d14-1220.

Jiwei Li, Thang Luong, Dan Jurafsky, and Eduard Hovy. When are tree structures necessary for deep learning of representations? In *Proc. of the Conference on Empirical Methods in Natural Language Processing*, pages 2304–2314. Association for Computational Linguistics, 2015. http://aclweb.org/anthology/D15-1278 DOI: 10.18653/v1/D15-1278.

Jiwei Li, Michel Galley, Chris Brockett, Georgios Spithourakis, Jianfeng Gao, and Bill Dolan. A persona-based neural conversation model. In *Proc. of the 54th Annual Meeting of the Association for Computational Linguistics—(Volume 1: Long Papers)*, pages 994–1003, 2016. http://aclweb.org/anthology/P16-1094 DOI: 10.18653/v1/P16-1094.

G. J. Lidstone. Note on the general case of the Bayes-Laplace formula for inductive or a posteriori probabilities. *Transactions of the Faculty of Actuaries*, 8:182–192, 1920.

Wang Ling, Chris Dyer, Alan W. Black, and Isabel Trancoso. Two/too simple adaptations of Word2Vec for syntax problems. In *Proc. of the Conference of the North American Chapter of the Association for Computational Linguistics: Human Language Technologies*, pages 1299–1304, Denver, Colorado, 2015a. DOI: 10.3115/v1/n15-1142.

Wang Ling, Chris Dyer, Alan W. Black, Isabel Trancoso, Ramon Fermandez, Silvio Amir, Luis Marujo, and Tiago Luis. Finding function in form: Compositional character models for open vocabulary word representation. In *Proc. of the Conference on Empirical Methods in Natural Language Processing*, pages 1520–1530, Lisbon, Portugal. Association for Computational Linguistics, September 2015b. DOI: 10.18653/v1/d15-1176.

Tal Linzen, Emmanuel Dupoux, and Yoav Goldberg. Assessing the ability of LSTMs to learn syntax-sensitive dependencies. *Transactions of the Association for Computational Linguistics*, 4: 521–535, 2016. ISSN 2307-387X. https://www.transacl.org/ojs/index.php/tacl/article/view/972

Ken Litkowski and Orin Hargraves. The preposition project. In *Proc. of the 2nd ACL-SIGSEM Workshop on the Linguistic Dimensions of Prepositions and Their Use in Computational Linguistics Formalisms and Applications*, pages 171–179, 2005.

Ken Litkowski and Orin Hargraves. SemEval-2007 task 06: Word-sense disambiguation of prepositions. In *Proc. of the 4th International Workshop on Semantic Evaluations*, pages 24–29, 2007. DOI: 10.3115/1621474.1621479.

Yang Liu, Furu Wei, Sujian Li, Heng Ji, Ming Zhou, and Houfeng Wang. A dependency-based neural network for relation classification. In *Proc. of the 53rd Annual Meeting of the Association for Computational Linguistics and the 7th International Joint Conference on Natural Language Processing—(Volume 2: Short Papers)*, pages 285–290, Beijing, China, July 2015. DOI: 10.3115/v1/p15-2047.

Minh-Thang Luong, Hieu Pham, and Christopher D. Manning. Effective approaches to attention-based neural machine translation. *arXiv:1508.04025 [cs]*, August 2015.

Minh-Thang Luong, Quoc V. Le, Ilya Sutskever, Oriol Vinyals, and Lukasz Kaiser. Multi-task sequence to sequence learning. In *Proc. of ICLR*, 2016.

Ji Ma, Yue Zhang, and Jingbo Zhu. Tagging the web: Building a robust web tagger with neural network. In *Proc. of the 52nd Annual Meeting of the Association for Computational Linguistics—(Volume 1: Long Papers)*, pages 144–154, Baltimore, Maryland, June 2014. DOI: 10.3115/v1/p14-1014.

Mingbo Ma, Liang Huang, Bowen Zhou, and Bing Xiang. Dependency-based convolutional neural networks for sentence embedding. In *Proc. of the 53rd Annual Meeting of the Associ-*

ation for Computational Linguistics and the 7th International Joint Conference on Natural Language Processing—(Volume 2: Short Papers), pages 174–179, Beijing, China, July 2015. DOI: 10.3115/v1/p15-2029.

Xuezhe Ma and Eduard Hovy. End-to-end sequence labeling via bi-directional LSTM-CNNs-CRF. In *Proc. of the 54th Annual Meeting of the Association for Computational Linguistics—(Volume 1: Long Papers)*, pages 1064–1074, Berlin, Germany, August 2016. http://www.aclweb.org/anthology/P16-1101 DOI: 10.18653/v1/p16-1101.

Christopher Manning and Hinrich Schütze. *Foundations of Statistical Natural Language Processing*. MIT Press, 1999.

Christopher Manning, Prabhakar Raghavan, and Hinrich Schütze. *Introduction to Information Retrieval*. Cambridge University Press, 2008. DOI: 10.1017/cbo9780511809071.

Junhua Mao, Wei Xu, Yi Yang, Jiang Wang, and Alan L. Yuille. Explain images with multimodal recurrent neural networks. *CoRR*, abs/1410.1090, 2014. http://arxiv.org/abs/1410.1090

Ryan McDonald, Koby Crammer, and Fernando Pereira. Online large-margin training of dependency parsers. In *Proc. of the 43rd Annual Meeting of the Association for Computational Linguistics (ACL'05)*, pages 91–98, 2005. http://aclweb.org/anthology/P05-1012 DOI: 10.3115/1219840.1219852.

Ryan McDonald, Joakim Nivre, Yvonne Quirmbach-Brundage, Yoav Goldberg, Dipanjan Das, Kuzman Ganchev, Keith B. Hall, Slav Petrov, Hao Zhang, Oscar Täckström, Claudia Bedini, Núria Bertomeu Castelló, and Jungmee Lee. Universal dependency annotation for multilingual parsing. In *ACL (2)*, pages 92–97, 2013.

Tomáš Mikolov. *Statistical language models based on neural networks*. Ph.D. thesis, Brno University of Technology, 2012.

Tomáš Mikolov. Martin Karafiát, Lukas Burget, Jan Cernocky, and Sanjeev Khudanpur. Recurrent neural network based language model. In *INTERSPEECH, 11th Annual Conference of the International Speech Communication Association*, pages 1045–1048, Makuhari, Chiba, Japan, September 26–30, 2010.

Tomáš Mikolov, Stefan Kombrink, Lukáš Burget, Jan Honza Černocky, and Sanjeev Khudanpur. Extensions of recurrent neural network language model. In *Acoustics, Speech and Signal Processing (ICASSP), IEEE International Conference on*, pages 5528–5531, 2011. DOI: 10.1109/icassp.2011.5947611.

Tomáš Mikolov. Kai Chen, Greg Corrado, and Jeffrey Dean. Efficient estimation of word representations in vector space. *arXiv:1301.3781 [cs]*, January 2013.

Tomáš Mikolov. Quoc V. Le, and Ilya Sutskever. Exploiting similarities among languages for machine translation. *CoRR*, abs/1309.4168, 2013. http://arxiv.org/abs/1309.4168.

Tomáš Mikolov. Ilya Sutskever, Kai Chen, Greg S Corrado, and Jeff Dean. Distributed representations of words and phrases and their compositionality. In C. J. C. Burges, L. Bottou, M. Welling, Z. Ghahramani, and K. Q. Weinberger, Eds., *Advances in Neural Information Processing Systems 26*, pages 3111–3119. Curran Associates, Inc., 2013.

Tomáš Mikolov. Wen-tau Yih, and Geoffrey Zweig. Linguistic regularities in continuous space word representations. In *Proc. of the Conference of the North American Chapter of the Association for Computational Linguistics: Human Language Technologies*, pages 746–751, 2013. http://aclweb.org/anthology/N13-1090.

Tomáš Mikolov. Armand Joulin, Sumit Chopra, Michael Mathieu, and Marc'Aurelio Ranzato. Learning longer memory in recurrent neural networks. *arXiv:1412.7753 [cs]*, December 2014.

Scott Miller, Jethran Guinness, and Alex Zamanian. Name tagging with word clusters and discriminative training. In *Proc. of the Human Language Technology Conference of the North American Chapter of the Association for Computational Linguistics: HLT-NAACL*, 2004. http://aclweb.org/anthology/N04-1043.

Andriy Mnih and Koray Kavukcuoglu. Learning word embeddings efficiently with noise-contrastive estimation. In C. J. C. Burges, L. Bottou, M. Welling, Z. Ghahramani, and K. Q. Weinberger, Eds., *Advances in Neural Information Processing Systems 26*, pages 2265–2273. Curran Associates, Inc., 2013.

Andriy Mnih and Yee Whye Teh. A fast and simple algorithm for training neural probabilistic language models. In John Langford and Joelle Pineau, Eds., *Proc. of the 29th International Conference on Machine Learning (ICML-12)*, pages 1751–1758, New York, NY, July 2012. Omnipress.

Mehryar Mohri, Afshin Rostamizadeh, and Ameet Talwalkar. *Foundations of Machine Learning*. MIT Press, 2012.

Frederic Morin and Yoshua Bengio. Hierarchical probabilistic neural network language model. In Robert G. Cowell and Zoubin Ghahramani, Eds., *Proc. of the 10th International Workshop on Artificial Intelligence and Statistics*, pages 246–252, 2005. http://www.iro.umontreal.ca/~lisa/pointeurs/hierarchical-nnlm-aistats05.pdf

Nikola Mrkšić, Diarmuid Ó Séaghdha, Blaise Thomson, Milica Gasic, Pei-Hao Su, David Vandyke, Tsung-Hsien Wen, and Steve Young. Multi-domain dialog state tracking using recurrent neural networks. In *Proc. of the 53rd Annual Meeting of the Association for Computational Linguistics and the 7th International Joint Conference on Natural Language Processing— (Volume 2: Short Papers)*, pages 794–799, Beijing, China. Association for Computational Linguistics, July 2015. DOI: 10.3115/v1/p15-2130.

Masami Nakamura and Kiyohiro Shikano. A study of English word category prediction based on neural networks. *The Journal of the Acoustical Society of America*, 84(S1):S60–S61, 1988. DOI: 10.1121/1.2026400.

R. Neidinger. Introduction to automatic differentiation and MATLAB object-oriented programming. *SIAM Review*, 52(3):545–563, January 2010. ISSN 0036-1445. DOI: 10.1137/080743627.

Y. Nesterov. A method of solving a convex programming problem with convergence rate O (1/k2). In *Soviet Mathematics Doklady*, 27:372–376, 1983.

Y. Nesterov. *Introductory Lectures on Convex Optimization*. Kluwer Academic Publishers, 2004. DOI: 10.1007/978-1-4419-8853-9.

Graham Neubig, Chris Dyer, Yoav Goldberg, Austin Matthews, Waleed Ammar, Antonios Anastasopoulos, Miguel Ballesteros, David Chiang, Daniel Clothiaux, Trevor Cohn, Kevin Duh, Manaal Faruqui, Cynthia Gan, Dan Garrette, Yangfeng Ji, Lingpeng Kong, Adhiguna Kuncoro, Gaurav Kumar, Chaitanya Malaviya, Paul Michel, Yusuke Oda, Matthew Richardson, Naomi Saphra, Swabha Swayamdipta, and Pengcheng Yin. DyNet: The dynamic neural network toolkit. *CoRR*, abs/1701.03980, 2017. http://arxiv.org/abs/1701.03980

Thien Huu Nguyen and Ralph Grishman. Event detection and domain adaptation with convolutional neural networks. In *Proc. of the 53rd Annual Meeting of the Association for Computational Linguistics and the 7th International Joint Conference on Natural Language Processing— (Volume 2: Short Papers)*, pages 365–371, Beijing, China, July 2015. DOI: 10.3115/v1/p15-2060.

Joakim Nivre. Algorithms for deterministic incremental dependency parsing. *Computational Linguistics*, 34(4):513–553, December 2008. ISSN 0891-2017, 1530-9312. DOI: 10.1162/coli.07-056-R1-07-027.

Joakim Nivre, Željko Agić, Maria Jesus Aranzabe, Masayuki Asahara, Aitziber Atutxa, Miguel Ballesteros, John Bauer, Kepa Bengoetxea, Riyaz Ahmad Bhat, Cristina Bosco, Sam Bowman, Giuseppe G. A. Celano, Miriam Connor, Marie-Catherine de Marneffe, Arantza Diaz de Ilarraza, Kaja Dobrovoljc, Timothy Dozat, Tomaž Erjavec, Richárd Farkas, Jennifer Foster, Daniel Galbraith, Filip Ginter, Iakes Goenaga, Koldo Gojenola, Yoav Goldberg, Berta Gonzales, Bruno Guillaume, Jan Hajič, Dag Haug, Radu Ion, Elena Irimia, Anders Johannsen, Hiroshi Kanayama, Jenna Kanerva, Simon Krek, Veronika Laippala, Alessandro Lenci, Nikola

Ljubešić, Teresa Lynn, Christopher Manning, Cătălina Mărănduc, David Mareček, Héctor Martínez Alonso, Jan Mašek, Yuji Matsumoto, Ryan McDonald, Anna Missilä, Verginica Mititelu, Yusuke Miyao, Simonetta Montemagni, Shunsuke Mori, Hanna Nurmi, Petya Osenova, Lilja Øvrelid, Elena Pascual, Marco Passarotti, Cenel-Augusto Perez, Slav Petrov, Jussi Piitulainen, Barbara Plank, Martin Popel, Prokopis Prokopidis, Sampo Pyysalo, Loganathan Ramasamy, Rudolf Rosa, Shadi Saleh, Sebastian Schuster, Wolfgang Seeker, Mojgan Seraji, Natalia Silveira, Maria Simi, Radu Simionescu, Katalin Simkó, Kiril Simov, Aaron Smith, Jan Štěpánek, Alane Suhr, Zsolt Szántó, Takaaki Tanaka, Reut Tsarfaty, Sumire Uematsu, Larraitz Uria, Viktor Varga, Veronika Vincze, Zdeněk Žabokrtský, Daniel Zeman, and Hanzhi Zhu. Universal dependencies 1.2, 2015. http://hdl.handle.net/11234/1-1548 LINDAT/CLARIN digital library at Institute of Formal and Applied Linguistics, Charles University in Prague.

Chris Okasaki. *Purely Functional Data Structures*. Cambridge University Press, Cambridge, UK, June 1999. DOI: 10.1017/cbo9780511530104.

Mitchell P. Marcus, Beatrice Santorini, and Mary Ann Marcinkiewicz. Building a large annotated corpus of English: The Penn Treebank. *Computational Linguistics*, 19(2), June 1993, Special Issue on Using Large Corpora: II, 1993. http://aclweb.org/anthology/J93-2004

Martha Palmer, Daniel Gildea, and Nianwen Xue. *Semantic Role Labeling*. Synthesis Lectures on Human Language Technologies. Morgan & Claypool Publishers, 2010. DOI: 10.1093/oxfordhb/9780199573691.013.023.

Bo Pang and Lillian Lee. Opinion mining and sentiment analysis. *Foundation and Trends in Information Retrieval*, 2:1–135, 2008. DOI: 10.1561/1500000011.

Ankur P. Parikh, Oscar Täckström, Dipanjan Das, and Jakob Uszkoreit. A decomposable attention model for natural language inference. In *Proc. of EMNLP*, 2016. DOI: 10.18653/v1/d16-1244.

Razvan Pascanu, Tomas Mikolov, and Yoshua Bengio. On the difficulty of training recurrent neural networks. *arXiv:1211.5063 [cs]*, November 2012.

Ellie Pavlick, Pushpendre Rastogi, Juri Ganitkevitch, Benjamin Van Durme, and Chris Callison-Burch. PPDB 2.0: Better paraphrase ranking, fine-grained entailment relations, word embeddings, and style classification. In *Proc. of the 53rd Annual Meeting of the Association for Computational Linguistics and the 7th International Joint Conference on Natural Language Processing—(Volume 2: Short Papers)*, pages 425–430. Association for Computational Linguistics, 2015. http://aclweb.org/anthology/P15-2070 DOI: 10.3115/v1/P15-2070.

Wenzhe Pei, Tao Ge, and Baobao Chang. An effective neural network model for graph-based dependency parsing. In *Proc. of the 53rd Annual Meeting of the Association for Computational Lin-*

guistics and the 7th International Joint Conference on Natural Language Processing—(Volume 1: Long Papers), pages 313–322, Beijing, China, July 2015. DOI: 10.3115/v1/p15-1031.

Joris Pelemans, Noam Shazeer, and Ciprian Chelba. Sparse non-negative matrix language modeling. Transactions of the Association of Computational Linguistics, 4(1):329–342, 2016. http://aclweb.org/anthology/Q16-1024.

Jian Peng, Liefeng Bo, and Jinbo Xu. Conditional neural fields. In Y. Bengio, D. Schuurmans, J. D. Lafferty, C. K. I. Williams, and A. Culotta, Eds., Advances in Neural Information Processing Systems 22, pages 1419–1427. Curran Associates, Inc., 2009.

Jeffrey Pennington, Richard Socher, and Christopher Manning. GloVe: global vectors for word representation. In Proc. of the Conference on Empirical Methods in Natural Language Processing (EMNLP), pages 1532–1543, Doha, Qatar. Association for Computational Linguistics, October 2014. DOI: 10.3115/v1/d14-1162.

Vu Pham, Christopher Kermorvant, and Jérôme Louradour. Dropout improves recurrent neural networks for handwriting recognition. CoRR, abs/1312.4569, 2013. http://arxiv.org/abs/1312.4569 DOI: 10.1109/icfhr.2014.55.

Barbara Plank, Anders Søgaard, and Yoav Goldberg. Multilingual part-of-speech tagging with bidirectional long short-term memory models and auxiliary loss. In Proc. of the 54th Annual Meeting of the Association for Computational Linguistics—(Volume 2: Short Papers), pages 412–418. Association for Computational Linguistics, 2016. http://aclweb.org/anthology/P16-2067 DOI: 10.18653/v1/P16-2067.

Jordan B. Pollack. Recursive distributed representations. Artificial Intelligence, 46:77–105, 1990. DOI: 10.1016/0004-3702(90)90005-k.

B. T. Polyak. Some methods of speeding up the convergence of iteration methods. USSR Computational Mathematics and Mathematical Physics, 4(5):1–17, 1964. ISSN 0041-5553. DOI: 10.1016/0041-5553(64)90137-5.

Qiao Qian, Bo Tian, Minlie Huang, Yang Liu, Xuan Zhu, and Xiaoyan Zhu. Learning tag embeddings and tag-specific composition functions in recursive neural network. In Proc. of the 53rd Annual Meeting of the Association for Computational Linguistics and the 7th International Joint Conference on Natural Language Processing—(Volume 1: Long Papers), pages 1365–1374, Beijing, China, July 2015. DOI: 10.3115/v1/p15-1132.

Lev Ratinov and Dan Roth. Proc. of the 13th Conference on Computational Natural Language Learning (CoNLL-2009), chapter Design Challenges and Misconceptions in Named Entity Recognition, pages 147–155. Association for Computational Linguistics, 2009. http://aclweb.org/anthology/W09-1119.

Ronald Rosenfeld. A maximum entropy approach to adaptive statistical language modeling. *Computer, Speech and Language*, 10:187–228, 1996. Longe version: Carnegie Mellon Technical Report CMU-CS-94-138. DOI: 10.1006/csla.1996.0011.

Stéphane Ross and J. Andrew Bagnell. Efficient reductions for imitation learning. In *Proc. of the 13th International Conference on Artificial Intelligence and Statistics*, pages 661–668, 2010.

Stéphane Ross, Geoffrey J. Gordon, and J. Andrew Bagnell. A reduction of imitation learning and structured prediction to no-regret online learning. In *Proc. of the 14th International Conference on Artificial Intelligence and Statistics*, pages 627–635, 2011.

David E. Rumelhart, Geoffrey E. Hinton, and Ronald J. Williams. Learning representations by back-propagating errors. *Nature*, 323(6088):533–536, October 1986. DOI: 10.1038/323533a0.

Ivan A. Sag, Thomas Wasow, and Emily M. Bender. *Syntactic Theory*, 2nd ed., CSLI Lecture Note 152, 2003.

Magnus Sahlgren. The distributional hypothesis. *Italian Journal of Linguistics*, 20(1):33–54, 2008.

Nathan Schneider, Vivek Srikumar, Jena D. Hwang, and Martha Palmer. A hierarchy with, of, and for preposition supersenses. In *Proc. of the 9th Linguistic Annotation Workshop*, pages 112–123, 2015. DOI: 10.3115/v1/w15-1612.

Nathan Schneider, Jena D. Hwang, Vivek Srikumar, Meredith Green, Abhijit Suresh, Kathryn Conger, Tim O'Gorman, and Martha Palmer. A corpus of preposition supersenses. In *Proc. of the 10th Linguistic Annotation Workshop*, 2016. DOI: 10.18653/v1/w16-1712.

Bernhard Schölkopf. The kernel trick for distances. In T. K. Leen, T. G. Dietterich, and V. Tresp, Eds., *Advances in Neural Information Processing Systems 13*, pages 301–307. MIT Press, 2001. http://papers.nips.cc/paper/1862-the-kernel-trick-for-distances.pdf

M. Schuster and Kuldip K. Paliwal. Bidirectional recurrent neural networks. *IEEE Transactions on Signal Processing*, 45(11):2673–2681, November 1997. ISSN 1053-587X. DOI: 10.1109/78.650093.

Holger Schwenk, Daniel Dchelotte, and Jean-Luc Gauvain. Continuous space language models for statistical machine translation. In *Proc. of the COLING/ACL on Main Conference Poster Sessions*, pages 723–730. Association for Computational Linguistics, 2006. DOI: 10.3115/1273073.1273166.

Rico Sennrich and Barry Haddow. *Proc. of the 1st Conference on Machine Translation: Volume 1, Research Papers*, chapter Linguistic Input Features Improve Neural Machine Translation, pages 83–91. Association for Computational Linguistics, 2016. http://aclweb.org/anthology/W16-2209 DOI: 10.18653/v1/W16-2209.

Rico Sennrich, Barry Haddow, and Alexandra Birch. Neural machine translation of rare words with subword units. In *Proc. of the 54th Annual Meeting of the Association for Computational Linguistics—(Volume 1: Long Papers)*, pages 1715–1725, 2016a. http://aclweb.org/anthology/P16-1162 DOI: 10.18653/v1/P16-1162.

Rico Sennrich, Barry Haddow, and Alexandra Birch. Improving neural machine translation models with monolingual data. In *Proc. of the 54th Annual Meeting of the Association for Computational Linguistics—(Volume 1: Long Papers)*, pages 86–96. Association for Computational Linguistics, 2016b. http://aclweb.org/anthology/P16-1009 DOI: 10.18653/v1/P16-1009.

Shai Shalev-Shwartz and Shai Ben-David. *Understanding Machine Learning: From Theory to Algorithms*. Cambridge University Press, 2014. DOI: 10.1017/cbo9781107298019.

John Shawe-Taylor and Nello Cristianini. *Kernel Methods for Pattern Analysis*. Cambridge University Press, Cambridge, UK, June 2004. DOI: 10.4018/9781599040424.ch001.

Q. Shi, J. Petterson, G. Dror, J. Langford, A. J. Smola, A. Strehl, and V. Vishwanathan. Hash kernels. In *Artificial Intelligence and Statistics AISTATS'09*, Florida, April 2009.

Karen Simonyan and Andrew Zisserman. Very deep convolutional networks for large-scale image recognition. In *ICLR*, 2015.

Noah A. Smith. *Linguistic Structure Prediction*. Synthesis Lectures on Human Language Technologies. Morgan & Claypool, May 2011. DOI: 10.2200/s00361ed1v01y201105hlt013.

Richard Socher. *Recursive Deep Learning For Natural Language Processing and Computer Vision*. Ph.D. thesis, Stanford University, August 2014.

Richard Socher, Christopher Manning, and Andrew Ng. Learning continuous phrase representations and syntactic parsing with recursive neural networks. In *Proc. of the Deep Learning and Unsupervised Feature Learning Workshop of {NIPS}*, pages 1–9, 2010.

Richard Socher, Cliff Chiung-Yu Lin, Andrew Y. Ng, and Christopher D. Manning. Parsing natural scenes and natural language with recursive neural networks. In Lise Getoor and Tobias Scheffer, Eds., *Proc. of the 28th International Conference on Machine Learning, ICML* , pages 129–136, Bellevue, Washington, June 28–July 2, Omnipress, 2011.

Richard Socher, Brody Huval, Christopher D. Manning, and Andrew Y. Ng. Semantic compositionality through recursive matrix-vector spaces. In *Proc. of the Joint Conference on Empirical Methods in Natural Language Processing and Computational Natural Language Learning*, pages 1201–1211, Jeju Island, Korea. Association for Computational Linguistics, July 2012.

Richard Socher, John Bauer, Christopher D. Manning, and Andrew Y. Ng. Parsing with compositional vector grammars. In *Proc. of the 51st Annual Meeting of the Association for Computational Linguistics—(Volume 1: Long Papers)*, pages 455–465, Sofia, Bulgaria, August 2013a.

Richard Socher, Alex Perelygin, Jean Wu, Jason Chuang, Christopher D. Manning, Andrew Ng, and Christopher Potts. Recursive deep models for semantic compositionality over a sentiment treebank. In *Proc. of the 2013 Conference on Empirical Methods in Natural Language Processing*, pages 1631–1642, Seattle, Washington. Association for Computational Linguistics, October 2013b.

Anders Søgaard. *Semi-Supervised Learning and Domain Adaptation in Natural Language Processing*. Synthesis Lectures on Human Language Technologies. Morgan & Claypool Publishers, 2013. DOI: 10.2200/s00497ed1v01y201304hlt021.

Anders Søgaard and Yoav Goldberg. Deep multi-task learning with low level tasks supervised at lower layers. In *Proc. of the 54th Annual Meeting of the Association for Computational Linguistics—(Volume 2: Short Papers)*, pages 231–235, 2016. http://aclweb.org/anthology/P 16-2038 DOI: 10.18653/v1/P16-2038.

Alessandro Sordoni, Michel Galley, Michael Auli, Chris Brockett, Yangfeng Ji, Margaret Mitchell, Jian-Yun Nie, Jianfeng Gao, and Bill Dolan. A neural network approach to context-sensitive generation of conversational responses. In *Proc. of the Conference of the North American Chapter of the Association for Computational Linguistics: Human Language Technologies*, pages 196–205, Denver, Colorado, 2015. DOI: 10.3115/v1/n15-1020.

Vivek Srikumar and Dan Roth. An inventory of preposition relations. *arXiv:1305.5785*, 2013a.

Nitish Srivastava, Geoffrey Hinton, Alex Krizhevsky, Ilya Sutskever, and Ruslan Salakhutdinov. Dropout: A simple way to prevent neural networks from overfitting. *Journal of Machine Learning Research*, 15:1929–1958, 2014. http://jmlr.org/papers/v15/srivastava14a.html

E. Strubell, P. Verga, D. Belanger, and A. McCallum. Fast and accurate sequence labeling with iterated dilated convolutions. *ArXiv e-prints*, February 2017.

Martin Sundermeyer, Ralf Schlüter, and Hermann Ney. LSTM neural networks for language modeling. In *INTERSPEECH*, 2012.

Martin Sundermeyer, Tamer Alkhouli, Joern Wuebker, and Hermann Ney. Translation modeling with bidirectional recurrent neural networks. In *Proc. of the Conference on Empirical Methods in Natural Language Processing (EMNLP)*, pages 14–25, Doha, Qatar. Association for Computational Linguistics, October 2014. DOI: 10.3115/v1/d14-1003.

Ilya Sutskever, James Martens, and Geoffrey E. Hinton. Generating text with recurrent neural networks. In *Proc. of the 28th International Conference on Machine Learning (ICML-11)*, pages 1017–1024, 2011. DOI: 10.1109/icnn.1993.298658.

Ilya Sutskever, James Martens, George Dahl, and Geoffrey Hinton. On the importance of initialization and momentum in deep learning. In *Proc. of the 30th International Conference on Machine Learning (ICML-13)*, pages 1139–1147, 2013.

Ilya Sutskever, Oriol Vinyals, and Quoc V. V Le. Sequence to sequence learning with neural networks. In Z. Ghahramani, M. Welling, C. Cortes, N. D. Lawrence, and K. Q. Weinberger, Eds., *Advances in Neural Information Processing Systems 27*, pages 3104–3112. Curran Associates, Inc., 2014.

Kai Sheng Tai, Richard Socher, and Christopher D. Manning. Improved semantic representations from tree-structured long short-term memory networks. In *Proc. of the 53rd Annual Meeting of the Association for Computational Linguistics and the 7th International Joint Conference on Natural Language Processing—(Volume 1: Long Papers)*, pages 1556–1566, Beijing, China, July 2015. DOI: 10.3115/v1/p15-1150.

Akihiro Tamura, Taro Watanabe, and Eiichiro Sumita. Recurrent neural networks for word alignment model. In *Proc. of the 52nd Annual Meeting of the Association for Computational Linguistics—(Volume 1: Long Papers)*, pages 1470–1480, Baltimore, Maryland, June 2014. DOI: 10.3115/v1/p14-1138.

Duyu Tang, Bing Qin, and Ting Liu. Document modeling with gated recurrent neural network for sentiment classification. In *Proc. of the Conference on Empirical Methods in Natural Language Processing*, pages 1422–1432. Association for Computational Linguistics, 2015. http://aclw eb.org/anthology/D15-1167 DOI: 10.18653/v1/D15-1167.

Matus Telgarsky. Benefits of depth in neural networks. *arXiv:1602.04485 [cs, stat]*, February 2016.

Robert Tibshirani. Regression shrinkage and selection via the lasso. *Journal of the Royal Statistical Society, Series B*, 58:267–288, 1994. DOI: 10.1111/j.1467-9868.2011.00771.x.

T. Tieleman and G. Hinton. Lecture 6.5—RmsProp: Divide the gradient by a running average of its recent magnitude. *COURSERA: Neural Networks for Machine Learning*, 2012.

Joseph Turian, Lev-Arie Ratinov, and Yoshua Bengio. Word representations: A simple and general method for semi-supervised learning. In *Proc. of the 48th Annual Meeting of the Association for Computational Linguistics*, pages 384–394, 2010. http://aclweb.org/anthology/P10-1040.

Peter D. Turney. Mining the web for synonyms: PMI-IR vs. LSA on TOEFL. In *ECML*, 2001. DOI: 10.1007/3-540-44795-4_42.

Peter D. Turney and Patrick Pantel. From frequency to meaning: Vector space models of semantics. *Journal of Artificial Intelligence Research*, 37(1):141–188, 2010.

Jakob Uszkoreit, Jay Ponte, Ashok Popat, and Moshe Dubiner. Large scale parallel document mining for machine translation. In *Proc. of the 23rd International Conference on Computational Linguistics (Coling 2010)*, pages 1101–1109, Organizing Committee, 2010. http://aclweb.o rg/anthology/C10-1124.

Tim Van de Cruys. A neural network approach to selectional preference acquisition. In *Proc. of the Conference on Empirical Methods in Natural Language Processing (EMNLP)*, pages 26–35, Doha, Qatar. Association for Computational Linguistics, October 2014. DOI: 10.3115/v1/d14-1004.

Ashish Vaswani, Yinggong Zhao, Victoria Fossum, and David Chiang. Decoding with large-scale neural language models improves translation. In *Proc. of the Conference on Empirical Methods in Natural Language Processing*, pages 1387–1392, Seattle, Washington. Association for Computational Linguistics, October 2013.

Ashish Vaswani, Yinggong Zhao, Victoria Fossum, and David Chiang. Decoding with large-scale neural language models improves translation. In *Proc. of the Conference on Empirical Methods in Natural Language Processing*, pages 1387–1392. Association for Computational Linguistics, 2013. http://aclweb.org/anthology/D13-1140.

Ashish Vaswani, Yonatan Bisk, Kenji Sagae, and Ryan Musa. Supertagging with LSTMs. In *Proc. of the Conference of the North American Chapter of the Association for Computational Linguistics: Human Language Technologies*, pages 232–237. Association for Computational Linguistics, 2016. http://aclweb.org/anthology/N16-1027 DOI: 10.18653/v1/N16-1027.

Oriol Vinyals, Lukasz Kaiser, Terry Koo, Slav Petrov, Ilya Sutskever, and Geoffrey Hinton. Grammar as a foreign language. *arXiv:1412.7449 [cs, stat]*, December 2014.

Oriol Vinyals, Alexander Toshev, Samy Bengio, and Dumitru Erhan. Show and tell: A neural image caption generator. In *IEEE Conference on Computer Vision and Pattern Recognition, CVPR*, pages 3156–3164, Boston, MA, June 7–12, 2015. DOI: 10.1109/cvpr.2015.7298935.

Stefan Wager, Sida Wang, and Percy S Liang. Dropout training as adaptive regularization. In C. J. C. Burges, L. Bottou, M. Welling, Z. Ghahramani, and K. Q. Weinberger, Eds., *Advances in Neural Information Processing Systems 26*, pages 351–359. Curran Associates, Inc., 2013.

Mengqiu Wang and Christopher D. Manning. Effect of non-linear deep architecture in sequence labeling. In *IJCNLP*, pages 1285–1291, 2013.

Peng Wang, Jiaming Xu, Bo Xu, Chenglin Liu, Heng Zhang, Fangyuan Wang, and Hongwei Hao. Semantic clustering and convolutional neural network for short text categorization. In *Proc. of the 53rd Annual Meeting of the Association for Computational Linguistics and the 7th International Joint Conference on Natural Language Processing—(Volume 2: Short Papers)*, pages 352–357, Beijing, China, July 2015a. DOI: 10.3115/v1/p15-2058.

Xin Wang, Yuanchao Liu, Chengjie Sun, Baoxun Wang, and Xiaolong Wang. Predicting polarities of tweets by composing word embeddings with long short-term memory. In *Proc. of the 53rd Annual Meeting of the Association for Computational Linguistics and the 7th International*

Joint Conference on Natural Language Processing—(Volume 1: Long Papers), pages 1343–1353, Beijing, China, July 2015b. DOI: 10.3115/v1/p15-1130.

Taro Watanabe and Eiichiro Sumita. Transition-based neural constituent parsing. In *Proc. of the 53rd Annual Meeting of the Association for Computational Linguistics and the 7th International Joint Conference on Natural Language Processing—(Volume 1: Long Papers)*, pages 1169–1179, Beijing, China, July 2015. DOI: 10.3115/v1/p15-1113.

K. Weinberger, A. Dasgupta, J. Attenberg, J. Langford, and A. J. Smola. Feature hashing for large scale multitask learning. In *International Conference on Machine Learning*, 2009. DOI: 10.1145/1553374.1553516.

David Weiss, Chris Alberti, Michael Collins, and Slav Petrov. Structured training for neural network transition-based parsing. In *Proc. of the 53rd Annual Meeting of the Association for Computational Linguistics and the 7th International Joint Conference on Natural Language Processing—(Volume 1: Long Papers)*, pages 323–333, Beijing, China, July 2015. DOI: 10.3115/v1/p15-1032.

P. J. Werbos. Backpropagation through time: What it does and how to do it. *Proc. of the IEEE*, 78(10):1550–1560, 1990. ISSN 0018-9219. DOI: 10.1109/5.58337.

Jason Weston, Antoine Bordes, Oksana Yakhnenko, and Nicolas Usunier. Connecting language and knowledge bases with embedding models for relation extraction. In *Proc. of the Conference on Empirical Methods in Natural Language Processing*, pages 1366–1371, Seattle, Washington. Association for Computational Linguistics, October 2013.

Philip Williams, Rico Sennrich, Matt Post, and Philipp Koehn. *Syntax-based Statistical Machine Translation*. Synthesis Lectures on Human Language Technologies. Morgan & Claypool Publishers, 2016. DOI: 10.2200/s00716ed1v04y201604hlt033.

Sam Wiseman and Alexander M. Rush. Sequence-to-sequence learning as beam-search optimization. In *Proc. of the Conference on Empirical Methods in Natural Language Processing (EMNLP)*. Association for Computational Linguistics, 2016. DOI: 10.18653/v1/d16-1137.

Sam Wiseman, M. Alexander Rush, and M. Stuart Shieber. Learning global features for coreference resolution. In *Proc. of the Conference of the North American Chapter of the Association for Computational Linguistics: Human Language Technologies*, pages 994–1004, 2016. http://aclweb.org/anthology/N16-1114 DOI: 10.18653/v1/N16-1114.

Yijun Xiao and Kyunghyun Cho. Efficient character-level document classification by combining convolution and recurrent layers. *CoRR*, abs/1602.00367, 2016. http://arxiv.org/abs/1602.00367.

Wenduan Xu, Michael Auli, and Stephen Clark. CCG supertagging with a recurrent neural network. In *Proc. of the 53rd Annual Meeting of the Association for Computational Linguistics and the 7th International Joint Conference on Natural Language Processing—(Volume 2: Short Papers)*, pages 250–255, Beijing, China, July 2015. DOI: 10.3115/v1/p15-2041.

Wenpeng Yin and Hinrich Schütze. Convolutional neural network for paraphrase identification. In *Proc. of the Conference of the North American Chapter of the Association for Computational Linguistics: Human Language Technologies*, pages 901–911, Denver, Colorado, 2015. DOI: 10.3115/v1/n15-1091.

Fisher Yu and Vladlen Koltun. Multi-scale context aggregation by dilated convolutions. In *ICLR*, 2016.

Wojciech Zaremba, Ilya Sutskever, and Oriol Vinyals. Recurrent neural network regularization. *arXiv:1409.2329 [cs]*, September 2014.

Matthew D. Zeiler. ADADELTA: An adaptive learning rate method. *arXiv:1212.5701 [cs]*, December 2012.

Daojian Zeng, Kang Liu, Siwei Lai, Guangyou Zhou, and Jun Zhao. Relation classification via convolutional deep neural network. In *Proc. of COLING, the 25th International Conference on Computational Linguistics: Technical Papers*, pages 2335–2344, Dublin, Ireland, Dublin City University and Association for Computational Linguistics, August 2014.

Hao Zhang and Ryan McDonald. Generalized higher-order dependency parsing with cube pruning. In *Proc. of the Joint Conference on Empirical Methods in Natural Language Processing and Computational Natural Language Learning*, pages 320–331. Association for Computational Linguistics, 2012. http://aclweb.org/anthology/D12-1030.

Tong Zhang. Statistical behavior and consistency of classification methods based on convex risk minimization. *The Annals of Statistics*, 32:56–85, 2004. DOI: 10.1214/aos/1079120130.

Xiang Zhang, Junbo Zhao, and Yann LeCun. Character-level convolutional networks for text classification. In C. Cortes, N. D. Lawrence, D. D. Lee, M. Sugiyama, and R. Garnett, Eds., *Advances in Neural Information Processing Systems 28*, pages 649–657. Curran Associates, Inc., 2015. http://papers.nips.cc/paper/5782-character-level-convolutional-networks-for-text-classification.pdf.

Xingxing Zhang, Jianpeng Cheng, and Mirella Lapata. Dependency parsing as head selection. *CoRR*, abs/1606.01280, 2016. http://arxiv.org/abs/1606.01280.

Yuan Zhang and David Weiss. Stack-propagation: Improved representation learning for syntax. In *Proc. of the 54th Annual Meeting of the Association for Computational Linguistics—(Volume 1: Long Papers)*, pages 1557–1566, 2016. http://aclweb.org/anthology/P16-1147 DOI: 10.18653/v1/P16-1147.

Hao Zhou, Yue Zhang, Shujian Huang, and Jiajun Chen. A neural probabilistic structured-prediction model for transition-based dependency parsing. In *Proc. of the 53rd Annual Meeting of the Association for Computational Linguistics and the 7th International Joint Conference on Natural Language Processing—(Volume 1: Long Papers)*, pages 1213–1222, Beijing, China, July 2015. DOI: 10.3115/v1/p15-1117.

Chenxi Zhu, Xipeng Qiu, Xinchi Chen, and Xuanjing Huang. A re-ranking model for dependency parser with recursive convolutional neural network. In *Proc. of the 53rd Annual Meeting of the Association for Computational Linguistics and the 7th International Joint Conference on Natural Language Processing—(Volume 1: Long Papers)*, pages 1159–1168, Beijing, China, July 2015a. DOI: 10.3115/v1/p15-1112.

Xiaodan Zhu, Parinaz Sobhani, and Hongyu Guo. Long short-term memory over tree structures. March 2015b.

Hui Zou and Trevor Hastie. Regularization and variable selection via the elastic net. *Journal of the Royal Statistical Society, Series B*, 67:301–320, 2005. DOI: 10.1111/j.1467-9868.2005.00503.x.

推荐阅读

机器学习理论导引

作者：周志华 王魏 高尉 张利军 著 书号：978-7-111-65424-7 定价：79.00元

本书由机器学习领域著名学者周志华教授领衔的南京大学LAMDA团队四位教授合著，旨在为有志于机器学习理论学习和研究的读者提供一个入门导引，适合作为高等院校智能方向高级机器学习或机器学习理论课程的教材，也可供从事机器学习理论研究的专业人员和工程技术人员参考学习。本书梳理出机器学习理论中的七个重要概念或理论工具（即：可学习性、假设空间复杂度、泛化界、稳定性、一致性、收敛率、遗憾界），除介绍基本概念外，还给出若干分析实例，展示如何应用不同的理论工具来分析具体的机器学习技术。

迁移学习

作者：杨强 张宇 戴文渊 潘嘉林 著 译者：庄福振 等 书号：978-7-111-66128-3 定价：139.00元

本书是由迁移学习领域奠基人杨强教授领衔撰写的系统了解迁移学习的权威著作，内容全面覆盖了迁移学习相关技术基础和应用，不仅有助于学术界读者深入理解迁移学习，对工业界人士亦有重要参考价值。全书不仅全面概述了迁移学习原理和技术，还提供了迁移学习在计算机视觉、自然语言处理、推荐系统、生物信息学、城市计算等人工智能重要领域的应用介绍。

神经网络与深度学习

作者：邱锡鹏 著 ISBN：978-7-111-64968-7 定价：149.00元

本书是复旦大学计算机学院邱锡鹏教授多年深耕学术研究和教学实践的潜心力作，系统地整理了深度学习的知识体系，并由浅入深地阐述了深度学习的原理、模型和方法，使得读者能全面地掌握深度学习的相关知识，并提高以深度学习技术来解决实际问题的能力。本书是高等院校人工智能、计算机、自动化、电子和通信等相关专业深度学习课程的优秀教材。

机器学习：从基础理论到典型算法（原书第2版）

作者：（美）梅尔亚·莫里 阿夫欣·罗斯塔米扎达尔 阿米特·塔尔沃卡尔
译者：张文生 杨雪冰 吴雅婧 ISBN：978-7-111-70894-0

本书是机器学习领域的里程碑式著作，被哥伦比亚大学和北京大学等国内外顶尖院校用作教材。本书涵盖机器学习的基本概念和关键算法，给出了算法的理论支撑，并且指出了算法在实际应用中的关键点。通过对一些基本问题乃至前沿问题的精确证明，为读者提供了新的理念和理论工具。

机器学习：贝叶斯和优化方法（原书第2版）

作者：（希）西格尔斯·西奥多里蒂斯 译者：王刚 李忠伟 任明明 李鹏
ISBN：978-7-111-69257-7

本书对所有重要的机器学习方法和新近研究趋势进行了深入探索，通过讲解监督学习的两大支柱——回归和分类，站在全景视角将这些繁杂的方法一一打通，形成了明晰的机器学习知识体系。

新版对内容做了全面更新，使各章内容相对独立。全书聚焦于数学理论背后的物理推理，关注贴近应用层的方法和算法，并辅以大量实例和习题，适合该领域的科研人员和工程师阅读，也适合学习模式识别、统计/自适应信号处理、统计/贝叶斯学习、稀疏建模和深度学习等课程的学生参考。

推荐阅读

模式识别

作者: 吴建鑫 著 书号: 978-7-111-64389-0 定价: 99.00元

　　模式识别是从输入数据中自动提取有用的模式并将其用于决策的过程, 一直以来都是计算机科学、人工智能及相关领域的重要研究内容之一。本书是南京大学吴建鑫教授多年深耕学术研究和教学实践的潜心力作, 系统阐述了模式识别中的基础知识、主要模型及热门应用, 并给出了近年来该领域一些新的成果和观点, 是高等院校人工智能、计算机、自动化、电子和通信等相关专业模式识别课程的优秀教材。

自然语言处理基础教程

作者: 王刚 郭蕴 王晨 编著 书号: 978-7-111-69259-1 定价: 69.00元

　　本书面向初学者介绍了自然语言处理的基础知识, 包括词法分析、句法分析、基于机器学习的文本分析、深度学习与神经网络、词嵌入与词向量以及自然语言处理与卷积神经网络、循环神经网络技术及应用。本书深入浅出, 案例丰富, 可作为高校人工智能、大数据、计算机及相关专业本科生的教材, 也可供对自然语言处理有兴趣的技术人员作为参考书。

深度学习基础教程

作者: 赵宏 主编 于刚 吴美学 张浩然 屈芳瑜 王鹏 参编 ISBN: 978-7-111-68732-0 定价: 59.00元

　　深度学习是当前的人工智能领域的技术热点。本书面向高等院校理工科专业学生的需求, 介绍深度学习相关概念, 培养学生研究、利用基于各类深度学习架构的人工智能算法来分析和解决相关专业问题的能力。本书内容包括深度学习概述、人工神经网络基础、卷积神经网络和循环神经网络、生成对抗网络和深度强化学习、计算机视觉以及自然语言处理。本书适合作为高校理工科相关专业深度学习、人工智能相关课程的教材, 也适合作为技术人员的参考书或自学读物。